U0214273

计算机技术开发与应用丛书

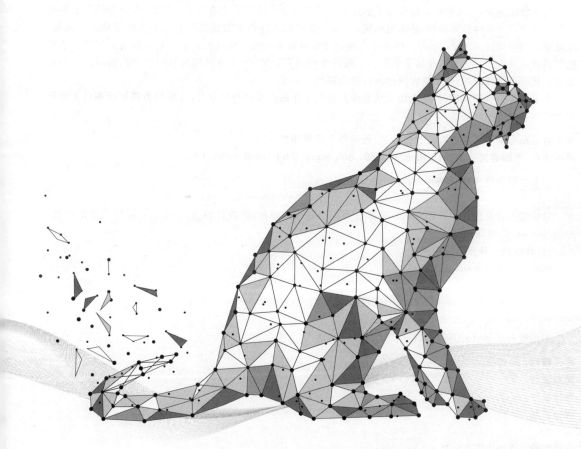

动手学推荐系统

基于PyTorch的算法实现

微课视频版

於方仁◎编著

清华大学出版社

北京

内 容 简 介

本书从理论结合实践编程介绍推荐系统。由浅入深,先基础后进阶,先理论后实践,先主流后推导。

第 1 章较为简单,仅初步带领大家了解什么是推荐系统及推荐系统的简史。第 2～5 章介绍主流的推荐算法及推荐算法的推导过程,是本书的核心,每个算法都描述得非常详细且具有具体代码帮助大家理解,深度学习的框架将采用 PyTorch。第 6 章介绍商业级推荐系统的组成结构。第 7 章系统地介绍推荐系统的评估指标及方式。第 8 章介绍整个推荐工程的生命周期。第 6～8 章可随时抽取出来提前看。本书配套示例代码及微课视频,帮助读者快速入门推荐算法及系统。

本书可作为高等院校、科研机构或从事推荐系统工作的工程师的参考书,也可作为高年级本科生和研究生的学习参考书。

图书在版编目(CIP)数据

动手学推荐系统: 基于 PyTorch 的算法实现: 微课视频版/於方仁编著.—北京: 清华大学出版社,
2022.10(2024.7重印)

(计算机技术开发与应用丛书)

ISBN 978-7-302-60628-4

Ⅰ. ①动… Ⅱ. ①於… Ⅲ. ①机器学习 Ⅳ. ①TP181

中国版本图书馆 CIP 数据核字(2022)第 064619 号

责任编辑: 赵佳霓
封面设计: 吴　刚
责任校对: 时翠兰
责任印制: 丛怀宇

出版发行: 清华大学出版社
网　　　址: https://www.tup.com.cn, https://www.wqxuetang.com
地　　　址: 北京清华大学学研大厦 A 座　　　邮　　编: 100084
社 总 机: 010-83470000　　　邮　　购: 010-62786544
投稿与读者服务: 010-62776969, c-service@tup.tsinghua.edu.cn
质量反馈: 010-62772015, zhiliang@tup.tsinghua.edu.cn
课件下载: https://www.tup.com.cn, 010-83470236
印 装 者: 三河市天利华印刷装订有限公司
经　　销: 全国新华书店
开　　本: 186mm×240mm　　　印　张: 18.75　　　字　　数: 422 千字
版　　次: 2022 年 11 月第 1 版　　　印　　次: 2024 年 7 月第 3 次印刷
印　　数: 2801～3300
定　　价: 79.00 元

产品编号: 091753-01

前 言
PREFACE

在当前大数据时代下,推荐系统有着举足轻重的地位。尤其是在互联网经济非常发达的国内,推荐系统可谓无处不在。如今推荐系统的做法变化多端,究其原因主要是近年来机器学习算法领域的发展空前火热。推荐系统的工程学问很多,但大方向相对较清晰,无非是收集大数据,然后统计分析,在做出模型之后根据模型预测用户的偏好并做出推荐,所以如今的重点是研究推荐模型的做法,也是推荐算法的研究。当然将算法用作推荐早已不是新鲜事,但是问题在于推荐算法派系众多,例如有基于CTR预估发展的推荐算法、序列推荐算法、知识图谱推荐算法等。大的派系中还会分小派系,例如知识图谱推荐算法会分基于知识图谱嵌入的推荐算法、基于知识图谱路径的推荐算法等。

写作本书的初衷很简单,市面上讲解推荐算法的书不算少,找到接地气、值得按部就班系统地学习的书却很少,笔者想用由浅入深的正确打开方式,使大家无痛学习推荐算法,所以本书的重点之一是要梳理这些众多派系的推荐算法,找出一条清晰的脉络让大家能够顺利入门。正如前文所说,机器学习乃至深度学习算法日新月异,也就代表了推荐算法本身的发展也一定是永不停歇地向前发展的,所以了解众多派系的算法并不是最终目的,而是要通过了解现有成熟的算法从而领略出属于自己的算法体系,这样方能跟上甚至引领这个时代。简而言之,本书的真正重点是通过梳理脉络由浅入深地带领大家走进推荐算法领域并建立自己的推荐算法推理思路。

本书主要内容

第1章介绍推荐系统的发展历史,对其做初步的了解。

第2章介绍较基础的推荐算法。

第3章介绍基于第2章的基础推荐算法结合深度学习的发展推导出的进阶推荐算法。

第4章介绍图神经网络及结合图神经网络进一步推导出的推荐算法。

第5章介绍知识图谱及结合知识图谱进一步推导出的推荐算法。

第6章介绍整个推荐系统的详细结构及基本做法。

第7章介绍评估推荐算法及推荐系统的指标及方式。

第8章介绍整个推荐工程大体的生命周期。

阅读建议

本书内容丰富,尤其是第2~5章,这4章由浅入深地介绍各个派系的推荐算法及推导过程,属于本书的核心。其中每个算法都介绍得非常详细,并且都会有实战示例代码帮助大家理解并提高动手能力。第 2 章和第 3 章建议读者按照顺序详细阅读,第 2 章是打地基,而第 3 章是基于第 2 章的推导,这两章读完后基本就能入门推荐算法且能够有推导算法的能力了。第 4 章的图神经网络是目前的热门学科,本书会由推荐的角度带领大家了解图神经网络且应用于推荐算法中。第 5 章的知识图谱算是专业度更高、实用性更强的推荐算法派系,已经掌握前 4 章知识的读者要学习第 5 章的知识应该是轻而易举的。

第 6~8 章是整个推荐系统、商业及推荐工程的介绍。这 3 章笔者建议大家可以在读完第 3 章后随时提前抽取阅读。尤其是第 7 章,它系统地介绍了推荐系统的评估指标。大家可以在示例代码的基础上添加自己的改良代码,并同时利用第 7 章的评估指标实际评估。

本书源代码

扫描下方二维码,可获取本书源代码。

本书源代码

致谢

最初在网上作为兴趣上传讲解算法的视频,受到了不少网友的关注,由此有了写作本书的契机。感恩在此过程中遇到的每一位支持者,尤其感谢我的妻子给予我的支持与帮助。

由于时间仓促,书中难免存在不妥之处,请读者见谅,并提出宝贵意见。

於方仁

2022 年 8 月

目 录

CONTENTS

第1章

推荐系统的初步了解

1.1　什么是推荐系统

推荐系统是帮助用户从海量信息中选择有效物品的系统。

随着目前人类世界的发展,信息越来越多。若不加处理,普通人很难靠自己从海量的信息中选择适合自己的内容,这个问题的学名叫作信息过载。

曾几何时,电视的频道总共只有十几个甚至更早才几个。每天晚上7点总是知道自己该看什么电视节目,因为总共只有几个选择,而如今可在网络上观看有史以来的绝大多数的电视节目,包括电影、综艺等。

而相对新闻内容,这些影视信息其实还算有限,人类世界每天都能产生上亿事件,但并不是所有事件都值得去关心,并且也不是所有事件让我们想要去关心。假设一个新闻平台仅仅是将每天的新闻平铺在界面中,那么相信没有人能够有这个心思从这些内容中寻找自己关心的事件。

为了解决信息过载的问题,人类发明了推荐系统。推荐系统要做的事情是通过用户的行为数据判断出用户的喜好,再结合系统内物品的数据从而计算出用户可能喜欢的物品,然后将这些物品推荐给用户。只要系统推荐出的物品的确令用户满意,那么信息过载的问题自然也就解决了。

但是推荐系统的潜力并不只是解决信息过载,因为最令用户满意的物品并不代表是最适合用户的物品。举个简单的例子,例如一个景点推荐系统,今天用户向系统询问推荐的景点,系统根据用户的历史数据统计并预测出用户今天一定最想去迪斯尼乐园,但是系统发现因为周末的原因迪斯尼乐园今天的游玩人数很多,如果用户真去迪斯尼乐园未必能有好的游玩体验,所以系统再结合所有的数据综合得到今天最适合该用户去的景点为动物园。

1.2　推荐系统的由来

最初为了解决信息过载问题的手段是将最好的物品推荐给用户,所谓最好的物品可以通过数据统计出最多人关注的物品,也可以是平台方主观认为的内容最好的物品,但是所谓最好的物品的范围实在太广,所以可以将物品分类,然后根据一定规则统计出每个类别最好的物品推荐给用户。这种古老的推荐方式固然很好,但是问题在于并没有考虑到青菜萝卜各有所爱的现实。

直到 1992 年,在美国加利福尼亚州的帕洛阿图市(Palo Alto),有一家研究中心名为 Xerox Palo Alto Research Center,简称 PARC,发表了一篇名为 Using Collaborative Filtering to Weave an Information Tapestry[1]的论文。该事件就标志着个性化推荐系统的开始。

1.2.1 Tapestry

Tapestry 是该推荐系统的名称,Using Collaborative Filtering to Weave an Information 意思是利用协同过滤编织信息,协同过滤(Collaborative Filtering)一词便从此问世。当时的协同过滤与当今的协同过滤已经大相径庭,协同过滤在当时的简单解释是人类协同系统过滤掉不喜欢的内容从而只推荐感兴趣的内容。

Tapestry 主要解决的是个性化的问题,当时 PARC 公司的员工每天会收到相当多的电子邮件,但对于特定员工来讲不是每封邮件都是有用的,所以该公司设计了一个邮件分发的机制,大概的意思是每人会在每天收到的邮件中挑选出几份自己感兴趣的,然后系统会根据这些数据优先推送感兴趣的内容,然后不断迭代形成越来越准确的推荐。

1.2.2 GroupLens

接下来的里程碑是约翰·里德尔于 1994 年创建的 GroupLens[2]新闻推荐系统。约翰·托马斯·里德尔(John Riedl,1962 年 1 月 16 日—2013 年 7 月 15 日)是美国计算机科学家,也是明尼苏达大学的教授。后来,里德尔所在的实验室也以 GroupLens 命名。

GroupLens 基本的运作机制是让读者对看过的新闻进行一个评分,然后系统会综合考虑所有人的评分,将有相似评分的用户归为同类用户,并对用户推荐与其同类的用户喜欢的新闻(这种推荐方式是目前普通人认知下的协同过滤含义)。随后明尼苏达大学的那个实验室也以 GroupLens 命名。

1997 年,GroupLens 实验室发布了大名鼎鼎的 MovieLens 电影推荐系统,并开源了数据集。MovieLens 的数据集及电影推荐系统至今仍然是最适合推荐算法入门的实战项目。

1.3 推荐系统的概况

目前是一个大数据时代,简而言之,目前的推荐系统是以各种各样的算法进行建模分析,从而预测出用户喜欢的物品并进行推荐,所以简单来说,目前的推荐系统是收集数据、统计数据的过程。如果确实没有数据,那就设计产生数据的办法。

因此目前推荐系统的核心是推荐算法,随着机器学习算法的飞速发展,越来越多的数据处理技巧被开发出来。GroupLens 的协同过滤推荐方式已经不是最优秀的推荐方式,更多的是利用机器学习乃至深度学习算法产生的模型去推荐。且同一个推荐系统中即使同一种

8min

推荐任务也会有多个模型同时进行配合去推荐。

推荐系统中的推荐任务自然不止一个,例如一个电商平台主页的综合推荐、物品详情页的相似物品推荐、加入筛选条件的排序推荐,这些都属于推荐系统中不同的推荐任务。

而同一个推荐任务所使用的模型也许不止一个,至少会有召回模型与排序模型之分。召回模型的任务是将候选物品从百万级降至千百级,召回区别于召回率的那个召回,召回率的召回是从 Recall 一词翻译得来,而召回模型的召回是由 Match 一词翻译得来。其实Match 译作匹配可能更好。实际上召回模型是快速从大量的候选物品中匹配出少量的物品,而排序模型的任务是将这些匹配出的物品排序。召回与排序会在第 6 章详细介绍。

推荐系统本身的业务逻辑层也有很多门路,但是既然推荐系统的核心是算法,而算法的核心是数学,数学是一门寻找事物间人类无法直观发觉的隐藏关系的学科,所以入门推荐系统还应从推荐算法学习,只要将推荐算法学好,自然能推理出推荐系统的业务逻辑。

1.4　推荐算法的概况

5min

相较自然语言处理或者计算机视觉而言,推荐算法是最灵活且范围极大的。灵活是在于所有的数学技巧都能应用于推荐算法。范围极大在于推荐本质上是预测,而所有机器学习算法任务本质上其实都是预测。例如自然语言处理中的文本分类任务是预测文本属于哪一个分类,其实完全可以理解成给文本推荐一个最合适的分类任务。人脸识别任务可以理解为给一个人脸的图推荐一个最匹配的人。

是的,若以算法角度去理解推荐,则不需要仅仅理解成给用户推荐产品。仅需理解成给A 预测最匹配的 B,但是推荐算法灵活及范围大的特点使推荐算法派系众多,并且如今在深度学习大环境下的推荐算法领域可谓百家争鸣,各大公司及大学每年都会发布新型的算法模型。眼下正是本领域的上升期,并且目前并没有一个最"正确"的万金油推荐算法,只有从客观环境出发最"合适"的推荐算法。对于人才的需求要有自己的知识体系,算法思路清晰。

本书会将众多推荐算法分门别类,接下来的第 2～5 章会由浅入深地梳理脉络。图 1-1展示了推荐算法的初步分类。

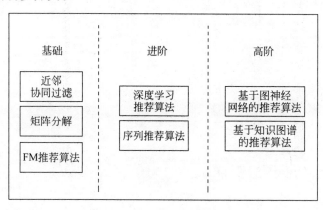

图 1-1　推荐算法的初步分类

　　具体每个类别会在对应章节中详细介绍,第 2 章介绍基础推荐算法,第 3 章介绍进阶推荐算法,第 4 章介绍高阶推荐算法中的图神经网络推荐算法。第 5 章介绍知识图谱推荐算法。这些推荐算法从效果来讲并没有高下之分,本书将其分类为高阶或基础是根据算法模型的自身的前置知识而言。

　　学习这些算法最重要的是从中学习推荐算法推演的方法,而非在遇到具体场景后依样画葫芦地直接照搬某个算法。

参考文献

第 2 章

基础推荐算法

推荐算法的三大基础是协同过滤、矩阵分解和 FM,这 3 个基础中的重点是协同过滤,所以学习推荐算法之前要了解一下协同过滤。

2.1　协同过滤

协同过滤一词最初在 1992 年由 PARC 公司提出,此时协同过滤的含义是人类协同系统过滤喜欢或不喜欢的内容,从而达到个性化推荐的效果。

目前对于协同过滤的广泛理解是人以群分,物以类聚。该理解是约翰·里德尔于 1994 年提出的 GroupLens 推荐思想。GroupLens 的推荐思想是说系统会推荐给用户与其相似的用户喜欢的物品,假设了用户应该会喜欢与其同一类用户喜欢的物品,这就叫人以群分。

当代对于协同过滤的理解,并不是最初 1992 年提出的"协同过滤"一词的形态。那为什么不直接把"协同过滤"称为"集体过滤",并且"集体过滤"是 GroupLens 的直译,这样可能就能见名思义了。这是因为个人的"协同过滤"也一样具备"集体过滤"的效果。

假设有 3 个用户和 3 个物品,用户仅需要告诉系统自己喜欢的产品是什么,然后我们便可将用户反馈的信息画出,如图 2-1 所示。

很明显,可以将由上往下数的第 1 个和第 2 个人归为一个集体,因为他们都喜欢第 1 个和第 2 个物品。同理,第 1 个和第 2 个物品也同样被第 1 个和第 2 个人喜欢,所以也可被归为同一类物品,即人以群分,物以类聚。而对于收集数据而言,仅仅收集了用户与物品的个人交互数据。

这是为什么协同过滤无须改为集体过滤的原因,只要用户反馈出其与物品发生的交互行为,用户与用户之间自然就会因为物品而连接起来,同理,物品与物品间也会因为用户而连接起来。

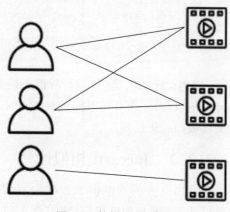

图 2-1　协同过滤示意图

从算法上讲,协同过滤可以归为以下三大类:

(1) 近邻协同过滤,例如 UserCF 和 ItemCF。

(2) 矩阵分解协同过滤,例如 SVD 和 LFM。

(3) 所有用户物品交互信息作标注的算法。

目前网络上有很多关于协同过滤的教程,但是笔者认为讲得都不够透彻,所以本章由近邻协同过滤开始,慢慢来梳理协同过滤的脉络,并会在本章的最后做一个总结。

2.2 基础近邻指标

首先采用最简单、最好理解的近邻协同过滤入门推荐算法进行讲解,所谓近邻可以先理解为相似用户,所以为了找到所谓的相似用户或者近邻,需要先了解近邻相似度指标。

近邻相似度指标是衡量两个样本之间相似度的数学量,取值越大代表这两个样本越相似。接下来将介绍几个最基础的相似度指标。

本节代码的地址为 recbyhand/chapter2/s2_basicSim.py。

12min

2.2.1 CN 相似度

通用邻居(Common Neighbors,CN)相似度观察两个样本之间共有的邻居数量来决定它们是否相似,其表达式为

$$S_{xy} = | \, N(x) \bigcap N(y) \, | \tag{2-1}$$

$N(x)$ 表示 x 样本的邻居集,在一个社交网络的好友推荐场景中,CN 相似度也是用户 x 与用户 y 之间共同好友的数量,而在短视频推荐场景中,CN 相似度可以认为是用户 x 与用户 y 都喜欢的短视频数量。

CN 相似度的代码非常简单,仅需计算两个集合的交集长度,代码如下:

```
# recbyhand/chapter2/s2_basicSim.py
# CN (Common Neighbors) 相似度
def CN(set1,set2):
    return len(set1&set2)
```

CN 相似度的值是 $[0, \infty]$,所以无法单从某两个样本的 CN 相似度指标的值来判断它们是否相似,而必须对样本间的两两 CN 相似度比较后才能判断。当然也可对所有的 CN 相似度做归一化处理。

2.2.2 Jaccard 相似度

假设用户 A 喜欢电影 1、2 和 3。用户 B 喜欢电影 1～10。用户 C 喜欢电影 2、3 和 4。如果仅考虑 CN 相似度指标,则用户 A 与用户 B 的 CN 相似度为 3,用户 A 与用户 C 的相似度为 2。如此一来用户 B 对于用户 A 来讲更相似。

但是直觉告诉我们似乎这样不是很合理,因为用户 B 喜欢的电影太多了,与其他用户有重叠的部分自然会多,而用户 A 与 C 分别仅仅喜欢 3 部电影,并且在此基础上还有两部电影重叠。似乎用户 C 相对用户 B 来讲更应该是用户 A 的相似用户,所以 Jaccard 在 20 世纪初提出的 Jaccard 指标用于当前场景似乎更加准确。公式如下[1]:

$$S_{xy} = \frac{|N(x) \bigcap N(y)|}{|N(x) \bigcup N(y)|} \tag{2-2}$$

由式(2-2)可以看出,Jaccard 指标是在 CN 指标的基础上除以样本间的并集。这样就考虑了样本本身的集合越多,对于相似判断的权重就会越低。

Jaccard 相似度的代码如下:

```
# recbyhand/chapter2/s2_basicSim.py
# Jaccard 相似度
def Jaccard(set1,set2):
    return len(set1&set2)/len(set1|set2)
```

将上文提到的 A、B 和 C 3 种用户数据代入,则可以得到用户 A 与用户 B 的 Jaccard 相似度为 0.3,用户 A 与用户 C 之间的相似度为 0.5,所以用户 C 与用户 A 更加相似。

且 Jaccard 相似度的取值范围为[0,1],越接近 1 则表示越相似。不需要再做归一化处理。

2.2.3 Cos 相似度

15min

Cos 相似度即两个向量在空间里的夹角余弦值。夹角余弦值越接近于 1 代表夹角越接近 0°,即在空间中的方向越相近。反之,余弦值越接近 0 代表夹角接近 90°,即在空间中越接近正交。如果接近于 −1 则代表完全反方向的向量。Cos 相似度的取值范围为[−1,1]。

Cos 相似度的公式如下:

$$S_{XY} = \frac{\boldsymbol{X} \cdot \boldsymbol{Y}}{\|\boldsymbol{X}\| \, \|\boldsymbol{Y}\|} \tag{2-3}$$

即两个向量的内积除以 L^2 范数的乘积。

基础知识——范数

范数是用来衡量一个向量大小的物理量,记作 L^p 或者 $\|\boldsymbol{X}\|_p$,定义如下:

$$\|\boldsymbol{X}\|_p = \left(\sum_i |x_i|^p\right)^{\frac{1}{p}} \tag{2-4}$$

其中,$p \in \mathbf{R}, p \geqslant 1$。

当 $p=1$ 时,是 L^1 范数:

$$\|\boldsymbol{X}\|_1 = \sum_i |x_i| \tag{2-5}$$

即 $\boldsymbol{X}$ 向量中所有元素绝对值的和。

当 $p=2$ 时,是 L^2 范数:

$$\| \boldsymbol{X} \|_2 = \left(\sum_i | x_i |^2 \right)^{\frac{1}{2}} \tag{2-6}$$

即所有元素平方和再求根。L^2 范数也被称为欧几里得范数(Euclidean Norm)。因为它表示的是原点与该向量的欧几里得距离。在机器学习中很常用,有时会省略下标 2,直接用 $\| \boldsymbol{X} \|$ 表示,通常也被称为向量的模长。有时也可通过向量与自身转置的点积来计算,记作 $\boldsymbol{X}^{\mathrm{T}} \boldsymbol{X}$。

向量间 Cos 相似度的代码如下:

```
# recbyhand/chapter2/s2_basicSim.py
# 两个向量间的 Cos 相似度
def cos4vector(v1,v2):
    return (np.dot(v1,v2))/(np.linalg.norm(v1) * np.linalg.norm(v2))
```

两个集合间 Cos 相似度的公式如下:

$$S_{xy} = \frac{| N(\boldsymbol{x}) \bigcap N(\boldsymbol{y}) |}{\sqrt{| N(\boldsymbol{x}) |\times| N(\boldsymbol{y}) |}} \tag{2-7}$$

该公式仅仅是在 Cos 原版式子的基础上做了几步简单的变化,因为可以把集合视作 1 与 0 的向量。例如:$N(\boldsymbol{x})=\{1,2,3,5\}$,$N(\boldsymbol{y})=\{1,4,5,6\}$,则 $\boldsymbol{x}$ 的向量可表示为$[1,1,1,0,1,0]$,$\boldsymbol{y}$ 的向量可表示为$[1,0,0,1,1,1]$。$\boldsymbol{x}$ 与 $\boldsymbol{y}$ 向量的点乘是元素值同时为 1 的对应位置的和,也是两个集合的交集,而 $\boldsymbol{x}$ 向量的模长,也是向量中为 1 的数量开根号,而为 1 的数量是本身集合的长度。如此便得到了公式(2-7),代码如下:

```
# recbyhand/chapter2/s2_basicSim.py
# 两个集合间的 Cos 相似度
def cos4set(set1,set2):
    return len(set1&set2)/(len(set1) * len(set2)) ** 0.5
```

2.2.4 Pearson 相似度

皮尔逊(Pearson)相似度又称皮尔逊相关系数,用于衡量两个变量之间的相关程度。取值范围为$[-1,1]$。1 代表完全相关,0 代表毫无关系,-1 代表完全负相关。基准公式为

$$S_{XY} = \frac{\mathrm{cov}(\boldsymbol{X},\boldsymbol{Y})}{\sigma\boldsymbol{X}\sigma\boldsymbol{Y}} \tag{2-8}$$

其中,$\mathrm{cov}(\boldsymbol{X},\boldsymbol{Y})$ 代表协方差矩阵,公式如下:

$$\mathrm{cov}(\boldsymbol{X},\boldsymbol{Y}) = \sum_{i=1}^{n} (X_i - \overline{X})(Y_i - \overline{Y}) \tag{2-9}$$

$\sigma\boldsymbol{X}$ 代表 $\boldsymbol{X}$ 的标准差:

$$\sigma \boldsymbol{X} = \sqrt{\sum_{i=1}^{n} (X_i - \overline{X})^2} \tag{2-10}$$

$\overline{X}$ 是 $\boldsymbol{X}$ 的期望也是平均值,所以皮尔逊相似度可展开为

$$S_{XY} = \frac{\sum_{i=1}^{n} (X_i - \overline{X})(Y_i - \overline{Y})}{\sqrt{\sum_{i=1}^{n} (X_i - \overline{X})^2} \sqrt{\sum_{i=1}^{n} (Y_i - \overline{Y})^2}} \tag{2-11}$$

代码如下:

```
# recbyhand/chapter2/s2_basicSim.py
# 两个向量间的 Pearson 相似度
def pearson( v1, v2 ):
    v1_mean = np.mean( v1 )
    v2_mean = np.mean( v2 )
    return ( np.dot( v1 - v1_mean, v2 - v2_mean) )/\
        ( np.linalg.norm( v1 - v1_mean ) * np.linalg.norm( v2 - v2_mean ) )
```

2.2.5 Pearson 相似度与 Cos 相似度之间的联系

13min

Pearson 相似度其实与 Cos 相似度之间存在着隐藏关系。Cos 相似度的公式展开为

$$\mathrm{Cos}_{XY} = \frac{\boldsymbol{X} \cdot \boldsymbol{Y}}{\| \boldsymbol{X} \| \ \| \boldsymbol{Y} \|} = \frac{\sum_{i=1}^{n} X_i Y_i}{\sqrt{\sum_{i=1}^{n} X_i^2} \sqrt{\sum_{i=1}^{n} Y_i^2}} \tag{2-12}$$

Cos 公式和 Pearson 公式是不是很像?如果设向量 $\boldsymbol{X}'$ 和 $\boldsymbol{Y}'$ 并令 $\boldsymbol{X}' = \boldsymbol{X} - \overline{X}$,$\boldsymbol{Y}' = \boldsymbol{Y} - \overline{Y}$,则 Cos 相似度不是在求这两个向量间的夹角余弦值吗?所以 Pearson 相似度是先让每个向量的值都减去该向量所有值的平均值,然后求夹角余弦值。这个操作其实等价于先对数据做标准化的处理,然后求取余弦相似度,代码如下:

```
# recbyhand/chapter2/s2_basicSim.py
# 两个向量间的 Pearson 相似度
def pearsonSimple( v1, v2 ):
    v1 -= np.mean( v1 )
    v2 -= np.mean( v2 )
    return cos4vector( v1, v2 )        # 调用余弦相似度函数
```

对数据做标准化处理的意义在哪里呢?下面用实际的数据来说明,例如用户 A 和用户 B 对物品 1、物品 2 及物品 3 的评分分别是 A:[1,3,2] 和 B:[8,9,1]。如果直接求取它们的 Cos 相似度,则等于 0.82。这是一个很大的数,但是单从数据上看用户 A 和用户 B 不该有那么高的相似度,因为显然它们对物品的评分差异是很大的,所以对数据进行标准化处理

后,也是将用户对每个物品的评分减去该用户对所有物品的平均得分,再求夹角余弦值可得0.11,即 Pearson 相似度,显然这更加合理。

还需要注意的是,不是所有情况下 Pearson 相似度都优于 Cos 相似度。如果只是求两个集合间的相似度,则 Pearson 相似度无意义。因为 Pearson 相似度更能体现的是数据的线性相关性,假设每个用户对物品的评分具备时间属性,例如用户越早的评分记录在向量中靠前的位置,越晚的评分记录在向量中靠后的位置。此时的 Pearson 相似度就能完美地体现出不同用户对物品喜好演化过程的相似度。

2.3 基于近邻的协同过滤算法

近邻协同过滤分为基于用户的协同过滤(UserCF)与基于物品的协同过滤(ItemCF)。

3min

2.3.1 UserCF

基于用户的协同过滤 (User Based Collaborative Filtering,UserCF)[3],也是最基础的“人以群分”的概念,而定义人的要素主要是人的行为。

例如,已知每个用户喜爱的物品集合或者每个用户对产品的打分情况,可以用相似度指标计算出每两两用户之间的相似度,然后得到每个用户的近邻,即相似用户。这一步其实在机器学习中是 K 近邻算法(K-Nearest Neighbor,KNN)。

可以设定一个 K 值,即得到每个用户的 K 个最近邻,然后从这 K 个最近邻中挑选他们喜爱的物品并推荐给目标用户。

13min

2.3.2 行为相似与内容相似的区别

2.3.1 节讲到定义人的要素主要是人的行为,而行为主要是为了区别人本身的内容属性。行为可以通过观察用户的历史记录得到他喜爱的物品集来定义。内容属性是指例如年龄、性别、职业等特征。

从事推荐相关工作的产品经理及项目经理通常认为协同过滤是指找到目标用户相似属性的用户,而初级的推荐算法工程师通常会认为协同过滤是指找到目标用户相似行为的用户。那么这两者究竟谁对呢? 其实都对,而且目前成熟的推荐算法都会结合行为特征与内容特征做协同过滤,本书后面会讲解。目前需先理清楚什么是行为特征,什么是内容特征,以及它们的优劣势。

一般认为行为特征更加代表真实的情况,否则“凭什么说女生就一定喜欢某某物品”这种疑问就会出现。的确,凭什么知道职业为企业家的用户会喜欢什么,或者家庭主妇会喜欢什么。答案是凭女生、企业家和家庭主妇这类群体的行为特征。

所以即使相似用户间的定义是用内容属性定义,但是对于内容属性本身的定义也是根据所属这一类别的用户行为而来,如图 2-2 所示。

基于行为特征的 UserCF 与基于内容特征的 UserCF 仅仅是定义相似用户时所用的特

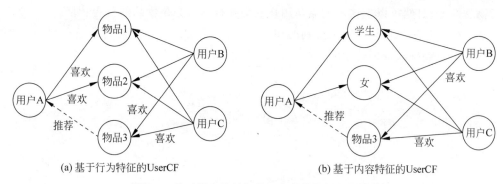

(a) 基于行为特征的UserCF　　　　　(b) 基于内容特征的UserCF

图 2-2　基于行为特征与基于内容特征的 UserCF

征不同,而尽管是基于内容特征的 UserCF,其实也是通过统计同时拥有"女"与"学生"内容特征的用户群体喜欢什么样的物品,从而推荐给用户 A。

通常来讲,对于一个理想的推荐系统,只要它的用户行为数据足够多,自然简单利用行为特征做协同过滤就已经能达到很好的效果,但是现实中也有很多情况是用户并没有太多的行为,所以内容特征起到的作用是将有限的数据通过内容特征泛化开。例如虽然用户 A 在系统中没有与任何一个物品发生过交互,但是用户 A 所在的用户群体(例如"20 岁的男战士")是有很多行为数据的,则自然可以暂时将这个群体的行为数据泛化给用户 A,从而给 A 做推荐。

但是涉及内容特征后,仅凭 K 近邻算法其实还不够,而是需要更多维度的算法去处理,本书后面会讲解。其实最初版的 UserCF 是:根据 K 近邻算法基于行为特征的协同过滤。只是 UserCF 也是基于用户的协同过滤这个名字起得太大,的确存在很多模糊的概念,所以笔者认为有必要帮大家理一理,最后总结如下。

(1) 狭义的 UserCF:根据 K 近邻算法基于行为特征得到相似用户后,给目标用户推荐相似用户喜爱的物品。

(2) 广义的 UserCF:通过任意手段找到相似用户,给目标用户推荐相似用户喜爱的物品。

2.3.3　ItemCF

基于物品的协同过滤 (Item Based Collaborative Filtering,ItemCF)[4],也是"物以类聚"的概念,如果理解了"行为特征"与"内容特征",则 ItemCF 就很好理解了。可参看以下两种定义。

17min

(1) 基于物品的普通推荐:给目标用户推荐与他喜爱的物品内容相似的物品。

(2) 基于物品的协同过滤推荐:给目标用户推荐与他喜爱物品行为相似的物品。

内容相似的物品很好理解,例如对于两部电影而言,如果它们的题材一样,故事内容又差不多,甚至标题看起来都一样,则可认为是内容相似的电影,但什么是行为相似的物品呢?根据 UserCF 的启发可以知道,一个用户与物品的交互行为可以认为是用户的行为特征,则对于物品而言,自然可以把这个物品与用户的交互行为认为是物品的行为特征。

基于用户物品交互行为特征得到的相似用户、基于用户物品交互行为特征得到的相似物品和基于内容特征得到的相似物品这三者的区别如图 2-3 所示。

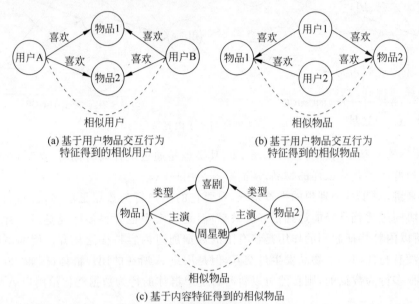

(a) 基于用户物品交互行为
特征得到的相似用户

(b) 基于用户物品交互行为
特征得到的相似物品

(c) 基于内容特征得到的相似物品

图 2-3　相似用户与相似物品的定义方式

需要注意,基于内容特征得到的相似物品,这种手段称不上协同过滤,所以前文称之为基于物品的普通推荐。因为协同过滤的重点是要在用户物品的交互行为数据中找到推荐的规律并不断地迭代模型。如果仅仅采用内容特征做相似物品的定义,则物品间的相似度并不会根据用户的行为发生迭代更新。且根据实际情况看来,基于内容的推荐效果远逊于ItemCF,这也很好理解,因为基于内容的推荐会造成给用户推荐内容不断趋近于同质化,但更重点的是基于内容的推荐需要假设"用户会喜欢与他喜欢的物品内容相似的物品",而包括 ItemCF 在内的所有协同过滤需要的假设都是"用户会喜欢跟他有相同喜好的人喜欢的物品",从实际情况看来,后者假设为真的概率比前者更高。

理解上述内容后,再来看 UserCF 与 ItemCF 的推荐方式的区别,如图 2-4 所示。

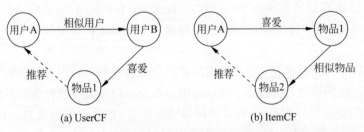

(a) UserCF

(b) ItemCF

图 2-4　UserCF 与 ItemCF 的推荐方式的区别

一般情况下 UserCF 比 ItemCF 在模型效果评测上会显得更好,但是实际情况下 ItemCF 往往比 UserCF 实用很多,很大一部分原因是因为系统中用户往往比物品要多,并且变化快。推荐模型并不是仅训练一次就可以了,必须实时地在大数据环境下更新。例如一个短视频平台,用户想看的视频往往仅被自己 5 分钟内甚至更短时间内的视频影响。如果是 UserCF,必须实时更新每个用户的相似用户列表才能让推荐准确,但是如果是 ItemCF,则要求没那么高,因为当用 ItemCF 给用户推荐视频时,取的是该用户最近几个喜爱视频的相似视频,这意味着即使物品间的相似列表更新速率不是那么快,用户的行为变化也会被系统捕捉到。

2.3.4 实战：UserCF

UserCF 完整代码的地址为 recbyhand/chapter2/s34_userCF_01label.py。这里只列出了几个关键的步骤。数据集采取 Movielens 的 ml-100k,将用户物品评分三元组的文件预处理一下,将评分 4 以上(包含 4)的标注为 1,将评分 4 以下的标注为 0,会得到如图 2-5 所示的数据。

此数据是用户 id、物品 id 及喜恶标注(1 代表喜欢,0 代表不喜欢)的三元组。本节写一个最简单入门的 UserCF,所以使用如下的函数来将数据读成集合形式。传入的是三元组数据,返回的是{user1：{item1,item2,item3}和 user2：{item3,item4,item5}}这种字典带集合的形式。每个用户 id 对应的是他喜欢的电影集合,代码如下：

```
243 543 0
165 717 0
297 612 1
114 941 0
252 591 1
304 571 0
5   304 0
```

图 2-5 用户物品交互标注数据

```
# recbyhand/chapter2/s34_userCF_01label.py
import collections
def getSet( triples ):
    user_items = collections.defaultdict( set )
    for u, i, r in triples:
        if r == 1:
            user_items[u].add( i )
    return user_items
```

使用 2.2 节中介绍的基础近邻指标并使用 KNN 算法得到用户的 K 近邻,代码如下：

```
# recbyhand/chapter2/s34_userCF_01label.py
def knn4set(trainset, k, sim_method):
    '''
    :param trainset: 训练集合
    :param k: 近邻数量
    :param sim_method: 相似度方法
    :return: {样本 1:[近邻 1,近邻 2,近邻 3]}
    '''
    sims = {}
```

```
#两个 for 循环遍历训练集合
for e1 in tqdm(trainset):
        ulist = []#初始化一个列表来记录样本 e1 的近邻
        for e2 in trainset:
                #如果两个样本相同,则跳过
                if e1 == e2 or len(trainset[e1]&trainset[e2]) == 0:
                        #如果两个样本的交集为 0,则跳过
                        continue
                #用相似度方法取得两个样本的相似度
                sim = sim_method(trainset[e1], trainset[e2])
                ulist.append((e2, sim))
                #排序后取前 K 的样本
                sims[e1] = [i[0] for i in
                        sorted(ulist, key = lambda x:x[1],
                                reverse = True)[:k]]
        return sims
```

得到用户的近邻集之后生成推荐列表,代码如下:

```
# recbyhand/chapter2/s34_userCF_01label.py
#得到基于相似用户的推荐列表
def get_recomedations_by_usrCF( user_sims, user_o_set ):
    '''
    :param user_sims: 用户的近邻集:{样本 1:[近邻 1,近邻 2,近邻 3]}
    :param user_o_set: 用户原本喜欢的物品集合:{用户 1:{物品 1,物品 2,物品 3}}
    :return: 每个用户的推荐列表{用户 1:[物品 1,物品 2,物品 3]}
    '''
    recomedations = collections.defaultdict(set)
    for u in user_sims:
        for sim_u in user_sims[u]:
            #将近邻用户喜爱的电影与自己观看过的电影去重后推荐给自己
            recomedations[u] |= (user_o_set[sim_u] - user_o_set[u])
    return recomedations
```

以上只是 UserCF 的重点代码,更多的内容可查看完整代码。

2.3.5　实战：ItemCF

ItemCF 其实跟 UserCF 差不多,读取数据及 KNN 的方法都一样,ItemCF 的示例代码仅在 UserCF 的基础上略微做了改动,文件地址：recbyhand/chapter2/s35_itemCF_01label.py。

主要区别是在得到物品的近邻集之后生成每个用户的推荐列表所用的逻辑不同,代码如下:

```
# recbyhand/chapter2/s35_itemCF_01label.py
#得到基于相似物品的推荐列表
```

```
def get_recomedations_by_itemCF( item_sims, user_o_set ):
    '''
    :param item_sims: 物品的近邻集:{样本1:[近邻1,近邻2,近邻3]}
    :param user_o_set: 用户原本喜欢的物品集合:{用户1:{物品1,物品2,物品3}}
    :return: 每个用户的推荐列表{用户1:[物品1,物品2,物品3]}
    '''
    recomedations = collections.defaultdict(set)
    for u in user_o_set:
        for item in user_o_set[u]:
            #将自己喜欢物品的近邻物品与自己观看过的视频去重后推荐给自己
            if item in item_sims:
                recomedations[u] |= set( item_sims[item] ) - user_o_set[u]
    return recomedations
```

2.3.6 实战：标注为1～5的评分

标注为1～5的评分的完整代码地址：recbyhand/chapter2/s36_userItemCF_15label.py。
数据如图2-6所示,第三列的标注为1～5的数字。

图 2-6 用户物品评分三元组

21min

这样自然就取不到一个集合了,所以要用字典的形式读取数据,代码如下：

```
# recbyhand/chapter2/s36_userItemCF_15label.py
#以字典的形式读取数据,返回{uid1:{iid1:rate,iid2:rate}}
def getDict(triples):
    user_items = collections.defaultdict(dict)
    item_users = collections.defaultdict(dict)
    for u, i, r in triples:
        user_items[u][i] = r
        item_users[i][u] = r
    return user_items, item_users
```

此处无法简单地利用集合间相似度指标计算用户或者物品的相似度,但是如果直接用向量间的相似度指标,则会有一个新问题,假如把所有的用户与所有的物品展开而形成一个用户数量×物品数量的表格,然后把某用户给某物品的评分填入对应的位置,见表2-1。

表 2-1 用户物品共现表

用户	物品1	物品2	物品3	物品4	物品5
用户1	1	2	3	?	?
用户2	?	5	4	3	?

续表

用户	物品 1	物品 2	物品 3	物品 4	物品 5
用户 3	1	1	?	?	2
用户 4	5	?	5	5	5

注意表格中的"?"单元格,"?"意味着该用户并未对该物品做出评分,所以无法得到准确的数字。如果直接将表格中的一行代替对应用户的向量,则会有以下情况,用户 1 的向量是 $[1,2,3,?,?]$,用户 2 的向量是 $[?,5,4,3,?]$。对用户 1 与用户 2 求他们之间的 Cos 相似度该怎样计算呢?

目前只能避开"?"去计算,根据 Cos 相似度的公式:

$$\text{Cos}_{XY} = \frac{\sum_{i=1}^{n} X_i Y_i}{\sqrt{\sum_{i=1}^{n} X_i^2} \sqrt{\sum_{i=1}^{n} Y_i^2}} \tag{2-13}$$

将用户 1 与用户 2 的数据代入,分子是一个求内积的操作,即对应位相乘,然后全部加起来。避开问号的部分,用户 1 与用户 2 的内积也是 $2 \times 5 + 3 \times 4 = 22$,分母是两个向量的 L2 范数相乘,用户 1 的 L2 范数是 $\sqrt{1^2 + 2^2 + 3^2} \approx 3.74$,用户 2 的 L2 范数是 $\sqrt{5^2 + 4^2 + 3^2} \approx 7.07$。最后计算 $22/(3.74 \times 7.07) \approx 0.83$。其实等效于用 0 去代替"?"的位置。

但是也不需要用 0 去填充所有的问号的位置,因为这样会造成数据大规模稀疏,在实际工作中物品的量级往往是千万级的,但很显然一个用户能对几百个物品进行评分已经算是很活跃的用户了,所以如果用 0 去填充该用户没评分过的其余的所有物品,则该用户向量中会有千万个 0 存在,这是要避免的情况。

那该怎么做呢? 在求两两用户或物品的相似度时,为 0 的部分不会参与计算,所以可以在计算相似度时,将用户的向量扩展成这两个用户并集的长度。例如上述的数据情况,当计算用户 1 与用户 2 的 Cos 相似度时,用户 1 的向量就可以扩展为 $[1,2,3,0]$,用户 2 的向量则可扩展为 $[0,5,4,3]$,但如果计算用户 1 与用户 3 的向量,则用户 1 的向量可扩展为 $[1,2,3,0]$,用户 3 的向量可扩展为 $[1,1,0,2]$。如果某两个用户间的交集数量为 0,则他们的相似度可直接返回 0,代码如下:

```python
# recbyhand/chapter2/s36_userItemCF_15label.py
# 根据评分字典得到 Cos 相似度
def getCosSimForDict(d1, d2):
    '''
    :param d1: 字典{iid1:rate, iid2:rate}
    :param d2: 字典{iid2:rate, iid3:rate}
    :return: 得到 Cos 相似度
    '''
    s1 = set(d1.keys())
```

```
s2 = set(d2.keys())
inner = s1 & s2
if len( inner ) == 0:
    return 0 # 如果没有交集,则相似度一定为0
a1, a2 = [],[]
for i in inner:
    a1.append(d1[i])
    a2.append(d2[i])
for i in s1 - inner:
    a1.append(d1[i])
    a2.append(0)
for i in s2 - inner:
    a1.append(0)
    a2.append(d2[i])
return b_sim.cos4vector( np.array(a1), np.array(a2) )
```

其余的部分和用集合去做的 UserCF 或 ItemCF 相似。具体可查看完整的代码,另外也可尝试用 Pearson 相似度去试一试。

2.4 推荐模型评估:入门篇

推荐模型评估其实有很多内容,具体会在第 7 章详细且系统地讲解,但是笔者相信大家实战过后一定想要评测一下自己的模型有没有效果,所以此处还是先穿插着讲解几个基本的推荐算法的评测方式,本节先来初步地了解一下最简单、最基础的评测方式。

2.4.1 广义的准确率、精确率、召回率

机器学习的基本模型的评测指标有准确率、精确率、召回率、$F1$、AUC、ROC 等,本节重点先介绍准确率、精确率和召回率这 3 个最基础的评估指标。

首先简单介绍一下广义的精确率和召回率,可参看如下 6 个概念。

(1) P(Positive):正例数。

(2) N(Negative):负例数。

(3) TP(True Positive 真正例):将正例预测为正例数。

(4) FN(False Negative 假负例):将正例预测为负例数。

(5) FP(False Positive 假正例):将负例预测为正例数。

(6) TN(True Negative 真负例):将负例预测为负例数。

理解上述概念后,广义的准确率、精确率和召回率的计算公式分别如下:

$$准确率(Accuracy) = \frac{TP + TN}{P + N} \tag{2-14}$$

$$精确率(Precision) = \frac{TP}{TP + FP} \tag{2-15}$$

 18min

$$召回率(Recall) = \frac{TP}{TP+FN} \qquad (2-16)$$

2.4.2 推荐系统的准确率、精确率、召回率

如果 2.4.1 节的内容没理解,则可直接结合具体的数据来看。假设用测试数据的用户物品标注三元组及模型给出的预测情况,见表 2-2。

表 2-2 用户物品标注三元组数据范例

数 据 名 称	数 据 内 容									
用户 id	1	1	1	1	1	2	2	2	2	2
物品 id	1	2	3	4	5	3	4	5	6	7
真实喜欢与否	True	True	False	False	True	True	False	True	True	False
预测是否喜欢	True	True	True	False	True	True	True	False	True	False

此时:

TP(真正例),原本为 True,预测也为 True 的个数一共是 5 个。

FN(假负例),原本为 True,预测成 False 的个数一共是 1 个。

FP(假正例),原本为 False,预测为 True 的个数一共是 2 个。

TN(真负例),原本为 False,预测为 False 的个数一共是 2 个。

首先来讲解准确率,此处准确率(Accuracy)=(TP+TN)/(P+N)=(5+2)/10=70%。

准确率其实很好理解,P+N 是所有正例加上所有负例,即总样本数,而 TP+TN 也是所有预测正确的数量,所以准确率就可理解为预测正确的概率。

在很多情况下,只看模型的准确率是不够的,假如总共有 10000 个样本,9990 个是负例,只有 10 个是正例,则模型只需将所有的输出都标记为 False,则它的准确率就可高达99.9%了。即便将某几个负例也预测为正例,也根本动摇不了准确率在 99% 左右徘徊的可能性,所以针对这种情况,需要指标精确率来描述数据。

在表 2-2 所示的数据中,精确率(Precision)=TP/(TP+FP)=5/(5+2)=71.4%,其中 TP 可以认为是用户真实喜欢的物品,而 FP 是用户不喜欢的物品,但被模型预测成喜欢并推荐给了用户,所以精确率其实是最能离线模拟在线点击率的一个指标。上述 10000 个样本的这种情况,如果一个正例都没预测对,则分子就是 0 了,所以精确率会直接变成 0,而不会出现 99% 这种值。即使分对了几个,分母的基础 TP 仅仅是 10,而万一将几个负例也分成正例,那么分母还得加上几个 FP,这种情况下精确率也不会高得离谱,所以在推荐系统中精确率远比准确率有参考价值。

最后计算召回率,此处召回率(Recall)=TP/(TP+FN)=5/(5+1)=83.3%。分母的TP+FN 其实是所有的正例,所以召回率评测的是有没有将用户所有喜欢的物品充分挖掘出来并且匹配给用户。这也是为什么推荐系统的召回层的中文名叫召回层,而不叫匹配层

的原因(召回层的英文名为 Matching Layer)。因为推荐系统最好在召回层使用一些召回率高且快速的模型,尽可能地将用户喜欢的物品挖掘出来,然后交由排序层排序,排序层模型重点追求的是点击率,即精确率。

2.4.3　推荐列表评测

那么问题来了,刚刚讲解的近邻协同过滤产生的只是一个推荐列表,并不是一个模型可以预测用户给物品的点击率或者评分,那么该怎么评测呢? 首先将 preds 定义为模型推荐的物品列表,将 pos 定义为用户交互记录中喜欢的物品集,将 neg 定义为用户交互记录中不喜欢的物品集。则

$$精确率(Precision) = \frac{TP}{TP + FP} = \frac{|\ preds \cap pos\ |}{|\ preds \cap pos\ | + |\ preds \cap neg\ |} \tag{2-17}$$

$$全负精确率(Precision_{full}) = \frac{TP}{TP + FP'} = \frac{|\ preds \cap pos\ |}{|\ preds\ |} \tag{2-18}$$

$$召回率(Recall) = \frac{TP}{TP + FN} = \frac{|\ preds \cap pos\ |}{|\ pos\ |} \tag{2-19}$$

测试集的数据见表 2-2。

对于用户 1 而言,pos $=\{1,2,5\}$,neg $=\{3,4\}$。

此时假设给用户 1 推荐的物品列表为 $[2,3,4,5,6]$,则 preds $=\{2,3,4,5,6\}$,所以:

$$TP = |\ preds \cap pos\ | = |\ \{2,3,4,5,6\} \cap \{1,2,5\}\ | = |\ \{2,5\}\ | = 2$$

$$FP = |\ preds \cap neg\ | = |\ \{2,3,4,5,6\} \cap \{3,4\}\ | = |\ \{3,4\}\ | = 2$$

9min

此处真正例很好找,是 $[2,5]$ 两个物品,所以 TP 是 2,而假正例有 $[3,4]$ 等物品,物品 6不在用户 1 的测试集中,所以不能确定用户 1 对物品 6 是喜欢还是不喜欢,所以假正例其实只有 3 和 4,则 FP 是 2,精确率为 TP/(TP+FP) $=2/(2+2)=50\%$。

当然如果把物品 6 也看作负例,即把正例以外所有样本全部当作负例去计算精确率自然也是可以的,这种测量方法可称为全负精确率。此时的 neg 是除了正例 1、2 和 5 以外所有物品的集合,所以 FP′ 是集合 $\{3,4,6\}$ 的长度,再加上两个真正例分母计算得 5,全负精确率 $=2/5=40\%$。其实按照正例以外均视为负例这种定义,分母的(TP+FP)总等于推荐列表的长度。

全负精确率通常比普通精确率更接近线上的点击率,因为通常在一个系统中对于某个特定用户而言,他不喜欢的物品一定远远多于他喜欢的物品,所以正例以外的物品小概率会是正例,而大概率是负例。

接下来的召回率就更好理解了,TP+FN 总是所有正例的数量,在目前数据环境下是所有用户 1 喜欢的物品,也是 1、2 和 5 这 3 个物品,其中 2 和 5 出现在推荐列表中,而物品 1却没有,可以认为物品 1 是一个分错的负例,即假负例,所以 FN 是 1,分母是 3,召回率是 66.6%。

16min

2.4.4 对近邻协同过滤模型进行评测

对 2.3 节的模型做个评测。首先用一个通用的函数求集合间召回率,代码如下:

```python
# recbyhand/utils/evaluate.py
def recall4Set(test_set, pred_set):
    '''
    :param test_set:真实用户喜爱的物品集合{iid1,iid2,iid3}
    :param pred_set: 预测的推荐集合{iid2,iid3,iid4}
    :return: 召回率
    '''
    #计算它们的交集数量除以测试集的数量即可
    return len(pred_set&test_set)/(len(test_set))
```

然后编写一个求精确率的通用函数,代码如下:

```python
# recbyhand/utils/evaluate.py
def precision4Set( test_pos_set, test_neg_set, pred_set ):
    '''
    :param test_pos_set: 真实用户喜爱的物品集合{iid1,iid2,iid3}
    :param test_neg_set: 真实用户不喜爱的物品集合{iid1,iid2,iid3}
    :param pred_set: 预测的推荐集合{iid2,iid3,iid4}
    :return: 精确率
    '''
    TP = len(pred_set&test_pos_set)
    FP = len(pred_set&test_neg_set)
    #若推荐列表和真实的正负例样本均无交集,则返回 None
    p = TP / (TP + FP) if TP + FP > 0 else None
    #p = TP/len(pred_set) #若对模型严格一点可这么去算精确度
    return p
```

做评测前,需要划分数据,即划分出训练集与测试集,代码如下:

```python
# recbyhand/chapter2/dataloader.py
test_set = random.sample(triples, int(len(triples) * 0.1))
train_set = list( set(triples) - set(test_set) )
```

在从三元组读取数据并使数据成集合形式的时候,可以顺便得到用户的正例集合与负例集合,修改原本在 recbyhand\chapter2\s44_userCF_01label. py 文件中的 getSet()方法,代码如下:

```python
# recbyhand\chapter2\s44_userCF_01label.py
# 以集合形式读取数据,返回{uid1:{iid1,iid2,iid3}}
def getSet( triples ):
```

```
#用户喜欢的物品集
user_pos_items = collections.defaultdict( set )
#用户不喜欢的物品集
user_neg_items = collections.defaultdict( set )
#用户交互过的所有物品集
user_all_items = collections.defaultdict(set)
#以物品为索引,喜欢物品的用户集
item_users = collections.defaultdict( set )
for u, i, r in triples:
    user_all_items[u].add(i)
    if r == 1:
        user_pos_items[u].add(i)
        item_users[i].add(u)
    else:
        user_neg_items[u].add(i)
return user_pos_items, item_users, user_neg_items, user_all_items
```

得到推荐列表后,将推荐列表和真实的正负例集合代入求召回率及精确率的方法即可得到结果。评估两次不同标注情况下的 UserCF 及 ItemCF 的精确率与召回率,结果见表 2-3。

表 2-3　近邻协同过滤模型评估

模　　型	精确率/%	召回率/%
UserCF(label 0 1)	67.74	81.86
ItemCF(label 0 1)	70.95	62.35
UserCF(label 1~5)	71.31	69.67
ItemCF(label 1~5)	69.17	62.29

可以看到当标注仅为 0 或 1 时,UserCF 的召回率高于 80%。首先,的确协同过滤的召回率总是很出色,并且因为近邻推荐的时间复杂度相当低,所以 UserCF 或 ItemCF 放在召回层很合适。

其次,可以发现并不一定复杂的是最好的,经过行业内几年的验证,发现用户对物品的评分仅最低分和最高分有绝对的参考意义,例如评分 1~5,1 分代表用户不喜欢,5 分代表用户喜欢。中间的 2、3 和 4 分就很难讲,有的用户打的 3 分是不喜欢,而有的是喜欢。且实际的观测数据也发现打 1 分与 5 分的占比会远高于其他分数。

所以到今天,实际的工业场景中也不太会用评分作为判断用户物品交互数据,取而代之的是用户的隐式反馈数据,所谓隐式反馈数据是用户在无意识的情况下造成的。评分属于带有主观意识的行为,所以叫作显式反馈。隐式反馈(例如单击操作)可以认为是一次正例,曝光但未单击则可认为是一次负例,得到的标注是 1 或者 0。

2.5 进阶近邻指标

本节代码的地址: recbyhand/chapter2/s5_furtherSim.py。

除了一些基础的相似度以外,可以结合业务场景自定义近邻指标。例如推荐系统中常会遇到一个问题,即流行度长尾问题。

流行度长尾问题是热门的物品会更热门,冷门的物品会更冷门,流行度会呈现一个幂律分布。一个好的推荐系统在保证单击率的同时,也得挖掘出冷门物品。

2.5.1 User-IIF 与 Item-IUF

在计算用户间相似度时,可以用流行度去衰减热门物品影响的相似权重,这种方法的学名叫作 User-IIF。逆向物品频率(Inverse Item Frequency,IIF)是指物品频率的倒数,通常会取对数来使数据平滑,因为幂律函数取对数是一个线性函数,如图 2-7 所示。

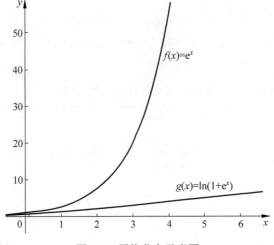

图 2-7   幂律分布示意图

f 函数中当 x 仅仅为 5 时,$f(x)$ 的值已经超过了 50,而且 y 轴的坐标本身的长度比例就比 x 轴大很多,可见幂律分布的可怕,所以 g 函数取一个对数,就变成了斜率为 $\ln(e)$,即斜率是 1 的直线,加上一个常数 1 是为了防止物品频率为 0 而无法计算。

设在当前推荐系统中物品频率为单击该物品的总人数,用 $N_{(i)}$ 表示。流行度(Popularity)用 ppl 表示,则有:

$$\text{ppl}_i = \ln(1 + N_{(i)}) \tag{2-20}$$

传入一个物品索引集合后计算流行度并记录,代码如下:

```
# recbyhand/chapter2/s5_furtherSim.py
import math
```

```
def getPopularity(data_sets):
    '''
    :param 用户或物品集合{iid:{uid1,uid2}}
    :return 返回一个记录流行度的字典{iid1: ppl1, iid2:ppl2}
    '''
    p = dict()
    for id in data_sets:
        frequency = len(data_sets[id])
        ppl = math.log1p(frequency) # 即 ln(1 + x)
        p[id] = ppl # 得到流行度并记录
    return p
```

有了流行度后,仅需代入基础的相似度指标,例如代入一个 Cos 相似度。

$$S_{xy} = \frac{\sum\limits_{i \in (N(x) \cap N(y))} \frac{1}{ppl_i}}{\sqrt{|N(x)| \times |N(y)|}} \qquad (2\text{-}21)$$

式(2-21)表示的意思是遍历两个用户的交集,在计算每个交集物品给他们带来的相似度影响时都去除以那个物品的流行度,代码如下:

```
# recbyhand/chapter2/s5_furtherSim.py
def getIIFSim(s1,s2,popularities):
    '''
    :param s1: 用户或物品集合 {iid1,iid2}
    :param s2: 用户或物品集合 {iid2,iid3}
    :param popularities: 流行度字典 {iid1: ppl1, iid2:ppl2}
    :return: IIF 相似度
    '''
    s = 0
    for i in s1 & s2:
        s += 1/popularities[i]
    return s/(len(s1) * len(s2)) ** 0.5
```

对于 ItemCF 也可以用这种方法来稀释博爱用户的权重,什么是博爱用户? 博爱用户是喜欢很多物品的用户。其实跟热门物品的意思一样,博爱用户对物品计算相似度的权重自然不及挑剔用户重,所以计算的公式和 User-IIF 是完全一样的,仅仅是将物品流行度字典换成用户博爱度字典而已,并且其实名字也换了,叫作 Item-IUF,其中的 U 标识 User,IUF 是 Inverse User Frequency 的简写。

2.5.2 更高效地利用流行度定义近邻指标

User-IIF 与 Item-IUF 有一个遍历操作,此操作总显得效率不是很高,有没有什么更简单的办法可以提高计算的效率呢? 当然有。可以改变 Cos 指标的分母:

13min

$$S_{xy} = \frac{|N(\boldsymbol{x}) \cap N(\boldsymbol{y})|}{|N(\boldsymbol{x})|^{1-\alpha_y} \times |N(\boldsymbol{y})|^{\alpha_y}} \tag{2-22}$$

$$\alpha = \frac{1 + \text{normalize}(\text{ppl}_y)}{2} \tag{2-23}$$

$$\text{normalize}(\text{ppl}_y) = \frac{\text{ppl}_y}{\max(\text{ppl})} \tag{2-24}$$

以上是一个公式组,别看公式多,其实很简单,是在原 Cos 相似度的分母上多写了个 α 的符号,原 Cos 相似度在此可以认为 α 为 0.5 的情况,即各自都开根号。α 是由物品 y 的流行度归一化后通过一个简单的计算得到的。归一化后的取值为 $0\sim1$,α 的取值是 $0.5\sim1$,所以流行度越高,α 就会越高,而因为 α 在分母上,所以 α 越高,目标对象的相似度的权重就越低,代码如下:

```python
#recbyhand/chapter2/s5_furtherSim.py
#归一化
def normalizePopularities(popularities):
    '''
    :param popularities: 流行度字典 {iid1: ppl1, iid2:ppl2}
    :return: 归一化后的流行度字典 {iid1: ppl1, iid2:ppl2}
    '''
    maxp = max(popularities.values())
    norm_ppl = {}
    for k in popularities:
        norm_ppl[k] = popularities[k]/maxp
    return norm_ppl

#alpha 相似度
def getAlphaSim( s1, s2, norm_ppl1 ):
    '''
    :param s1: 用户或物品集合 {iid1,iid2}
    :param s2: 用户或物品集合 {iid2,iid3}
    :param norm_ppl1: 归一化后的流行度字典 {iid1: ppl1, iid2:ppl2}
    :return: alpha 相似度
    '''
    alpha = ( 1 + norm_ppl1 )/2
    return len(s1 & s2) / ( len(s1) ** ( 1 - alpha) * len(s2) ** alpha)
```

可以看到利用这种计算方式的效率和 Cos 相似度几乎是一样的,甚至如果你觉得用除以最大流行度的方式去归一化还是不够简单,则可以直接取一个 Sigmoid。

基础知识——Sigmoid

Sigmoid 函数的公式为

$$\text{Sigmoid}(x) = \frac{1}{1 + \text{e}^{-x}} \tag{2-25}$$

值的范围为 0～1，函数图像如图 2-8 所示。

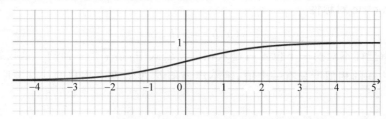

图 2-8　Sigmoid 函数图像

可以看到 Sigmoid 的作用是将数字映射到 0～1 的区间，并且不改变原有的排序关系。

因为最大流行度还是得统计到所有物品或用户的流行度后才能知道，而每天的点击量及浏览量会实时变化，在实际工作中统计全量数据的频率不会那么高，而 Sigmoid 的计算是不需要知道一个所谓的最大流行度的，所以 Sigmoid 可以当作局部更新时的归一化操作。且因为流行度不会为负，所以对流行度取 Sigmoid 值后范围是 0.5～1，所以可以直接令

$$\alpha = \text{Sigmoid}(\text{ppl}_y) \tag{2-26}$$

如果取 Sigmoid 后数据可能不平滑，也可以根据实际数据情况调整 Sigmoid 函数中 x 的系数。例如把调整后的 Sigmoid 公式写成：

$$\text{Sigmoid}'(x) = \frac{1}{1 + e^{-0.2x}} \tag{2-27}$$

对比调整后的 Sigmoid$'$ 与原本的 Sigmoid 的函数曲线，可以发现调整后的函数更加平滑了，如图 2-9 所示。

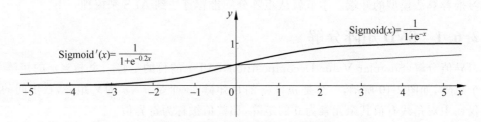

图 2-9　Sigmoid 调整前后对比图

在实际工作中可以通过机器学习训练系数，此处不展开讲解，相信大家学到这里应该也具备了自定义相似度指标的能力。

2.5.3　自定义相似度指标的范式

在实际的运营数据中除了流行度以外，其实还有很多指标，例如多样性、覆盖率、信息熵等都能添加到相似度的计算公式中。也可改变相似度公式，在自定义相似度指标公式时，需

要满足以下两个相似度的基本性质。

1. Symmetric 对称性

$$s(a,b) = s(b,a) \qquad\qquad (2\text{-}28)$$

对称性指把样本对换一下位置后输入相似度公式中,结果是一样的。这很好理解,用户 A 与用户 B 之间的相似度只有一个值,绝不应该随着 A、B 两个用户的计算顺序的改变而产生不同的值。

2. Self-maximum 自最大性

$$s(a,b) \in [\min, \max] \quad 和 \quad s(a,a) = \max \qquad\qquad (2\text{-}29)$$

自最大性指将样本自身与自身输入相似度公式,所得的结果应该是在所有样本中最大的。如果相似度取值范围是 0 ～ 1,则代表自己与自己的相似度应为 1。这更好理解,自己与自己完全一样,所以测得的相似度是相似度取值范围中的最大值。

只要满足以上两个相似度指标的基本性质,就可以结合实际的场景自定义更多有用的相似度指标去优化推荐效果。到此相信大家对近邻协同过滤的推荐方式已经了解了,更深入的近邻算法就靠大家举一反三,接下来讲解矩阵分解的协同过滤算法。

2.6 矩阵分解协同过滤算法

矩阵分解协同过滤算法是指通过矩阵分解的方式将用户物品共现矩阵实现降维,从而泛化预测用户物品未知位置的评分。最初的思路是通过 SVD(奇异值)矩阵分解,然后到非负矩阵分解,再到 LFM 隐语义模型。

时至今日,这一类模型更多的叫法为 ALS,并且与矩阵分解已没什么关系了,更像是深度学习推荐算法模型的开端。本节就从矩阵分解推荐算法到 ALS 来梳理一下。

11min

2.6.1 SVD 矩阵分解

奇异值分解(Singular Value Decomposition,SVD) 的目的是将一个 $m \times n$ 的矩阵分解成 3 个矩阵,如图 2-10 所示,一个是 $m \times m$ 的 U 矩阵,一个是 $n \times n$ 的 V 矩阵,在中间的 ξ 矩阵是仅在主对角线有值其余元素为 0 的矩阵,那些值被称为奇异值。

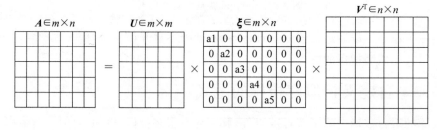

图 2-10　SVD 的示意图

本节代码的地址为 recbyhand\chapter2\s61_SVD.py。

SVD 矩阵分解作为基础的矩阵分解,在 NumPy 中只需一步就可实现,代码如下:

```
# recbyhand\chapter2\s61_SVD.py
import numpy as np
u, i, v = np.linalg.svd(data)
```

奇异值的大小代表 U 和 V 矩阵中对应位置元素的重要性,且奇异值会从大到小排列。可以取前 k 个奇异值,然后将原来的矩阵降维,如图 2-11 所示。

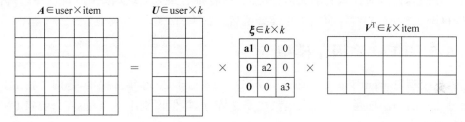

图 2-11　SVD 分解降维

A 矩阵的形状是 user×item,意思是用户和物品的共现矩阵,形状是用户数量乘以物品数量。通过 SVD 降维后,就得到了用户数量×k 与物品数量×k 的两个小矩阵,以及中间 $k×k$ 的奇异值对角矩阵,代码如下:

```
# recbyhand\chapter2\s61_SVD.py
import numpy as np


def svd(data, k):
    u, i, v = np.linalg.svd(data)
    u = u[:, 0:k]
    I = np.diag(i[0:k])
    v = v[0:k, :]
    return u, i, v
```

2.6.2　将 SVD 用作推荐

7min

得到降维过后的 U、ξ 和 V 后,并令 $U×\xi×V$,答案应该近似等于用户物品的共现矩阵。在预测指定用户与指定物品的评分时,只需按索引取出用户矩阵的那一行向量 U_u 与物品矩阵的那一行向量 V_v 及奇异值矩阵做计算,公式为

$$r = U_u \xi V_v^{\mathrm{T}} \tag{2-30}$$

其中,r 是用户 u 对物品 v 的评分预测。

代码如下:

```
# recbyhand\chapter2\s61_SVD.py
def predictSingle(u_index, i_index, u, i, v):
    return u[u_index].dot(i).dot(v.T[i_index].T)
```

但是在实际工作中是不会用 SVD 降维的方式去做推荐的,原因有以下两个:

(1)实际场景的用户物品数量往往在千万级,不可能硬生生地在内存中载入一个用户物品共现矩阵来实施矩阵降维。

(2)不定义位置需要想个策略去初始化,而这些位置是要预测的位置。

但是,既然如此,为什么有的文献会提到 SVD 推荐呢,其实文献中所讲的 SVD 并不是通过 SVD 降维实现的推荐,而是由矩阵分解启发的 LFM 隐因子模型。

2.6.3　LFM 隐因子模型

隐因子模型(Latent Factor Model,LFM)[6],最初于 2006 年被提出,隐因子指的是用户的隐向量和物品的隐向量。出发点当然也是矩阵分解,但区别于 SVD 矩阵分解,LFM 的矩阵分解仅需两个矩阵,如图 2-12 所示。

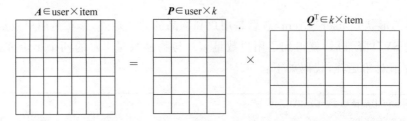

图 2-12　LFM 计算示意图

最左边 A 矩阵还是形状为用户数量乘以物品数量的共现矩阵,而这次是分解成用户数量 $\times k$ 与 $k \times$ 物品数量的两个矩阵,k 是超参,而这两个矩阵中每一行对应维度为 k 的向量可被称为该用户或物品的隐因子。虽然是由矩阵分解启发而来,但实际操作中不需要进行矩阵分解来得到用户和物品的隐因子,而是用交替最小二乘的方式训练得到。

交替最小二乘(Alternating Least Squares,ALS)推荐算法与 LFM 推荐算法目前可被理解为同一种算法的不同描述,并且在业内 ALS 的名称用得相对更频繁。本书也会以 ALS 来称呼该算法。

ALS 最初是一种传统机器学习的训练过程,随着机器学习的发展,ALS 的训练过程如今已经演变成了基于深度学习端到端的训练过程。本书会在 2.6.6 节介绍如今的 ALS 理解方式,本节先来了解 ALS 起源时的训练过程。

最初的 ALS 训练过程如下:

(1)随机初始化 P 矩阵(形状为用户数量 $\times k$)与 Q 矩阵(形状为物品数量 $\times k$)。

(2)将训练数据中用户 u 和物品 i 的评分与对应的 P_u 与 Q_i^{T} 点乘得到的值建立平方差损失函数。

（3）用梯度下降优化损失函数。

（4）最后输出训练好的 P 与 Q 矩阵。

全局目标函数：

$$A = P \cdot Q^{\mathrm{T}} \tag{2-31}$$

预测单个 u 与单个 i 的评分公式可表示为：

$$\hat{r}_{ui} = P_u \cdot Q_i^{\mathrm{T}} \tag{2-32}$$

损失函数如下：

$$\mathrm{loss}(r_{ui}, \hat{r}_{ui}) = \sum_{(u,i) \in A} (r_{ui} - \hat{r}_{ui})^\wedge 2 \tag{2-33}$$

其中，r_{ui} 表示真实的评分，$\hat{r}_{ui}$ 表示预测的评分。损失函数在此用一个平方差损失函数为例，因为当初人们对于推荐的标注还是喜欢用类似于 1～5 评分的显式反馈。

在传统的机器学习思想下，通常会加上正则项来防止过拟合：

$$\mathrm{loss}(r_{ui}, \hat{r}_{ui}) = \sum_{(u,i) \in A} (r_{ui} - P_u \cdot Q_i^{\mathrm{T}})^\wedge 2 + \lambda(\|P_u\|^2 + \|Q_i\|^2) \tag{2-34}$$

其中，λ 为正则项系数。

在这个过程中要训练的参数是 P 和 Q 两个矩阵，也是所有用户和所有物品的隐向量。如果要用梯度下降的方式来迭代更新用户和物品的隐向量，则需要计算出它们的偏导，公式如下：

$$P_u \text{ 的偏导} = -2 \times (r_{ui} - P_u \cdot Q_i^{\mathrm{T}}) \times Q_i + 2\lambda P_u$$

$$Q_i \text{ 的偏导} = -2 \times (r_{ui} - P_u \cdot Q_i^{\mathrm{T}}) \times Q_i + 2\lambda Q_i \tag{2-35}$$

另外，一切以用户物品交互行为作标注得到的算法模型都能称为协同过滤出发的算法，ALS 自然也不例外，而协同过滤自然有着一个普遍的问题，即用户打分偏差与物品流行度长尾分布问题。

ALS 中是通过给每个用户（物品）添加偏置项来解决的，设用户 u 的偏置项为 b_u，物品 i 的偏置项为 b_i，则计算预测值 $\hat{r}_{ui}$ 的公式更新为

$$\hat{r}_{ui} = P_u \cdot Q_i^{\mathrm{T}} + b_u + b_i \tag{2-36}$$

包含偏置项及正则项之后的损失函数为

$$\mathrm{loss} = \sum_{(u,i) \in A} (r_{ui} - P_u \cdot Q_i^{\mathrm{T}} - b_u - b_i)^\wedge 2 + \lambda(\|P_u\|^2 + \|Q_i\|^2 + b_u^2 + b_i^2) \tag{2-37}$$

此时这些需要训练的参数的偏导计算方式如下：

$$P_u \text{ 的偏导} = -2 \times (r_{ui} - P_u \cdot Q_i^{\mathrm{T}} - b_u - b_i) \times Q_i + 2\lambda P_u$$

$$Q_i \text{ 的偏导} = -2 \times (r_{ui} - P_u \cdot Q_i^{\mathrm{T}} - b_u - b_i) \times P_u + 2\lambda Q_i$$

$$b_u \text{ 的偏导} = -2 \times (r_{ui} - P_u \cdot Q_i^{\mathrm{T}} - b_u - b_i) \times 2\lambda b_u$$

$$b_i \text{ 的偏导} = -2 \times (r_{ui} - P_u \cdot Q_i^{\mathrm{T}} - b_u - b_i) \times 2\lambda b_i \tag{2-38}$$

有了这些理论知识后，下面开始编写代码。

18min

2.6.4　ALS 代码实现

代码的地址为 recbyhand\chapter2\s64_ALS_tradition.py。本次代码仅使用 NumPy 来写,首先定义 ALS 的类,代码如下:

```python
# recbyhand\chapter2\s64_ALS_tradition.py
import numpy as np

class ALS():

    def __init__(self, n_users, n_items, dim):
        '''
        :param n_users: 用户数量
        :param n_items: 物品数量
        :param dim: 隐因子数量或者隐向量维度
        '''
        #首先初始化用户矩阵、物品矩阵、用户偏置项及物品偏置项
        self.p = np.random.uniform( size = ( n_users, dim ) )
        self.q = np.random.uniform( size = ( n_items, dim ) )
        self.bu = np.random.uniform( size = ( n_users, 1 ) )
        self.bi = np.random.uniform( size = ( n_items, 1 ) )

    def forward(self, u, i):
        '''
        :param u: 用户id shape:[batch_size]
        :param i: 物品id shape:[batch_size]
        :return: 预测的评分 shape:[batch_size,1]
        '''
        return np.sum( self.p[u] * self.q[i], axis = 1, keepdims = True ) + self.bu[u] +
self.bi[i]

    def backword( self, r, r_pred, u, i, lr, lamda ):
        '''
        反向传播方法,根据梯度下降的方法迭代模型参数
        :param r: 真实评分 shape:[batch_size, 1]
        :param r_pred: 预测评分 shape:[batch_size, 1]
        :param u: 用户id shape:[batch_size]
        :param i: 物品id shape:[batch_size]
        :param lr: 学习率
        :param lamda: 正则项系数
        '''
        loss = r - r_pred
        self.p[u] += lr * (loss * self.q[i] - lamda * self.p[u])
        self.q[i] += lr * (loss * self.p[u] - lamda * self.q[i])
        self.bu[u] += lr * (loss - lamda * self.bu[u])
        self.bi[i] += lr * (loss - lamda * self.bi[i])
```

然后写一个 train() 方法来训练模型，中间细节笔者写在了代码注释中，代码如下：

```python
# recbyhand\chapter2\s64_ALS_tradition.py
def train(epochs = 10, batchSize = 1024, lr = 0.01, lamda = 0.1, factors_dim = 64):
    '''
    :param epochs: 迭代次数
    :param batchSize: 一批次的数量
    :param lr: 学习率
    :param lamda: 正则系数
    :param factors_dim: 隐因子数量
    :return:
    '''
    user_set, item_set, train_set, test_set = dataloader.readRecData( fp.Ml_100K.RATING,
test_ratio = 0.1 )
    # 初始化 ALS 模型
    als = ALS( len(user_set), len(item_set), factors_dim )
    # 初始化批量提出数据的迭代器
    dataIter = DataIter( train_set )

    for e in range(epochs):
        for batch in tqdm(dataIter.iter(batchSize)):
            # 将用户 id、物品 id 和评分从三元组中拆出
            u = batch[:,0]
            i = batch[:,1]
            r = batch[:,2].reshape( - 1, 1) # 形状变一变是为了方便广播计算
            # 得到预测评分
            r_pred = als.forward( u, i )
            # 根据梯度下降迭代
            als.backword( r, r_pred, u, i, lr, lamda )
```

其余代码（如数据读取和数据批次迭代等）就不展示在书中了。具体大家可查看本书配套的完整代码。

2.6.5 推荐模型评估：MSE、RMSE、MAE

7min

如果样本集可分为正例或者负例，则可用之前学过的准确率、精确率、召回率等评估指标直接评估模型，但这次 ALS 模型的预测值是一个范围为 1～5 的数值。可以通过设定一个规则找到正负例，如果预测值四舍五入后等于真实评分，则为正例，反之则为负例，但这样评估似乎并不那么直观。

其实对于这种非二分类的回归模型有更直观的评估方式，此处介绍 3 种新的评测指标。评估指标的代码地址：recbyhand\utils\evaluate.py.

（1）MSE（均方误差，Mean Squared Error）：

$$MSE = \frac{1}{|A|} \sum_{(u,i) \in A} (r_{ui} - \hat{r}_{ui})^2 \tag{2-39}$$

均方误差和损失函数一样,是一个平方差距离,用真实值减去预测值,平方后可去除负数。|A|代表样本组的数量,除以|A|,取一个平均值即构成均方误差。MSE越小代表预测值与真实值的误差越小。

代码如下:

```
# recbyhand\utils\evaluate.py
def MSE(y_True , y_pred):
    return np.average((np.array(y_True ) - np.array(y_pred)) ** 2)
```

(2) RMSE(均方根误差,Root Mean Squared Error):

$$RMSE = \sqrt{MSE} \qquad (2\text{-}40)$$

均方根误差是在均方误差的基础上开根,因为计算均方误差时为了去除负数求了个平方。开根自然是让数据恢复到原来的数值范围内,例如回到 $1\sim5$ 的评分数值范围,这样得到的 RMSE 值就不仅仅是越小越好,而是可以和真实值在更接近的量纲中,所以更有参考意义,在平时工作中,RMSE 更常用。

代码如下:

```
def RMSE(y_True , y_pred):
    return MSE(y_True , y_pred) ** 0.5
```

(3) MAE(平均绝对误差,Mean Absolute Error):

$$MAE = \frac{1}{|A|} \sum_{(u,i) \in A} |r_{ui} - \hat{r}_{ui}| \qquad (2\text{-}41)$$

平均绝对误差直接用绝对值来去除负数,所以也不需要再开根。可以说更加直观,在实际工作中也经常使用。RMSE 与 MAE 的关系就像 L2 正则与 L1 正则一样,前者会显得更"圆润",而后者会更有"棱角"。

代码如下:

```
# recbyhand\utils\evaluate.py
def MAE(y_True , y_pred):
    return np.average(abs(np.array(y_True ) - np.array(y_pred)))
```

笔者已经将 RMSE 的评估写在刚才训练 ALS 模型的文件中,大家直接去查看即可。

2.6.6 以深度学习端到端训练思维理解 ALS

25min

基础知识——端到端训练

端到端指的是从原始数据输入到预测结果输出,整个训练过程都是在模型中完成的。区别的是传统机器学习先对原始特征进行特征工程的训练。

例如在传统机器学习中会先把特征进行one-hot编码,以一个one-hot的编码代替一个原始特征输入模型。该one-hot编码在训练中不会迭代更新,更新的是它对应的权重,所以相当于特征编码与模型训练是分开进行的。

而随着深度学习的兴起,Embedding的概念也随之兴起,对于每个特征而言,在神经网络中通常会先随机初始化一个Embedding层,每个特征对应一个随机初始化的Embedding向量,而随着模型的迭代更新,该向量也会随之迭代更新。可对比图2-13与图2-14来理解传统机器学习训练过程与端到端训练过程的区别。

传统机器学习的训练过程如图2-13所示。

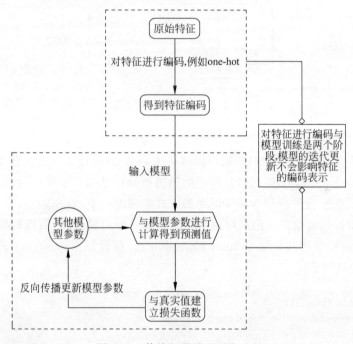

图 2-13　传统机器学习训练过程

端到端训练过程如图2-14所示。

值得注意的是,端到端训练过程虽然是随着深度学习的兴起而相应兴起的,但它不是深度学习的专属,如今回过头来看机器学习模型也能进行端到端训练。只不过因为模型不够深,所以效果不如深度学习,而深度学习也不是只能进行端到端训练,有时也可以先对特征进行预编码或者预嵌入来初始化深度学习的Embedding层代替原先的随机初始化。

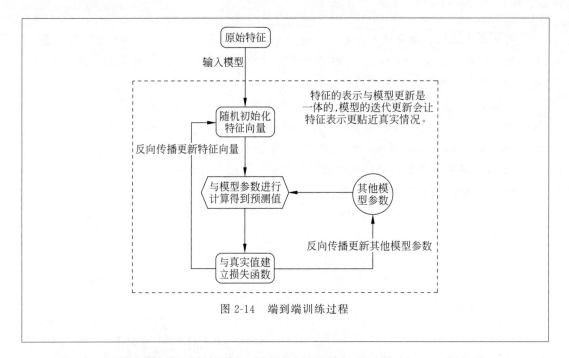

图 2-14 端到端训练过程

如果理解了端到端的训练过程,则可回过头来看 ALS 的计算方式。有没有发现所谓的隐因子不正是 Embedding 的概念吗? 所谓的随机初始化隐因子矩阵,不就等同于随机初始化 Embedding 层吗? 此处就用新颖又简单的方式来理解一下 ALS。

ALS 的模型首先会给每个用户与每个物品分配一个向量,然后随机初始化用户数量个 User Embedding,以及物品数量个 Item Embedding。假设该 Embedding 的维度是 k。在 PyTorch 中的代码如下:

```
#随机初始化用户的向量
user_embeddings = torch.nn.Embedding( n_users, k,max_norm = 1)
#随机初始化物品的向量
item_embeddings = torch.nn.Embedding( n_items, k,max_norm = 1)
```

设用户 U 的向量为 u,物品 I 的向量为 i,则要预测用户 U 与物品 I 的评分是:
$$\hat{r}_{UI} = u \cdot i \tag{2-42}$$
不要小看这一点积,两个向量之间的点积可代表两个向量间的相似度,即点积相似度。

基础知识——点积相似度

点积的定义如下:
$$a \cdot b = \| a \| \| b \| \cos\theta \tag{2-43}$$
其中 $\cos\theta$ 代表它们的夹角余弦值,在前面的章节中介绍过余弦相似度。余弦相似度其实

是从这个式子出发,变化一下:

$$\cos\theta = \frac{\boldsymbol{a} \cdot \boldsymbol{b}}{\parallel \boldsymbol{a} \parallel \parallel \boldsymbol{b} \parallel} \tag{2-44}$$

Cos 相似度的分母分别是 $\boldsymbol{a}$ 和 $\boldsymbol{b}$ 向量的模长,如果做一个归一化操作,将 $\parallel \boldsymbol{a} \parallel = \parallel \boldsymbol{b} \parallel = 1$,则式子就变成了:

$$\cos\theta = \boldsymbol{a} \cdot \boldsymbol{b} \tag{2-45}$$

所以在对两个向量都归一化的前提下,点积相似度等效于余弦相似度,并且即使不归一化,点积相似度也有余弦相似度的意义,因为点积处在分子,这意味着点积越大,其余弦值越高,即余弦相似度越高。

综合所述,点积相似度的意义与余弦相似度是一样的。

如果注意到了上文中初始化 Embedding 的代码,就可以发现初始化时有一个参数是 max_norm=1。其实是给该向量增加了一个模长不超过 1 的约束条件,所以如此一来,对于 ALS 训练后得到的用户与物品的向量来讲,可认为计算点积相似度或者余弦相似度有意义。这些向量在一些进阶的召回层操作上很有用处,本书后面会讲到。

有了模长不超过 1 的约束条件后,不需要额外添加正则项来防止过拟合,因为正则项的意义本身是为了防止参数过大,有了约束后参数自然大不了。

新版 ALS 的训练采用 0 和 1 标注的数据,最后在点积的基础上会加上一个 Sigmoid 函数来做二分类预测。对于二分类而言,损失函数用平方差就不合适了。比较常用的是二分类交叉熵损失函数(Binary Cross Entropy,BCE),公式如下:

$$\text{BCEloss}(y, \hat{y}) = -y\log(\hat{y}) - (1-y)\log(1-\hat{y}) \tag{2-46}$$

最后写一下二分类训练任务时完整的 ALS 损失函数:

$$\text{loss}(r_{UI}, \hat{r}_{UI}) = \text{BCEloss}(r_{UI}, \text{sigmoid}(\boldsymbol{ui})), \quad \parallel \boldsymbol{u} \parallel = \parallel \boldsymbol{i} \parallel = 1 \tag{2-47}$$

2.6.7 ALS 代码实现 PyTorch 版

代码的地址:recbyhand\chapter2\s67_ALS_PyTorch.py。

终于要用 PyTorch 深度学习框架来写代码了,ALS 模型的核心代码如下:

▶ 8min

```
#recbyhand\chapter2\s67_ALS_PyTorch.py
class ALS (nn.Module):
    def __init__(self, n_users, n_items, dim):
        super(ALS, self).__init__()
        '''
        :param n_users: 用户数量
        :param n_items: 物品数量
        :param dim: 向量维度
        '''
        #随机初始化用户的向量,将向量约束在 L2 范数为 1 以内
```

```python
        self.users = nn.Embedding(n_users, dim, max_norm = 1)
        #随机初始化物品的向量,将向量约束在 L2 范数为 1 以内
        self.items = nn.Embedding(n_items, dim, max_norm = 1)
        self.sigmoid = nn.Sigmoid()

    def forward(self, u, v):
        '''
        :param u: 用户索引 id shape:[batch_size]
        :param i: 用户索引 id shape:[batch_size]
        :return: 用户向量与物品向量的内积 shape:[batch_size]
        '''
        u = self.users(u)
        v = self.items(v)
        uv = torch.sum( u * v, axis = 1)
        logit = self.sigmoid(uv)
        return logit
```

去掉注释会发现只剩几行代码,类初始化方法(__init__())中随机初始化用户和物品的 Embedding,在前向传播方法(forward())中是根据用户和物品的索引取出它们对应的 Embedding,然后求内积,经 Sigmoid 激活一下后输出。深度学习框架都会有自动求导功能,所以不需要特意去写反向传播的代码,这会让编程简单许多。

接下来定义一个 train()方法,开始模型训练的过程,代码如下:

```python
# recbyhand\chapter2\s67_ALS_PyTorch.py
def train( epochs = 10, batchSize = 1024, lr = 0.01, dim = 64, eva_per_epochs = 1):
    '''
    :param epochs: 迭代次数
    :param batchSize: 一批次的数量
    :param lr: 学习率
    :param dim: 用户物品向量的维度
    :param eva_per_epochs: 设定每几次进行一次验证
    '''
    #读取数据
    user_set, item_set, train_set, test_set = \
    dataloader.readRecData(fp.Ml_100K.RATING, test_ratio = 0.1)
    #初始化 ALS 模型
    net = ALS(len(user_set), len(item_set), dim)
    #定义优化器
    optimizer = torch.optim.AdamW( net.parameters(), lr = lr )
    #定义损失函数
    criterion = torch.nn.BCELoss()
    #开始迭代
    for e in range(epochs):
    all_lose = 0
```

```
#按一批次地读取数据
for u, i, r in DataLoader(train_set, batch_size = batchSize, shuffle = True):
    optimizer.zero_grad()
    r = torch.FloatTensor(r.detach().NumPy())
    result = net(u, I)
    loss = criterion(result, r)
    all_lose += loss
    loss.backward()
    optimizer.step()
print('epoch {}, avg_loss = {:.4f}'.format(e, all_lose/(len(train_set)//
batchSize)))

#评估模型
if e % eva_per_epochs == 0:
    p, r, acc = doEva(net, train_set)
    print('train: Precision {:.4f} | Recall {:.4f} | accuracy {:.4f}'.format(p, r, acc))
    p, r, acc = doEva(net, test_set)
    print('test: Precision {:.4f} | Recall {:.4f} | accuracy {:.4f}'.format(p, r, acc))
```

至此,我们知道虽然这部分算法的起点是由矩阵分解而来,但现在的 ALS 算法已和矩阵分解无关,隐因子是深度学习中 Embedding 的概念,并且 ALS 是个向量内积而已。它之所以有作用,背后还是因为协同过滤。千万不能小看这一内积操作,它将作为众多神经网络推荐算法甚至包括图神经网络推荐算法的起点。

2.7　逻辑回归出发的推荐算法

9min

目前介绍的算法并没有涉及用户特征或物品特征等概念,所谓用户特征是指例如用户的性别、职业、年龄等。在学习 ALS 与之前的算法时,是直接以用户 id 指代用户的,这种操作称为原子化指代,即仅用唯一标识符指代一个样本。区别于利用特征的组合指代一个样本。举例说明,见表 2-4。

表 2-4　电影推荐场景下原子化指代与特征组合指代样本的区别

指 代 方 式	用 户 样 本	电 影 样 本
原子化指代	用户唯一标识	物品唯一标识
特征组合指代	男,学生,20 岁	动作片,2008 年

从物理意义上讲,原子化指代代表每个人都是独一无二的,学生或者白领等标签并不能定义“你”,所以这种模型训练的依据完全是靠用户和物品的交互标注,是协同过滤在其中起的核心作用。这自然很好,但是这要求系统内的用户都尽可能是活跃用户,系统内的物品都尽可能是热门物品。如果某个用户总共只看过一部电影,则定义他的就仅仅是那一部电影,反而会比用他的属性特征定义他更加闭塞。

所以在实际工作中,特征的利用必不可少。系统会希望学习到某个特征对于推荐影响的权重,当针对不活跃用户时,系统也可通过活跃用户的内容数据特征泛化到非活跃用户的推荐中。

对于特征权重的学习,最基础的方法自然是逻辑回归。虽然基于内容特征的近邻协同过滤似乎也是想要通过内容特征去推荐,但近邻算法往往是预先设计一个基于内容特征的相似度指标去寻找内容相似度高的用户或物品进行推荐,即推荐的效果几乎全凭相似度指标的设计,而逻辑回归的重点是通过标注学习到的每个特征的影响权重。

2.7.1　显式反馈与隐式反馈

8min

在讲解算法前,先来正式介绍一下前文中也提到过的显示反馈与隐式反馈。

显式反馈:用户主动触发的反馈,例如对电影的评分,通常会有几种不同的分数。

隐式反馈:用户下意识触发的反馈,例如单击和浏览,仅产生 0 和 1 标注。

目前越来越流行利用隐式反馈所获得的标注,原因有以下三条:

(1) 下意识的行为更能代表真实的想法。

(2) 评分范围太广,每人对每种评分的定义均不同,会使标注太复杂。

(3) 二分类模型远比多分类或回归任务简单。

所以这也是为什么目前这一系列算法的起点是逻辑回归而不是线性回归,因为隐式反馈大多数是二分类标注。其实是否采取逻辑回归只与标注是否是二分类有关,显式反馈也能做成二分类,例如只让用户选择喜欢或不喜欢。

总而言之,推荐模型往往是个二分类模型,所以伴随着隐式反馈的流行,另一个概念也随之而来,CTR(Click Through Rate)[7]预估。CTR 是点击率。逻辑回归及逻辑回归衍生的模型的最后一步均是 Sigmoid,即把数字压缩到 0~1 区间。则这一操作的模型都能被称作 CTR 预估任务模型,其中还包含了二分类的 ALS 模型。

通过模型预测用户对物品的点击率之后,还可以通过点击率进行排序,从而产生一个预测点击率从高到低的推荐列表。

2.7.2　逻辑回归

11min

1. 原理

逻辑回归(Logistic Regression,LR)[8]是最基础的机器学习算法之一,是在线性回归的基础上加上 Sigmoid 使输出值压缩在 0~1。公式如下:

$$\hat{y} = \text{sigmoid}(\boldsymbol{wx} + \boldsymbol{b}) \tag{2-48}$$

其中,x 是特征表示的编码,假设它的维度为 k,则 w 是一个维度为 k 的权重向量。其意义是给每个特征分配一个权重,从而能让模型学到特定特征对于 CTR 的影响,而 b 是偏置项,维度为 1。

如果把 w 和 x 展开,则逻辑回归的公式是:

$$\hat{y} = \sigma \left(\sum_i^n w_i x_i + b \right) \tag{2-49}$$

其中，n 是特征值的数量，σ 在此表示为 Sigmoid 函数。逻辑回归的原理很简单，下面直接看代码。

2. 代码

代码的地址：recbyhand\chapter2\s72_LR.py。

本次采取 ml-100k 的数据集，该数据集提供了一些简单的用户及物品特征，例如图 2-15 所示是用户特征的范例。最左边是用户 id，其次是年龄、性别、职业，以及可忽略的 zip code。

首先对这些特征进行 one-hot 编码，也将物品的特征进行 one-hot 编码。将两者拼接起来组合成一个组合编码并作为逻辑回归公式中 x 的位置。

接下来利用用户物品标注三元组的数据，对编码后的用户特征及物品特征两两组合起来，每个组合好的 x 对应一个真实的标注 y。这部分代码的地址为 recbyhand\chapter2\dataloader4ml100kOneHot.py，大家可详细查看。

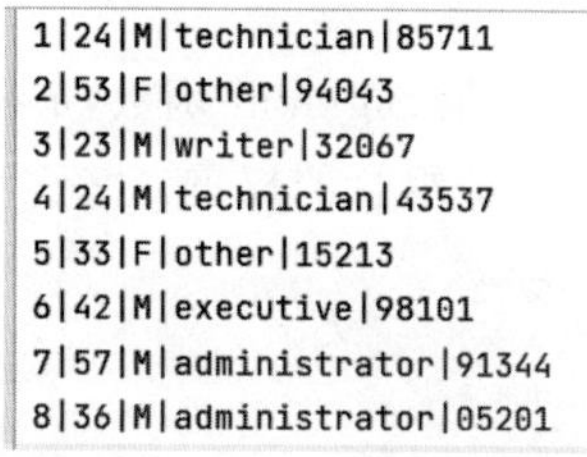

```
1|24|M|technician|85711
2|53|F|other|94043
3|23|M|writer|32067
4|24|M|technician|43537
5|33|F|other|15213
6|42|M|executive|98101
7|57|M|administrator|91344
8|36|M|administrator|05201
```

图 2-15 ml-100k 的用户特征

接下来开始重点讲解，代码仍然采用 PyTorch，以下是一个逻辑回归网络的示例，代码如下：

```python
# recbyhand\chapter2\s72_LR.py
import torch
from torch import nn
from torch.nn import Parameter, init

class LR( nn.Module ):
    def __init__( self, n_features ):
        '''
        :param n_features: 特征数量
        '''
        super(LR, self).__init__()
        self.b = init.xavier_uniform_( Parameter( torch.empty( 1, 1) ) )
        self.w = init.xavier_uniform_( Parameter( torch.empty( n_features, 1) ) )

    def forward( self, x ):
        logits = torch.sigmoid( torch.matmul(x, self.w) + self.b)
        return logits
```

其中重点是这个部分，外部的训练及验证代码跟 ALS 的代码差不多，都是 PyTorch 的老模式，大家可自行查看配套代码。

2.7.3 POLY2

16min

有时单独的特征可能对 CTR 没什么影响,但是特征与特征组合起来后也许就有影响了,但是逻辑回归并没有能力学到组合特征的影响权重,所以这时出现了 POLY2 这种算法。

1. 原理

POLY2 全称为 Degree-2 Polynomial Margin,其表现形式是在逻辑回归的基础上加上了二次项特征,公式如下:

$$\hat{y} = \sigma\left(w0 + \sum_{i=1}^{n} w1_i x_i + \sum_{i=1}^{n} \sum_{j=i+1}^{n} w2_{ij} x_i x_j\right) \tag{2-50}$$

其中,σ 是 Sigmoid 函数,n 是特征值的数量。加上两两特征相乘的二次项之后,就可以学习到特征组合的权重。二次项写成伪代码的形式如下:

```
w_index = 0
sum = 0
n = len(x)
#w = 随机初始化,w 数组长度是 n*(n+1)/2
for i in range(n):
    for j in range(j1+1,n):
        sum += w[w_index] * x[j1] * x[j2]
        w_index += 1
return sum
```

顾名思义,POLY3 是再加一个三次项,POLYn 是再加一个 n 次项,但是实际工作中 POLY3 对时间复杂度的增加比起它对预测效果的增加太不值了,所以 POLY3 及 POLY3 以上的算法很少使用。

当然真正写代码时不会去写一个双重 for 循环低效地进行计算。通常会进行向量全元素交叉相乘之后得到一个 $n \times n$ 的矩阵,再与 $n \times n$ 的 w 权重矩阵求哈达玛积。

可将上面那句话分成以下 3 个步骤。

第一步:首先将向量全元素交叉相乘,写成的公式如下。

$$\text{cross}(\boldsymbol{x}) = \boldsymbol{x}^{\top} \boldsymbol{x} \tag{2-51}$$

设一个 n 维的 $\boldsymbol{x}$ 向量为 $\boldsymbol{x} = [x_1, x_2, \cdots, x_n]$,则它转置后点乘其自身得到的 $\text{cross}(x)$ 自然就等于:

$$\text{cross}(\boldsymbol{x}) = \begin{bmatrix} x_1 x_1 & \cdots & x_1 x_n \\ \vdots & & \vdots \\ x_n x_1 & \cdots & x_n x_n \end{bmatrix}$$

第二步:与 $n \times n$ 的权重矩阵 $\boldsymbol{w}$ 进行哈达玛积运算。记作:

$$\text{hadam}(\text{cross}(\boldsymbol{x}), \boldsymbol{w}) = \text{cross}(\boldsymbol{x}) \odot \boldsymbol{w} \tag{2-52}$$

哈达玛积(Hadamard Product),即两个矩阵的对应位置元素逐个相乘,用符号 $\odot$ 表示

这一运算,要求两个矩阵维度一致。假设

$$\boldsymbol{x} = \begin{bmatrix} x_1 & x_2 & x_3 \\ x_4 & x_5 & x_6 \\ x_7 & x_8 & x_9 \end{bmatrix}, \quad \boldsymbol{w} = \begin{bmatrix} w_1 & w_2 & w_3 \\ w_4 & w_5 & w_6 \\ w_7 & w_8 & w_9 \end{bmatrix}$$

则

$$\boldsymbol{x} \odot \boldsymbol{w} = \begin{bmatrix} x_1 w_1 & x_2 w_2 & x_3 w_3 \\ x_4 w_4 & x_5 w_5 & x_6 w_6 \\ x_7 w_7 & x_8 w_8 & x_9 w_9 \end{bmatrix}$$

第三步:求所有元素的和,可记作 $\text{sum}(\text{hadam}(\text{cross}(\boldsymbol{x}), \boldsymbol{w}))$,所以如此一来,二次项的那两个 for 循环部分就能表示为

$$\sum_{i=1}^{n} \sum_{j=1}^{n} w2_{ij} x_i x_j = \sum_{t \in (\boldsymbol{x}^{\mathrm{T}} \boldsymbol{x} \odot \boldsymbol{w})} t \tag{2-53}$$

虽然这样做空间复杂度会增加,由于 $x_i x_j = x_j x_i$,全部进行交叉相乘显然会增加一倍的二次特征,这些特征是冗余的,并且要训练的二次项权重也从最少 $n \times (n+1)/2$ 个变为现在的 $n \times n$ 个,但是比起时间复杂度的减少这不算什么,并且如此一来写代码时还能方便地进行批次并行计算来大大提高时间的利用率。

2. 代码

地址:recbyhand\chapter2\s73_POLY2.py。

POLY2 的核心是在逻辑回归的基础上增加了一个 CrossLayer,代码如下:

```python
# recbyhand\chapter2\s73_POLY2.py
import torch
from torch import nn
from torch.nn import Parameter, init

class POLY2( nn.Module ):
    def __init__( self, n_features ):
        '''
        :param n_features: 特征数量
        '''
        super(POLY2, self).__init__()
        self.w0 = init.xavier_uniform_( Parameter( torch.empty( 1, 1 ) ) )
        self.w1 = init.xavier_uniform_( Parameter( torch.empty( n_features, 1) ) )
        self.w2 = init.xavier_uniform_( Parameter( torch.empty( n_features, n_features) ) )

    # 交叉相乘
    def crossLayer(self, x ):
        #[ batch_size, n_feats, 1 ]
        x_left = torch.unsqueeze( x, 2 )
        #[ batch_size, 1, n_feats ]
        x_right = torch.unsqueeze( x, 1 )
```

```
#[ batch_size, n_feats, n_feats ]
x cross = torch.matmul( x_left, x_right )
#[ batch_size, 1 ]
cross_out = torch.sum(torch.sum(x_cross * self.w2, dim = 2), dim = 1, keepdim = True)
return cross_out


def forward( self, x ):
    lr_out = self.w0 + torch.matmul(x, self.w1)
    cross_out = self.crossLayer( x )
    logits = torch.sigmoid( lr_out + cross_out )
    return logits
```

14min

2.7.4 FM

1. 原理

因子分解机(Factorization Machines,FM)[9]是日本大阪大学于 2010 年在 POLY2 的基础上提出的改进模型,FM 在我国国内非常流行。

FM 公式[9]:

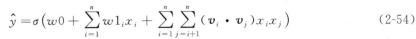

$$\hat{y} = \sigma\left(w0 + \sum_{i=1}^{n} w1_i x_i + \sum_{i=1}^{n} \sum_{j=i+1}^{n} (\boldsymbol{v}_i \cdot \boldsymbol{v}_j) x_i x_j\right) \tag{2-54}$$

10min

相较于 POLY2 的重要变化是二次项的权重 $w2$ 在 FM 中变成了两个隐向量 v_i 和 v_j 的点积。v_i 可被认为对应的是特征 i 的隐因子,同理 v_j 可被认为是特征 j 的隐因子。假设隐因子的维度为 k,则 FM 的二次项部分是随机初始化特征数量 n 乘以隐向量维度 k 的一个权重矩阵。写成伪代码的形式是:

```
sum = 0
n = len(x)
w = 随机初始化 w 矩阵,形状是( n , k ),k 是超参
for j1 in range(n):
    for j2 in range(j1 + 1,n):
        sum += w[j1].dot(w[j2]) * x[j1] * x[j2]
return sum
```

2. FM 相较 POLY2 的优势

第一个巨大优势,二次项的权重数量由 $n \times (n+1)/2$ 减少到 $n \times k$ 个。k 是隐向量的维度,是一个超参,可以根据数据情况设定 k 的值。只要满足 $k < (n+1)/2$。FM 要训练的模型参数比 POLY2 要少,在实际工作场景中,特征的数量 n 往往很多,而 k 作为一个超参,可自由控制,很容易满足 $k < (n+1)/2$。

第二个更大的优势,通常特征的编码是 one-hot,即 $x_i x_j$ 这一项只有在双方都为 1 的情况下,才可以得到不为 0 的乘积。根据 POLY2 的算法,每个权重在一条数据迭代计算时,

能被迭代更新的概率是 1/（权重数量），表达为数学语言的公式如下：

$$p(\text{update} \mid \text{POLY2}) = \frac{1}{n \times \frac{n+1}{2}} \tag{2-55}$$

而在 FM 模型训练时，每个权重参数得到训练的概率并不是 1/（权重数量），因为对于作为隐向量的 v_i 迭代更新时，是同时更新了组成该隐向量的所有 k 个参数。更新 $v_i \cdot v_j$ 是更新了 $2k$ 个参数，即每个参数被更新到的概率如下：

$$p(\text{update} \mid \text{FM}) = \frac{2k}{\text{FM 的权重数量}}$$
$$= \frac{2k}{n \times k} = \frac{2}{n} \tag{2-56}$$

所以 FM 二次项的部分不仅模型参数减少了，并且每个参数得到迭代更新的概率远高于 POLY2，这意味着 FM 相较于 POLY2 更容易训练。

3. FM 在时间复杂度上的优化

POLY2 二次项的部分可以用特征向量与自身做一个转置内积的方式快速得到全元素交叉相乘的效果，从而可以免去双重 for 循环这种操作。

FM 二次项的部分也可以优化，可参看以下计算过程[9]：

$$
\begin{aligned}
\sum_{i=1}^{n} \sum_{j=i+1}^{n} (v_i \cdot v_j) x_i x_j &= \frac{1}{2} \sum_{i=1}^{n} \sum_{j=1}^{n} (v_i \cdot v_j) x_i x_j - \frac{1}{2} \sum_{i=1}^{n} (v_i \cdot v_i) x_i x_i \\
&= \frac{1}{2} \left(\sum_{i=1}^{n} \sum_{j=1}^{n} \sum_{f=1}^{k} v_{i,f} v_{j,f} x_i x_j - \sum_{i=1}^{n} \sum_{j=1}^{k} v_{i,f} v_{i,f} x_i x_i \right) \\
&= \frac{1}{2} \sum_{f=1}^{k} \left(\left(\sum_{i=1}^{n} v_{i,f} x_i \right) \left(\sum_{j=1}^{n} v_{j,f} x_j \right) - \sum_{i=1}^{n} v_{i,f}^2 x_i^2 \right) \\
&= \frac{1}{2} \sum_{f=1}^{k} \left(\left(\sum_{i=1}^{n} v_{i,f} x_i \right)^2 - \sum_{i=1}^{n} v_{i,f}^2 x_i^2 \right)
\end{aligned} \tag{2-57}
$$

其中，x 是用户与物品拼接特征的 one-hot 表示，n 是特征数量，v 是特征对应的隐向量，k 是隐向量的维度，$v_{i,f}$ 是指特征 i 的隐向量中的第 f 个元素。公式（2-57）的第二行是把向量间的点乘逐个元素拆开来表示。上述过程其实不想看也没关系，是纯粹数学上的推导，只需记住最后那个结论即可。FM 的二次项的那两个累加可以用最后那一步的表示方法表示。

如果觉得那个表示方式仍然过于复杂，则可用矩阵相乘的方式进一步地简化，公式如下：

$$\frac{1}{2} \sum_{f=1}^{k} \left(\left(\sum_{i=1}^{n} v_{i,f} x_i \right)^2 - \sum_{i=1}^{n} v_{i,f}^2 x_i^2 \right) = \frac{1}{2} \sum_{f=1}^{k} (VX)^2 - V^2 X^2 \tag{2-58}$$

大写的 V 表示的是特征隐向量矩阵，维度为 $n \times k$，在公式（2-58）中 X 表示所有样本的 one-hot 编码矩阵，实际代码中的 X 将会是一个批次样本的编码矩阵，假设一批次样本的数量为 batch，则 X 的形状是 batch$\times n$，所以当 X 与 V 点乘之后会得到形状为 batch$\times k$ 的矩阵，$(VX)^2$ 表示将刚得到的矩阵取一个平方，$V^2 X^2$ 是先将两个矩阵取平方后再点乘。总之

$(\boldsymbol{VX})^2 - \boldsymbol{V}^2\boldsymbol{X}^2$ 得到的是形状为 $\mathrm{batch}\times k$ 的矩阵,然后将那 k 个值累加乘以一个 $1/2$,即可得到 FM 二次项的输出值。

如此一来 FM 不需要写两个 for 循环代码,而是使用批次的并行计算方式去优化时间复杂度。

4. 代码

代码的地址:recbyhand\chapter2\s74_FM.py。

FM 的核心代码如下:

```python
# recbyhand\chapter2\s74_FM.py
class FM( nn.Module ):
    def __init__( self, n_features, dim ):
        '''
        :param n_features: 特征数量
        :param dim: 隐向量维度
        '''
        super(FM, self).__init__()
        self.w0 = init.xavier_uniform_( Parameter( torch.empty( 1, 1 ) ) )
        self.w1 = init.xavier_uniform_( Parameter( torch.empty( n_features, 1) ) )
        self.w2 = init.xavier_uniform_( Parameter( torch.empty( n_features, dim) ) )

    # FM交叉相乘
    def FMcross(self, x):
        # [batch_size, dim]
        square_of_sum = torch.matmul( x, self.w2 ) ** 2
        # [batch_size, dim]
        sum_of_square = torch.matmul( x ** 2, self.w2 ** 2)

        output = square_of_sum - sum_of_square
        output = torch.sum( output, dim = 1, keepdim = True )
        output = 0.5 * output
        return output

    def forward( self, x ):
        lr_out = self.w0 + torch.matmul(x, self.w1)
        cross_out = self.FMcross(x)
        logits = torch.sigmoid( lr_out + cross_out )
        return logits
```

21min

2.7.5 以深度学习端到端训练思维理解 FM

既然 FM 也有给每个特征伴随隐向量的设定,那么是否可以免去 one-hot 编码过程呢?当然可以,可以直接将隐向量当作特征的 Embedding,通过端到端训练方式来训练 FM。先来回顾 FM 简化后的二次项公式:

$$\sum_{i=1}^{n}\sum_{j=i+1}^{n}(\boldsymbol{v}_i \cdot \boldsymbol{v}_j)x_i x_j = \frac{1}{2}\sum_{f=1}^{k}\left(\left(\sum_{i=1}^{n}v_{i,f}x_i\right)^2 - \sum_{i=1}^{n}v_{i,f}^2 x_i^2\right) \tag{2-59}$$

其中，x 是特征的 one-hot 编码表示，每个 x 有 n 个元素，n 为所有特征的数量。v 是特征对应的隐向量，维度为 k。因为 x 是 one-hot 编码，所以只有在当前样本有特征 i 时，在 x 中 i 位置的元素才会有值且等于 1，否则等于 0。当计算 vx 时，其实只计算了 x 中元素值为 1 的位置。设单个样本的特征数量为 n_{single}，即只有 n_{single} 个隐向量 v 进行了计算。计算 $v^2 x^2$ 时也是同样的道理，当 x 是 one-hot 编码时，$x^2 = x$，所以只有 n_{single} 个隐向量 v 进行了计算。综上所述，可以去掉 x，进一步简化公式，得

$$\frac{1}{2}\sum_{f=1}^{k}\left(\left(\sum_{i=1}^{n}v_{i,f}x_i\right)^2 - \sum_{i=1}^{n}v_{i,f}^2 x_i^2\right) = \frac{1}{2}\sum_{f=1}^{k}\left(\left(\sum_{i=1}^{n_{\text{single}}^{(j)}}v_{i,f}^{(j)}\right)^2 - \sum_{i=1}^{n_{\text{single}}^{(j)}}v_{i,f}^{(j)\,2}\right) \tag{2-60}$$

如此一来 v 就可当作所有特征向量，其中的 j 指代单个样本 j，$v_i^{(j)}$ 指的是样本 j 中的特征 i 对应的特征向量，$v_{i,f}^{(j)}$ 指的是样本 j 中的特征 i 对应特征向量中第 f 个元素。$n_{\text{single}}^{(j)}$ 指的是样本 j 的特征数量。

本节的代码地址：recbyhand\chapter2\s75_FM_embedding_style.py。用代码来表示式(2-60)可能会更清晰简单一点，代码如下：

```
# recbyhand\chapter2\s75_FM_embedding_style.py
def FMcross(self, feature_embs):
    # feature_embs:[batch_size, n_features, dim]
    # [batch_size, dim]
    square_of_sum = torch.sum( feature_embs, dim = 1) ** 2
    # [batch_size, dim]
    sum_of_square = torch.sum( feature_embs ** 2, dim = 1)
    # [batch_size, dim]
    output = square_of_sum - sum_of_square
    # [batch_size, 1]
    output = torch.sum(output, dim = 1, keepdim = True)
    # [batch_size, 1]
    output = 0.5 * output
    # [batch_size]
    return torch.squeeze(output)
```

代码中的注释是每一步输出的张量形状。这次的 FM 类的所有代码如下：

```
# recbyhand\chapter2\s74_FM_embedding_style.py
import torch
from torch import nn

class FM( nn.Module ):
```

```python
    def __init__( self, n_features, dim = 128 ):
        super( FM, self ).__init__()
        #随机初始化所有特征的特征向量
self.features = nn.Embedding(n_features, dim, max_norm = 1)


    def FMcross(self, feature_embs):
        #feature_embs:[batch_size, n_features, dim]
        #[batch_size, dim]
        square_of_sum = torch.sum( feature_embs, dim = 1) ** 2
        #[batch_size, dim]
        sum_of_square = torch.sum( feature_embs ** 2, dim = 1)
        #[batch_size, dim]
        output = square_of_sum - sum_of_square
        #[batch_size, 1]
        output = torch.sum(output, dim = 1, keepdim = True)
        #[batch_size, 1]
        output = 0.5 * output
        #[batch_size]
        return torch.squeeze(output)


    #把用户和物品的特征合并起来
    def __getAllFeatures( self,u, i, user_df, item_df ):
        users = torch.LongTensor( user_df.loc[u].values )
        items = torch.LongTensor( item_df.loc[i].values )
        all = torch.cat( [ users, items ], dim = 1 )
        return all


    def forward(self, u, i, user_df, item_df):
        #得到用户与物品组合起来后的特征索引
        all_feature_index = self.__getAllFeatures( u, i, user_df, item_df )
        #取出特征向量
        all_feature_embs = self.features( all_feature_index )
        #经过 FM 层得到输出
        out = self.FMcross( all_feature_embs )
        #Sigmoid 激活后得到 0~1 的 CTR 预估
        logit = torch.sigmoid( out )
        return logit
```

可以发现这次还省略了 FM 的一次项和零次项,它们确实可以省略,因为二次交叉项自然包含了所有单个特征的信息。另外,由于这次不需要事先进行 one-Hot 编码,取而代之的是通过记录所有用户及物品特征索引的 DataFrame 取得对应用户与物品的特征索引组合,然后根据这些特征索引获取这一批次训练时要计算的特征向量。

根据原始数据得到并处理用户物品特征索引 DataFrame 的代码存放在 recbyhand\chapter2\dataloader4ml100kIndexs.py。

13min

2.8 本章总结

2.8.1 3个重要算法：近邻协同过滤、ALS、FM

本章介绍的是基础的推荐算法，最基础的往往也是最重要的。虽然本章内容较多，但重点只有3个，即近邻协同过滤、ALS及FM。

（1）近邻协同过滤总结起来是用近邻相似指标得到近邻从而推荐，分为 UserCF 与 ItemCF。因为近邻算法简单高效，所以常常会在召回层起到意想不到的作用。

（2）ALS，又称作 LFM 隐因子模型，计算过程是用户与物品向量的内积与作为标注的用户物品交互记录建立损失函数。简单直接，有着不俗的召回率，但 ALS 更重要的意义是它可被认为是神经网络推荐算法演化路线上的起点。这在本书之后的学习中会得到验证。

（3）FM，即因子分解机，该算法有着显著的精确率。算法研究员在研发新算法时，总想把 FM 结合进网络中，并且它总能起到很关键的作用。

2.8.2 协同过滤算法总结

本章一开始就以协同过滤开篇，介绍了协同过滤的起源及演化，现在基于已经了解的基础算法对协同过滤做一个归纳总结。

正如开篇所说，协同过滤主要分为三类，而这三类的基础算法代表也是2.8.1节提到的三大重要基础算法。

（1）近邻协同过滤，例如 UserCF 和 ItemCF。

该类算法的名字中明确带有协同过滤，即 Collaborative Filtering 的简称为 CF，并且人以群分、物以类聚的思想在此类算法中有很直观的体现。

（2）矩阵分解协同过滤，例如 SVD 和 LFM。

矩阵分解类算法是对用户物品的共现矩阵进行矩阵分解，而用户物品共现矩阵自然具备所有用户与物品直接的交互信息，所以当然具备协同过滤的效果。

（3）所有用户物品交互信息作标注的算法。

目前网上会把逻辑回归演化出的算法称为 CTR 预估系列算法，似乎与协同过滤无关，但其实 CTR 预估算法也属于协同过滤，因为 CTR 预估的标注与 LFM 一样也是用户与物品之间的交互，正如本章开篇所讲，仅仅收集用户个人与物品的交互数据，就能计算出所有用户与物品之间的群类关系，因为用户会通过物品连接起来，物品也会通过用户连接起来，所以只要是通过用户与物品交互标注数据得到的模型都具备着协同过滤效果。

如今协同过滤渗透在每个推荐算法的内核，并且总会起到最核心的作用。区分一个推荐算法或推荐逻辑是否具有协同过滤的效果，只需看该推荐算法是否是基于用户物品交互信息出发的。例如给用户推荐与他当前浏览物品内容相似度很高的其他物品就并不具备协同过滤的效果,因为内容相似度并不包含用户物品交互信息。

参考文献

第3章

进阶推荐算法

本章会介绍如今深度学习时代下热门的几个经典算法,以及如何推导深度学习推荐算法模型。笔者认为推荐算法工程师切勿生搬硬套前沿论文的模型。一定要有自己对于目前推荐场景的思路,学习他人的算法模型是为了帮助自己更好地建立思路,而不是单纯地搬运他人算法在自己的场景中使用。

因为对于推荐算法而言,至少现在并不存在一个万金油的模型可以覆盖一切场景,而是需要推荐算法工程师结合当前场景及当前的数据,结合前沿及经典算法的思路推导出最合适的推荐算法。

身处当代的大家,是否觉得目前正是推荐算法百家争鸣的年代呢?网上随便一查就可以查到诸多推荐算法,但其实如果纵观历史,每个年代当时的学问无不处于百家争鸣的状态,而之所以会对当代百家争鸣的状态更有印象,正是因为我们是局中人。

3.1　神经网络推荐算法推导范式

1992 年,协同过滤问世之后,直到 2003 年才出现 ItemCF 算法,这 11 年间没有别的推荐算法吗?当然不是,只是经过多年的沉淀,成为经典的只有协同过滤而已,而今天众多的推荐算法也一样,20 年后能流传下去的也不会太多,所以对于学习算法的大家,一定要在基础巩固的前提下,形成推导算法的范式。

自深度学习问世以来,神经网络的概念也随之而来。神经网络复杂吗?当然复杂,因为神经网络直接将算法的层次拉深且拉宽,动辄就会有好几个层级,以及无数个神经元。神经网络简单吗?其实简单无比,了解了基本网络层的组成后,就会发现深度学习神经网络像搭积木一样。

3.1.1　ALS＋MLP

先从最基础的推荐算法 ALS 结合最基础的深度学习网络 MLP 开始讲解。首先,如果把 ALS 的模型结构画成神经网络图,则如图 3-1 所示。

多层感知机(MultiLayer Perceptron,MLP)[2]是深度学习的开端,简单理解是在最终计算前,使向量经过一次或多次的线性投影及非线性激活从而增加模型的拟合度。ALS 结合 MLP 的神经网络如图 3-2 所示。

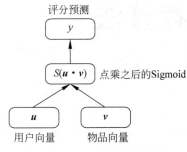

图 3-1 ALS 神经网络示意图

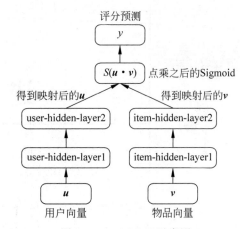

图 3-2 ALS-MLP 示意图

其中,每个隐藏层(Hidden Layer)都由一个线性层和非线性激活层组成。线性层是 $y = w \cdot x$ 的一个线性方程的形式,非线性激活层类似于 Sigmoid、ReLU 和 Tanh 等激活函数。线性层加非线性激活层的组合又被称为全连接层(Dense Layer)。

基础知识——非线性激活层的意义

这里顺便提一下,如果没有非线性激活单元,则多层的线性层是没有意义的。假设有 l 个隐藏线性层,则 x 经过多层投影得到第 l 层输出的这一过程可被描述为式(3-1)。

$$\begin{cases} h^1 = w^0 \cdot x \\ h^2 = w^1 \cdot h^1 \\ \cdots \\ h^l = w^{l-1} \cdot h^{l-1} \end{cases} \tag{3-1}$$

如果将此公式稍微改变一下形式,则可得

$$h^l = w^{l-1} \cdots w^1 w^0 x \tag{3-2}$$

所以可以发现,中间隐藏层的输出全部都没有意义,$w^{l-1} \cdots w^1 w^0$ 这些计算最终只是输出一个第 l 层的权重 w^l,因为永远进行的是线性变换,所以多次线性变换完全可由一次合适的线性变化代替,所以这个多层的神经网络与只初始化一个 w^l 的单层神经网络其实并无差别,而加入非线性激活单元就不一样了,通常由 $\sigma(\cdot)$ 表示一次非线性激活计算,所以 l 个隐藏层的公式就必须写成:

$$\begin{cases} h^1 = \sigma(w^0 \cdot x) \\ h^2 = \sigma(w^1 \cdot h^1) \\ \cdots \\ h^l = \sigma(w^{l-1} \cdot h^{l-1}) \end{cases} \tag{3-3}$$

如此一来,多层的神经网络就变得有意义了。

接下来是 ALS＋MLP 的核心代码部分，代码如下：

```
＃代码的地址：recbyhand\chapter3\s11a_ALS_MLP.py
class ALS_MLP(nn.Module):
    def __init__(self, n_users, n_items, dim):
        super(ALS_MLP, self).__init__()
        '''
        :param n_users: 用户数量
        :param n_items: 物品数量
        :param dim: 向量维度
        '''
        ＃随机初始化用户的向量
        self.users = nn.Embedding( n_users, dim, max_norm = 1 )
        ＃随机初始化物品的向量
        self.items = nn.Embedding( n_items, dim, max_norm = 1 )

        ＃初始化用户向量的隐含层
        self.u_hidden_layer1 = self.dense_layer(dim, dim //2)
        self.u_hidden_layer2 = self.dense_layer(dim//2, dim //4)

        ＃初始化物品向量的隐含层
        self.i_hidden_layer1 = self.dense_layer(dim, dim //2)
        self.i_hidden_layer2 = self.dense_layer(dim//2, dim //4)

        self.sigmoid = nn.Sigmoid()

    def dense_layer(self, in_features, out_features):
        ＃每个 MLP 单元包含一个线性层和非线性激活层,当前代码中非线性激活层采取 Tanh 双曲
        ＃正切函数
        return nn.Sequential(
            nn.Linear( in_features, out_features),
            nn.Tanh()
        )

    def forward(self, u, v, isTrain = True):
        '''
        :param u: 用户索引 id shape:[batch_size]
        :param i: 用户索引 id shape:[batch_size]
        :return: 用户向量与物品向量的内积 shape:[batch_size]
        '''
        u = self.users(u)
        v = self.items(v)
        u = self.u_hidden_layer1(u)
        u = self.u_hidden_layer2(u)
        v = self.i_hidden_layer1(v)
        v = self.i_hidden_layer2(v)
```

```
#训练时采取 DropOut 来防止过拟合
if isTrain:
    u = F.DropOut(u)
    v = F.DropOut(v)

uv = torch.sum( u * v, axis = 1)
logit = self.sigmoid(uv * 3)
return logit
```

深度学习拟合度高,所以更要注意过拟合的问题,最常用且有效的手段是在适当的位置放 DropOut 操作,例如上面代码倒数第 5 行和第 6 行。DropOut 是将向量随机丢弃若干个值,默认的比例是 0.5,即 50% 的元素会被丢弃,所谓丢弃是将数值设为 0。在训练时采取 DropOut 有增添噪声的效果,会让预测不容易接近真实值,所以可以防止过拟合,而验证时不需要这个操作。

上述的操作是将用户与物品向量分别进行几个隐藏层的映射之后最后进行点乘计算。也可以将用户与物品向量拼接之后再进行 MLP 的传播,如图 3-3 所示。

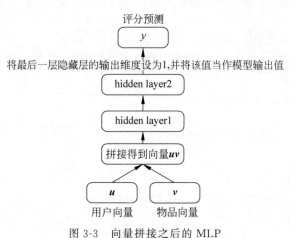

图 3-3　向量拼接之后的 MLP

该结构的代码如下:

```
#recbyhand\chapter3\s11b_ALS_CONCAT.py
class ALS_MLP ( nn.Module ):
    def __init__( self, n_users, n_items, dim ):
        super( ALS_MLP, self).__init__()
        '''
        :param n_users: 用户数量
        :param n_items: 物品数量
        :param dim: 向量维度
        '''
        #随机初始化用户的向量
```

```python
        self.users = nn.Embedding( n_users, dim, max_norm = 1 )
        # 随机初始化物品的向量
        self.items = nn.Embedding( n_items, dim, max_norm = 1 )
        # 第一层的输入的维度是向量维度乘以 2,因为用户与物品拼接之后的向量维度自然是原
        # 来的 2 倍
        self.denseLayer1 = self.dense_layer( dim * 2, dim )
        self.denseLayer2 = self.dense_layer( dim , dim //2 )
        # 最后一层的输出维度是 1,该值经 Sigmoid 激活后即为模型输出
        self.denseLayer3 = self.dense_layer( dim //2, 1 )
        self.sigmoid = nn.Sigmoid()

    def dense_layer(self, in_features, out_features):
        # 每个 MLP 单元包含一个线性层和非线性激活层,当前代码中非线性激活层采取 Tanh 双曲
        # 正切函数
        return nn.Sequential(
            nn.Linear(in_features, out_features),
            nn.Tanh()
        )

    def forward(self, u, v, isTrain = True):
        '''
        :param u: 用户索引 id shape:[batch_size]
        :param i: 用户索引 id shape:[batch_size]
        :return: 用户向量与物品向量的内积 shape:[batch_size]
        '''
        # [batch_size, dim]
        u = self.users( u )
        v = self.items( v )
        # [batch_size, dim * 2]
        uv = torch.cat([ u, v ], dim = 1)
        # [batch_size, dim]
        uv = self.denseLayer1( uv )
        # [batch_size, dim//2]
        uv = self.denseLayer2( uv )
        # [batch_size,1]
        uv = self.denseLayer3( uv )
        # 训练时采取 DropOut 来防止过拟合
        if isTrain:uv = F.DropOut( uv )
        # [batch_size]
        uv = torch.squeeze( uv )
        logit = self.sigmoid( uv )
        return logit
```

这种先拼接后传播的方式其实在大多数情况下比先传播后点乘的方式好,其原因也不难理解,因为向量拼接后一起做线性投影会更充分地将向量之间(用户和物品之间)的交互关系学到,但是用户物品各自先经过 MLP 的传递,之后点乘的这种做法也有它的好处,其

实这种结构被称为"双塔模型",涉及召回层和粗排序层等概念,这一概念会在第 6 章详细说明。在本节想告诉大家的是,神经网络的构造可以结合数理及深度学习的基础知识在任意位置像搭积木一样添加网络层和神经元等。

3.1.2 特征向量＋MLP

以上的 ALS 算法仅考虑了用户与物品交互的情况,如果每个用户都很活跃,并且每个物品都很热门,则这样的 ALS 自然就会学得很好,但是在实际工作中通常不会存在这么理想的数据,另一个策略是通过活跃用户的数据学到用户特征与物品特征之间对应用户物品交互情况的模型,从而可以通过特征泛化到非活跃用户。

总而言之,如果加入了特征模型该怎么做? 其实也非常简单,如图 3-4 所示。

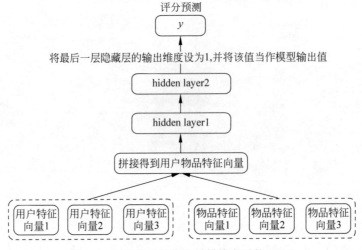

图 3-4 用户物品特征向量拼接之后的 MLP

相比图 3-3 的结构,图 3-4 是在最底下一层由原来的用户向量及物品向量变为用户的特征向量及物品的特征向量。

在实际操作时,需先将用户及物品的特征编码,此处仅需硬索引编码,如图 3-5 所示的用

	C1	C2	C3	C4
1	<null>	age	gender	occupation
2	1	2	8	29
3	2	5	9	23
4	3	2	8	30
5	4	2	8	29
6	5	3	9	23
7	6	4	8	16
8	7	5	8	10
9	8	3	8	10
10	9	2	8	28
11	10	5	8	19

图 3-5 用户特征索引

户特征索引。第一栏的数字是用户 id,其余每个数字都代表某个值所在模型中 Embedding 层的索引。

本节的代码地址为 recbyhand\chapter3\s12_Embedding_mlp.py,其中的核心部分代码如下:

```python
# recbyhand\chapter3\s12_Embedding_mlp.py,
class embedding_mlp( nn.Module ):

    def __init__( self, n_user_features, n_item_features, user_df, item_df, dim = 128 ):
        super( embedding_mlp, self ).__init__()
        # 随机初始化所有特征的特征向量
        self.user_features = nn.Embedding( n_user_features, dim, max_norm = 1 )
        self.item_features = nn.Embedding( n_item_features, dim, max_norm = 1 )
        # 记录好用户和物品的特征索引
        self.user_df = user_df
        self.item_df = item_df

        # 得到用户和物品特征的数量的和
        total_neighbours = user_df.shape[1] + item_df.shape[1]

        # 定义 MLP 传播的全连接层
        self.dense1 = self.dense_layer( dim * total_neighbours, dim * total_neighbours//2 )
        self.dense2 = self.dense_layer( dim * total_neighbours//2 , dim )
        self.dense3 = self.dense_layer( dim, 1 )
        self.sigmoid = nn.Sigmoid()

    def dense_layer(self, in_features, out_features):
        return nn.Sequential(
            nn.Linear(in_features, out_features),
            nn.Tanh()
        )

    def forward(self, u, i, isTrain = True):
        user_ids = torch.LongTensor(self.user_df.loc[u].values)
        item_ids = torch.LongTensor(self.item_df.loc[i].values)
        # [batch_size, user_neighbours, dim]
        user_features = self.user_features(user_ids)
        # [batch_size, item_neighbours, dim]
        item_features = self.item_features(item_ids)

# 将用户和物品特征向量拼接起来
        # [batch_size, total_neighbours, dim]
        uv = torch.cat( [user_features, item_features] ,dim = 1)

        # 将向量平铺以方便后续计算
```

```
            #[batch_size, total_neighbours * dim]
            uv = uv.reshape((len(u), -1))

        #开始 MLP 的传播
            #[batch_size, total_neighbours * dim//2]
            uv = self.dense1(uv)
            #[batch_size, dim]
            uv = self.dense2(uv)
            #[batch_size, 1]
            uv = self.dense3(uv)
            #训练时采取 DropOut 来防止过拟合
            if isTrain: uv = F.DropOut(uv)
            #[batch_size]
            uv = torch.squeeze(uv)
            logit = self.sigmoid(uv)
            return logit
```

完整代码中会有训练及测试过程。大家也可尝试着去改变一下模型结构或调整一些超参来观察评估指标的变化。

3.1.3 结合 CNN 的推荐

3.1.2 节中有一步向量拼接的操作,假设某用户特征向量与某物品特征向量的总数量为 n,每个特征的维度为 k,拼接之后可以得到一个维度为 $n \times k$ 的一维向量。该向量似乎显得有点长,是否有更美观的特征向量聚合方式呢? 当然有且有很多。其中最简单的自然是卷积神经网络。

此次将特征向量拼接成一个形状为 $n \times k$ 的二维矩阵取代之前的一维长向量,这样就可对该矩阵进行卷积操作,从而达到特征向量聚合的效果,然后继续经过几层全连接层最后得到模型输出,该过程如图 3-6 所示。

8min

本节代码的地址为 recbyhand\chapter3\s13 _CNN_rec.py,核心部分代码如下:

```
# recbyhand\chapter3\s13 _CNN_rec.py
class embedding_CNN( nn.Module ):

    def __init__( self, n_user_features, n_item_features, user_df, item_df, dim = 128 ):
        super( embedding_CNN, self ).__init__()
        #随机初始化所有特征的特征向量
        self.user_features = nn.Embedding( n_user_features, dim, max_norm = 1 )
        self.item_features = nn.Embedding( n_item_features, dim, max_norm = 1 )
        #记录好用户和物品的特征
        self.user_df = user_df
        self.item_df = item_df
```

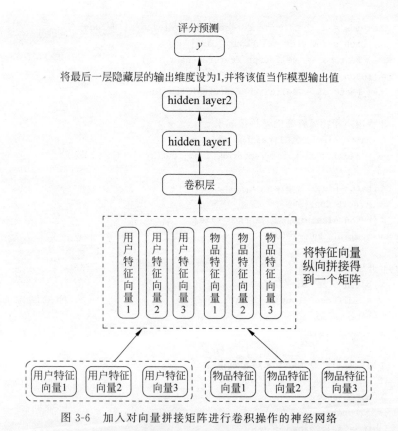

图 3-6　加入对向量拼接矩阵进行卷积操作的神经网络

```
    #得到用户和物品特征的数量的和
    total_neighbours = user_df.shape[1] + item_df.shape[1]

    self.Conv = nn.Conv1d( in_channels = total_neighbours, out_channels = 1, Kernel_size = 3 )

    #定义 MLP 传播的全连接层
    self.dense1 = self.dense_layer( dim - 2, dim//2 )
    self.dense2 = self.dense_layer( dim//2 , 1 )

self.sigmoid = nn.Sigmoid()

    def dense_layer( self, in_features, out_features ):
        return nn.Sequential(
            nn.Linear( in_features, out_features ),
            nn.Tanh()
        )

    def forward(self, u, i, isTrain = True):
        user_ids = torch.LongTensor(self.user_df.loc[u].values)
```

```
item_ids = torch.LongTensor(self.item_df.loc[i].values)
#[batch_size, user_neighbours, dim]
user_features = self.user_features(user_ids)
#[batch_size, item_neighbours, dim]
item_features = self.item_features(item_ids)

#将用户和物品特征向量拼接起来
#[batch_size, total_neighbours, dim]
uv = torch.cat( [user_features, item_features], dim = 1)

#[batch_size, 1, dim + 1 - Kernel_size]
uv = self.Conv(uv)
#[batch_size, dim + 1 - Kernel_size]
uv = torch.squeeze(uv)

#开始 MLP 的传播
#[batch_size, dim//2]
uv = self.dense1(uv)
#[batch_size, 1]
uv = self.dense2(uv)

#训练时采取 DropOut 来防止过拟合
if isTrain: uv = F.DropOut(uv)
#[batch_size]
uv = torch.squeeze(uv)
logit = self.sigmoid(uv)
return logit
```

其实以上代码是在 3.1.3 节代码的基础上改动了特征向量拼接的部分及加入了一个卷积层。

相对于提取平铺拼接后的特征向量,对特征进行 CNN 卷积提取的优势在于能保留更多方向的信息。

3.1.4　结合 RNN 的推荐

有了 CNN,自然就会想到 RNN。RNN 的优势在于它是一个序列模型,最直观的感受是能够很好地利用时间上的信息。图 3-7 是一个 RNN 的基本示意图。

14min
13min

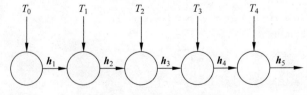

图 3-7　RNN 的基本示意图

每个 RNN 节点的公式如下[3]：

$$h_t = \tanh(w_{ih}x_t + b_{ih} + w_{hh}h_{t-1} + b_{hh})\tag{3-4}$$

其中，$w_{ih}x_t + b_{ih}$ 是一个基本的线性回归方程，x_t 是 t 时刻的输入，假设训练序列数据是用户对于物品的历史观看记录，则输入是 t 时刻的物品。RNN 节点比全连接层多出的内容是 $w_{hh}h_{t-1} + b_{hh}$，其中 h_{t-1} 是上一个 RNN 节点的输出。如此一来直到输入最后一个物品，都不会丢失前面所有物品的信息，并且先后顺序的信息也保留了。PyTorch 中 RNN 的代码如下：

```
import torch
from torch import nn


rnn = nn.RNN( input_size = 12, hidden_size = 6, batch_first = True)
input = torch.randn(24, 5, 12)
outputs, hn = rnn(input)
```

其中几个重要的参数如下。

input_size：输入特征维度，也是公式中 x 的向量维度。

hidden_size：隐含层特征维度，也是公式中 h 的维度。有了这两个维度后，公式中 w_{ih} 和 w_{hh} 等的形状都能自动计算得到。

batch_first：是否第一维表示 batch_size。这个要结合下面的 input 细说，input 在这里随机初始化了一个形状为（24，5，12）的张量，batch_first＝True 意味着第 1 个数字代表 batch_size，此时 input 的意义是一批数据中有 24 个序列样本，每个序列样本有 5 个物品，每个物品的特征向量维度为 12。在 nn.RNN 这种方法中 batch_first 的默认值为 False，它默认会把输入张量的第 2 个数字当作 batch_size，而将第 1 个数字当作序列长度，这是要注意的参数。

可以看到代码中 rnn() 有两个输出，一个是 outputs，另一个是 hn，hn 其实是第 n 层的输出也是最后一层的输出，形状是（1，batch_size，hidden_size），当前数据环境中是（1，24，6），而 outputs 其实是每个 RNN 节点的输出，形状是（batch_size，序列长度，hidden_size），当前的数据环境下是（24，5，6）。

如果把 batch_first 设为 False，则 outputs 的形状是（序列长度，batch_size，hidden_size）这么做的好处是和 hn 有更统一的形状，因为 hn 其实是 outputs 中的最后一个序列向量，如果 batch_first＝False，则 hn＝outputs[−1]。否则 hn 要和 outputs[−1] 对等就要调整形状。当然这得看个人习惯，本书的示例代码会将 batch_first 设为 True，因为毕竟将张量理解为 batch_size 更符合大多数情况的习惯认知。

MovieLens 的数据集有时间戳的信息，所以可以将数据整理成序列的形式，以便下游的任务使用此数据，示例数据如下：

```
[1973,5995,560,5550,6517,4620,1],
[5995,560,5550,6517,4620,4563,1],
[560,5550,6517,4620,4563,1314,1],
[2439,1600,7999,1743,8282,8204,0]
```

每一行的序列由 6 个物品 id 及一个 0 或 1 的标注组成。其中前 5 个物品 id 代表用户最近历史单击的物品 id,第 6 个物品 id 代表用户当前观看的物品,第 7 位的标注代表用户对第 6 个物品 id 真实喜欢的情况,1 为喜欢,0 为不喜欢。根据 MovieLens 原始数据得到序列的脚本地址为 recbyhand\chapter3\s14_RNN_data_prepare.py。

利用 RNN 做推荐算法的思路如图 3-8 所示。

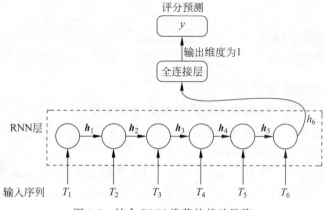

图 3-8 结合 RNN 推荐的基础思路

取 RNN 最后一个节点的输出向量(如前文实例代码中的 hn),作为下一个全连接层的输入,之后就是 MLP 的模式了。图 3-8 中虽然只有一个全连接层,但是在实际工作中大家可以多加几层尝试一下。

基于 RNN 的推荐模型的核心代码如下:

```python
#recbyhand\chapter3\s14_RNN_rec.py
class RNN_rec( nn.Module ):

    def __init__( self, n_items, hidden_size = 64, dim = 128):
        super( RNN_rec, self ).__init__()
        #随机初始化所有物品向量
        self.items = nn.Embedding( n_items, dim, max_norm = 1 )
        self.rnn = nn.RNN( dim, hidden_size, batch_first = True )
        self.dense = self.dense_layer( hidden_size, 1 )
        self.sigmoid = nn.Sigmoid()


    #全连接层
    def dense_layer(self,in_features,out_features):
```

```
        return nn.Sequential(
          nn.Linear(in_features, out_features),
          nn.Tanh())

    def forward(self, x, isTrain = True):
        #[batch_size, len_seqs, dim]
        item_embs = self.items(x)
        #[1, batch_size, hidden_size]
        _,h = self.rnn(item_embs)
        #[batch_size, hidden_size]
        h = torch.squeeze(h)
        #[batch_size, 1]
        out = self.dense(h)
        #训练时采取 DropOut 来防止过拟合
        if isTrain: out = F.DropOut(out)
        #[batch_size]
        out = torch.squeeze(out)
        logit = self.sigmoid(out)
        return logit
```

大家也许会有一个疑问,这里仅仅将用户的历史物品序列通过 RNN 网络训练了一遍,对推荐能有效果吗? 当然有,RNN 的优势就在于在消息传递的过程中能保留顺序信息,所以把 RNN 层当作聚合用户的历史物品序列信息的函数会更好理解,也就是说 RNN 最后一层的输出向量可以认为是用户向量与物品向量的拼接。如果还是不太理解,则 3.1.5 节有助于更好地理解 RNN 对推荐作用的原理。

3.1.5 ALS 结合 RNN

大家对 ALS 已经再熟悉不过了,中心思想是求用户向量与物品向量的点积。求点积不是重点,重点是用户向量与物品向量这个概念。别忘了 ALS 还有另一个名字叫作 LFM,即隐因子模型,用向量表示用户或者物品才是这个思路的核心思想。

在 RNN 的计算环境中,可以将用户历史交互的物品序列当作用户本身。以此聚合那些物品序列的向量,然后与目标物品的向量表示进行点积运算,从而建立损失函数,该过程如图 3-9 所示。

10min

与 3.1.4 节不同的是,这次的结构是将目标物品单提出后作为 ALS 思路上所谓的物品向量,而前 5 个物品组成的序列经 RNN 层消息传递后,得到的最后一层输出当作用户向量。之后将得到的用户向量与物品进行点积等操作即可,代码如下:

```
#recbyhand\chapter3\s15_RNN_rec_ALS.py
class RNN_ALS_rec( nn.Module ):
```

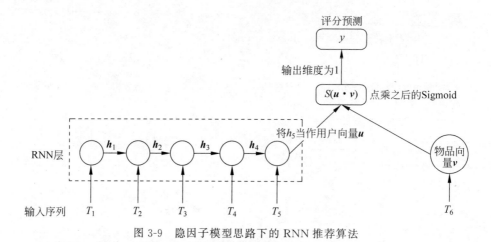

图 3-9　隐因子模型思路下的 RNN 推荐算法

```
def __init__( self, n_items, dim = 128):
    super( RNN_ALS_rec, self ).__init__()
    #随机初始化所有物品的特征向量
    self.items = nn.Embedding( n_items, dim, max_norm = 1 )
    #因为要进行向量点积运算,所以 RNN 层的输出向量维度也需与物品向量一致
    self.rnn = nn.RNN( dim, dim, batch_first = True )
    self.sigmoid = nn.Sigmoid()

def forward(self, x, item):
    #[batch_size, len_seqs, dim]
    item_embs = self.items(x)
    #[1, batch_size, dim]
    _,h = self.rnn(item_embs)
    #[batch_size, dim]
    h = torch.squeeze(h)
    #[batch_size, dim]
    one_item = self.items(item)
    #[batch_size]
    out = torch.sum(h * one_item, dim = 1)
    logit = self.sigmoid(out)
    return logit
```

　　该做法虽然从结果上比 3.1.4 节的算法更容易理解,但其实效果是差不多的。因为 3.1.4 节的 RNN 层也是消息聚合的作用而已,但就算仅仅这"而已"的作用在通常情况下推荐的帮助也会大于 CNN。

　　CNN 在处理计算机视觉领域很优秀,因为图像数据本身是一张张二维的矩阵,而 CNN 对二维矩阵的特征提取能力相当优秀,所以在推荐领域如果有本身是二维矩阵信息的数据,则 CNN 自然也会有很优秀的作用,但现在演示的仅仅是把特征拼接成二维矩阵再由 CNN 进行特征提取。

　　而在推荐领域中能体现 RNN 优势的数据就多了,因为用户与物品发生交互时总有先后顺序,自然总能形成序列。RNN 的潜力还不仅如此,经 nn.rnn()函数传播后还会有一个 outputs 输出,对于这个 outputs 该怎么使用,可看 3.1.6 节。

3.1.6　联合训练的 RNN

　　好多读者是通过语言模型(Language Model)了解的 RNN。通过输入很多语料,让 RNN 模型学习预测输入单词的下一个单词的能力。例如输入"今天下雨了"这句话,则通过"今"可预测"天",通过"天"可预测"下",通过"下"可预测"雨",以此类推,经 RNN 的传播如图 3-10 所示。

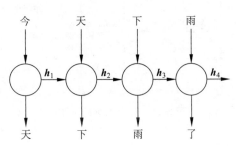

 25min

图 3-10　RNN 语言模型示意图

　　单纯的一个 RNN 节点输出的只是一个隐藏向量 h,如要完成一个字的预测还需要接一个全连接层,这个全连接层的输出维度是类别数,在语言模型中类别数是所有词或所有字的个数。在推荐场景中类别数是所有候选物品的数量。

　　将输入的向量再进行 Softmax 激活一下,然后与真实的类别建立交叉熵损失函数,以便进行多分类预测,公式如下:

$$\begin{cases} \hat{y}_t = \mathrm{Softmax}(w_{hn}h_t + b_{hn}) \\ \mathrm{loss} = \sum_0^t \mathrm{crossEntropyLoss}(\hat{y}_t, y_t) \end{cases} \tag{3-5}$$

　　在当前场景中,用"今天下雨"这一条序列,预测了"天下雨了"这一序列,其中一共有 4 个时刻的预测值,损失值是 4 个损失函数的叠加。

　　在推荐场景中该怎么用呢?假设用户历史物品交互序列是:[物品 1,物品 2,物品 3,物品 4,物品 5],则完全可以建立一个 RNN 网络并输入[物品 1,物品 2,物品 3,物品 4],以便预测[物品 2,物品 3,物品 4,物品 5]。这么做的意义在于可以产生一个序列预测序列的损失函数,从而辅助推荐算法,其实利用这一过程辅助推荐算法的方式有很多,但是为了保持本章简单的宗旨,不介绍太多容易混淆且不好理解的内容,在此介绍一个最基础的思想,即联合训练的 RNN。

　　输入物品序列,预测错开一位的物品序列这一过程本身是一个模型,而妙就妙在该 RNN 网络最后一个节点的输出可以当作聚合后的用户 Embedding 与候选物品 Embedding 去进行 CTR 预估。因为反向传播序列预测序列的模型与反向传播 CTR 预估的模型迭代的是同一个 RNN 网络,于是自然会有相辅相成的效果,该过程如图 3-11 所示。

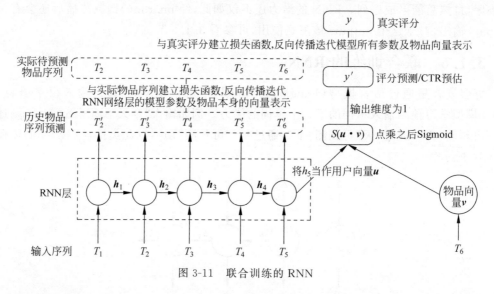

图 3-11　联合训练的 RNN

核心代码如下:

```
#recbyhand\chapter3\s16_RNN_rec_withPredictHistorySeq.py
class RNN_rec( nn.Module ):

    def __init__( self, n_items, dim = 128):
        super( RNN_rec, self ).__init__()
        self.n_items = n_items
        #随机初始化所有特征的特征向量
        self.items = nn.Embedding( n_items, dim, max_norm = 1 )
        self.rnn = nn.RNN( dim, dim, batch_first = True )

        #初始化历史序列预测的全连接层及损失函数等
        self.ph_dense = self.dense_layer( dim, n_items )
        self.Softmax = nn.Softmax()
        self.crossEntropyLoss = nn.CrossEntropyLoss()

        #初始化推荐预测损失函数等
        self.sigmoid = nn.Sigmoid()
        self.BCELoss = nn.BCELoss()

    #全连接层
    def dense_layer(self,in_features,out_features):
        return nn.Sequential(
            nn.Linear(in_features, out_features),
            nn.Tanh())
```

```python
# 历史物品序列预测的前向传播
def forwardPredHistory( self, outs, history_seqs ):
    outs = self.ph_dense( outs )
    outs = self.Softmax( outs )
    outs = outs.reshape( -1, self.n_items )
    history_seqs = history_seqs.reshape( -1 )
    return self.crossEntropyLoss( outs, history_seqs )

# 推荐 CTR 预测的前向传播
def forwardRec(self, h, item, y):
    h = torch.squeeze( h )
    one_item = self.items( item )
    out = torch.sum( h * one_item, dim = 1 )
    logit = self.sigmoid( out )
    return self.BCELoss( logit, y )

# 整体前向传播
def forward( self, x, history_seqs, item, y ):
    '''
    :param x: 输入序列
    :param history_seqs: 要预测的序列,其实是与 x 错开一位的历史记录
    :param item: 候选物品序列
    :param y: 0 或 1 的标注
    :return: 联合训练的总损失函数值
    '''
    item_embs = self.items(x)
    outs, h = self.rnn(item_embs)
    hp_loss = self.forwardPredHistory(outs, history_seqs)
    rec_loss = self.forwardRec(h, item, y)
    return hp_loss + rec_loss

# 因为模型中 forward 函数输出的是损失函数值,所以另定义一个预测函数以方便预测及评估
def predict( self, x, item ):
    item_embs = self.items( x )
    _, h = self.rnn( item_embs )
    h = torch.squeeze( h )
    one_item = self.items( item )
    out = torch.sum( h * one_item, dim = 1 )
    logit = self.sigmoid( out )
    return logit
```

这次代码有点长,在书中去掉了一些过程中张量形状的注释,当然本书配套代码中的注释是完整的。另外值得注意的是,这次代码模型的整体前向传播方式输出的是联合训练的整体损失函数,所以另定义了一个预测函数输出预测值以方便评估模型。

3min

3.1.7　小节总结

大家应该会发现每个模型结构是在前面模型的基础上改动或增加了某些元素。本书希望通过这个过程使大家可以了解到深度学习神经网络推荐算法推导的范式思想,其实算法推导很简单,使用一些基础的计算形式在不同的场景下发挥出不同的运用。相信大家都能举一隅而以三隅反,例如最后在联合训练 RNN 的基础上,再加上运用用户特征或者物品特征向量进一步泛化算法。大家也可以尝试一下 LSTM 或者 GRU 等在 RNN 基础上衍生出来的神经网络结构。

有了这些算法的推导能力后,再学习前沿的算法可以说是轻松愉悦,并且大家也应该很容易推导出自己的推荐算法。

3.2　FM 在深度学习中的应用

正如在前文所说,推荐系统有两大基石,一个是 ALS,而另一个是 FM。本章就来介绍一下由 FM 衍生出的深度学习模型。

3.2.1　FNN

FNN 全称 Factorisation-machine supported Neural Networks[4],于 2016 年被提出。

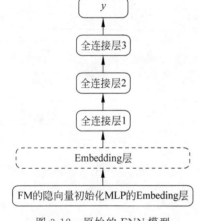

图 3-12　原始的 FNN 模型

4min

名字直译为用 FM 支持神经网络。通常认为 FNN 是学术界发表的第一个将 FM 运用在深度学习的模型,所以将 FNN 作为学习 FM 在深度学习中应用的入门模型很适合。原始的 FNN 思路很简单,即用 FM 得到的隐向量去初始化深度学习神经网络的 Embedding 输入。模型结构如图 3-12 所示。

以下是 FM 的公式:

$$\hat{y} = \sigma\left(w0 + \sum_{i=1}^{n} w1_i x_i + \sum_{i=1}^{n}\sum_{j=i+1}^{n} (\boldsymbol{v}_i \cdot \boldsymbol{v}_j) x_i x_j\right)$$

$$(3\text{-}6)$$

经过 FM 训练后可以得到 $w0,w1$ 和 $\boldsymbol{v}$ 等模型参数,将这些模型参数初始化一个 MLP 神经网络的 Embedding 输入,是 FNN 的做法。MLP 的 Embedding 层不去迭代更新,而是利用 FM 的先验知识去训练 MLP 中那些全连接层的模型参数。反过来也可以说是利用 MLP 多层的网络结构进一步提高 FM 对数据的拟合度。

所以原始的 FNN 并不是端到端的训练,但是可以在 FNN 的基础上改进一下,使其变为端到端的训练。

3.2.2　改进后的 FNN

10min

本节的目的是要开发一个能够同时用到 FM 及 MLP 的端到端模型。首先来回顾一下

2.7.5 节中端到端训练下的 FM 二次项简化公式。

$$\sum_{i=1}^{n}\sum_{j=i+1}^{n}(\boldsymbol{v}_i\cdot\boldsymbol{v}_j)x_ix_j=\frac{1}{2}\sum_{f=1}^{k}\left(\left(\sum_{i=1}^{n_{single}^{(j)}}v_{i,f}^{(j)}\right)^2-\sum_{i=1}^{n_{single}^{(j)}}v_{i,f}^{(j)\,2}\right) \tag{3-7}$$

该公式等号右边的 $\sum_{f=1}^{k}(\cdot)$ 是指将 k 个括号内的值累加，而如果不进行累加这一步，则括号内得到的值是一个维度为 k 的向量。括号内的计算具备了特征交叉的信息，外层的累加可以当作是给该向量做了一次求和池化，所以其实完全可以跳过累加这一步，直接将这个 k 维向量输入 MLP 网络中进行传播，最终得到预测值。

该操作被称为 FM 聚合层，记作：

$$\mathrm{agg}_{FM}(x)=\left(\sum_{i=1}^{n_{single}}\boldsymbol{v}_i\right)^2-\sum_{i=1}^{n_{single}}\boldsymbol{v}_i^2 \tag{3-8}$$

其中，n_{single} 是一次数据的特征数量，$\boldsymbol{v}_i$ 是 i 的特征向量，假设传递的数据是一个形状为 [batch size，特征数量 n，特征维度 dim] 的张量，则经过 FM 聚合层的传递之后就得到了 [batch size，特征维度 dim] 的张量，该过程的代码如下：

```
# recbyhand\chapter3\s22_FNN_plus.py
def FMaggregator(self, feature_embs):
    # feature_embs:[batch_size, n_features, dim]
    #[batch_size, dim]
    square_of_sum = torch.sum( feature_embs, dim = 1) ** 2
    #[batch_size, dim]
    sum_of_square = torch.sum( feature_embs ** 2, dim = 1)
    #[batch_size, dim]
    output = square_of_sum - sum_of_square
    return output
```

整个改进后的 FNN 模型结构如图 3-13 所示。

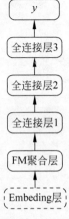

图 3-13　改进后的 FNN 模型结构

这样就完全是一个端到端的深度学习模型了。

本节代码的地址为 recbyhand\chapter3\s22_FNN_plus. py。书中展示一下完整的
FNN_plus 模型类的代码:

```
# recbyhand\chapter3\s22_FNN_plus.py
class FNN_plus( nn.Module ):

    def __init__( self, n_features, dim = 128 ):
        super( FNN_plus, self ).__init__()
        # 随机初始化所有特征的特征向量
        self.features = nn.Embedding(n_features, dim, max_norm = 1)
        self.mlp_layer = self.__mlp(dim)

    def __mlp( self, dim ):
        return nn.Sequential(
            nn.Linear(dim, dim //2),
            nn.Tanh(),
            nn.Linear(dim //2, dim //4),
            nn.Tanh(),
            nn.Linear(dim //4, 1),
            nn.Sigmoid()
        )

    def FMaggregator(self, feature_embs):
        # feature_embs:[batch_size, n_features, dim]
        # [batch_size, dim]
        square_of_sum = torch.sum( feature_embs, dim = 1) ** 2
        # [batch_size, dim]
        sum_of_square = torch.sum( feature_embs ** 2, dim = 1)
        # [batch_size, dim]
        output = square_of_sum - sum_of_square
        return output

    # 把用户和物品的特征合并起来
    def __getAllFeatures( self,u, i, user_df, item_df ):
        users = torch.LongTensor( user_df.loc[u].values )
        items = torch.LongTensor( item_df.loc[i].values )
        all = torch.cat( [ users, items ], dim = 1 )
        return all

    def forward(self, u, i, user_df, item_df):
        # 得到用户与物品组合起来后的特征索引
        all_feature_index = self.__getAllFeatures( u, i, user_df, item_df )
        # 取出特征向量
        all_feature_embs = self.features( all_feature_index )
```

```
#[batch_size, dim]
out = self.FMaggregator( all_feature_embs )
#[batch_size, 1]
out = self.mlp_layer(out)
#[batch_size]
out = torch.squeeze(out)
return out
```

3.2.3 Wide & Deep

11min

接下来是 Wide & Deep 模型,论文名叫作 Wide & Deep Learning for Recommender Systems[5],于 2016 年由谷歌公司提出,又称作 WAD。从事推荐工作的人员多多少少听说过 FM,而听过 FM 的人员多多少少听说过 DeepFM,而 DeepFM 是由 Wide & Deep 演化而来,并且 Wide & Deep 在领域内的地位并不亚于 DeepFM,究其原因主要是谷歌在 TensorFlow 中有现成的 Wide & Deep API,所以在讲解 Deep FM 之前,Wide & Deep 还是很有必要讲解一下的。

图 3-14 展示了最原始的 Wide & Deep 模型结构图。

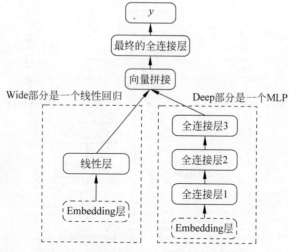

图 3-14 原始 Wide & Deep 模型结构图

Wide & Deep 是一个将基础的线性回归模型与 MLP 深度学习网络横向拼接的网络模型。这么做的好处是兼具"记忆能力"与"泛化能力"。

"记忆能力"是 Wide 部分的任务,所谓"记忆能力"是希望通过简单的操作来学到特征的表示,以此使该特征对结果的影响可以尽可能的直接。

"泛化能力"是 Deep 部分的任务,这部分功能是利用深度学习优秀的泛化能力来充分学习每个特征对结构的影响。有人会说网络越深不是越容易过拟合吗?的确如此,但一个合适的深度学习网络的泛化能力完全会高过简单的机器学习模型,更不用说有很多深度学习常用的手段(如 DropOut)去防止过拟合。

什么特征应该更注重"记忆",什么特征更应该注重"泛化"呢? 按照最初的想法,交互性质的数据需要重点突出记忆能力,而用户物品的属性应该更需要突出泛化能力。因为交互数据往往是会动态变化的数据,需要捕捉到短期形成的记忆。例如在一个电影推荐场景中,统计用户观看最多的一个电影类型作为"用户观影类型偏好"特征,再例如将用户最近看过的五部电影作为"用户历史观影特征",这些特征本身就强力代表了用户的兴趣取向,所以"记忆"这些特征自然对推荐更有帮助。

而用户物品本身的那些静态属性,如年龄、性别、职业等,乍看之下与推荐并不具备强相关的关系,但多多少少又感觉会有影响,所以将这些特征经神经网络泛化开来是再好不过的操作。

但是对以上那些特征例子,人为能够区分,如果碰到一些模棱两可的特征,人为很难区分应输入 Wide 部分还是 Deep 部分时该怎么办呢? 其实目前业内更多的做法是直接将所有的特征同时输入 Wide 部分和 Deep 部分,让模型同时去学每个特征的"记忆"与"泛化"权重。模型当然具备这个能力,那些"记忆"要求不高的特征,它们的"记忆"权重自然不会高。

目前改进并更主流的 Wide & Deep 模型的 Wide 部分是一个特征间两两交叉相乘的计算,是 2.7.3 节中提到的 POLY2 算法,并且仅用到 POLY2 的二次项。模型结构如图 3-15 所示。

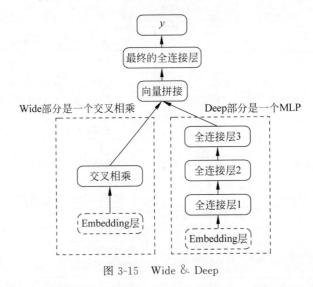

图 3-15 Wide & Deep

相比最初的 Wide & Deep,不同之处是把线性回归层换成了交叉相乘层。

既然可以用 POLY2 算法,那是不是可以把 Wide 部分直接用 FM 替换呢? 当然可以,所以就形成了 DeepFM。

3.2.4 DeepFM

DeepFM[6]是由华为公司在 2017 年提出的深度学习推荐算法模型,是将 FM 替换掉

Wide & Deep 的 Wide 部分。由于 FM 一贯的优越性使 DeepFM 瞬间流行起来。其实 DeepFM 的模型结构又可以视为一个横向的 FNN。模型结构如图 3-16 所示。

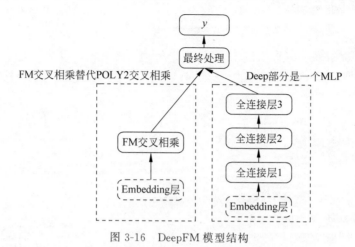

图 3-16　DeepFM 模型结构

图 3-16 中用了一个"最终处理"的方块代替原来画在 Wide & Deep 模型结构图中的向量拼接 ＋ 最终全连接层的两个方块。因为这里的做法其实不止一个,当然向量拼接＋全连接层是做法之一,但最流行的做法其实还是将 FM 层的输出与 MLP 的输出直接相加,然后求 Sigmoid 函数。

因为 FM 二次项的公式默认输出的是一个一维标量,所以将 MLP 层中最后一个全连接层的输出维度设为 1,则两个一维标量相加求 Sigmoid 就可以作为 CTR 的预测值去与真实值建立损失函数了。

如果还是采用向量拼接的方式,FM 层则可以用前文在 FNN 章节中提到的式(3-8)计算 FM 的输出,此时 FM 的输出是一个有维度的向量,然后 MLP 最后一个全连接层的输出维度也可以设为不为 1 的值,此时将这两个输出向量拼接再进行全连接层的传递就会变得有意义了。

代码实现了前一种方法,代码的地址为 recbyhand\chapter3\s24_DeepFM.py。核心的代码如下:

```python
# recbyhand\chapter3\s24_DeepFM.py
class DeepFM( nn.Module ):

    def __init__( self, n_features, user_df, item_df, dim = 128 ):
        super( DeepFM, self ).__init__( )
        # 随机初始化所有特征的特征向量
        self.features = nn.Embedding( n_features, dim, max_norm = 1 )
        # 记录好用户和物品的特征索引
        self.user_df = user_df
        self.item_df = item_df
```

```python
          #得到用户和物品特征的数量的和
total_neigbours = user_df.shape[1] + item_df.shape[1]
          #初始化 MLP 层
self.mlp_layer = self.__mlp( dim * total_neigbours )

    def __mlp( self, dim ):
          return nn.Sequential(
nn.Linear( dim, dim //2 ),
nn.ReLU( ),
nn.Linear( dim //2, dim //4 ),
nn.ReLU( ),
nn.Linear( dim //4, 1 ),
nn.Sigmoid( ) )

    #FM 部分
def FMcross( self, feature_embs ):
          #feature_embs:[ batch_size, n_features, dim ]
          #[ batch_size, dim ]
square_of_sum = torch.sum( feature_embs, dim = 1 ) ** 2
          #[ batch_size, dim ]
sum_of_square = torch.sum( feature_embs ** 2, dim = 1 )
          #[ batch_size, dim ]
          output = square_of_sum - sum_of_square
          #[ batch_size, 1 ]
          output = torch.sum( output, dim = 1, keepdim = True )
          #[ batch_size, 1 ]
          output = 0.5 * output
          #[ batch_size ]
          return torch.squeeze( output )

    #DNN 部分
def Deep( self, feature_embs ):
          #feature_embs:[ batch_size, n_features, dim ]
          #[ batch_size, total_neigbours * dim ]
feature_embs = feature_embs.reshape( ( feature_embs.shape[0], -1 ) )
          #[ batch_size, 1 ]
          output = self.mlp_layer( feature_embs )
          #[ batch_size ]
          return torch.squeeze( output )

    #把用户和物品的特征合并起来
def __getAllFeatures( self,u, i ):
          users = torch.LongTensor( self.user_df.loc[u].values )
          items = torch.LongTensor( self.item_df.loc[i].values )
          all = torch.cat( [ users, items ], dim = 1 )
          return all
```

```
#前向传播方法
def forward( self, u, i ):
    #得到用户与物品组合起来后的特征索引
    all_feature_index = self.__getAllFeatures( u, i )
    #取出特征向量
    all_feature_embs = self.features( all_feature_index )
    #[batch_size]
    fm_out = self.FMcross( all_feature_embs )
    #[batch_size]
    deep_out = self.Deep( all_feature_embs )
    #[batch_size]
    out = torch.sigmoid( fm_out + deep_out )
    return out
```

这次 DeepFM 的代码是将所有特征同时传递给了 FM 部分和 Deep 部分，正如前文中所讲，这样不仅逻辑清晰，代码写起来也很省力。当然缺点是对模型的学习要求更高了，即对数据的质量要求更高。

3.2.5 AFM

16min

AFM 是浙江大学与新加坡国立大学于 2017 年发布的模型，全称为 Attentional Factorization Machines[7]，是在 FM 的基础上加入注意力机制。图 3-17 是论文中的模型结构图。

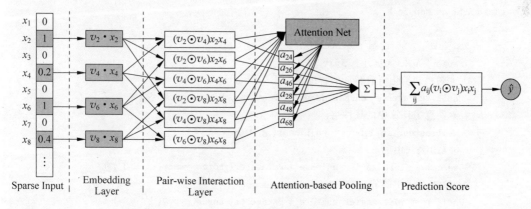

图 3-17 AFM 模型结构图[7]

先来回顾一下 FM 的标准公式：

$$\hat{y} = \sigma\left(w0 + \sum_{i=1}^{n} w1_i x_i + \sum_{i=1}^{n}\sum_{j=i+1}^{n} (\boldsymbol{v}_i \cdot \boldsymbol{v}_j) x_i x_j\right) \tag{3-9}$$

而 AFM 的完整公式如下[7]：

$$\hat{y} = \sigma\left(w0 + \sum_{i=1}^{n} w1_i x_i + p^{\mathrm{T}} \sum_{i=1}^{n}\sum_{j=i+1}^{n} a_{ij} (\boldsymbol{v}_i \odot \boldsymbol{v}_j) x_i x_j\right) \tag{3-10}$$

可以发现从 FM 到 AFM 零次项和一次项没有变,而二次项多了几个参数。首先从向量求内积变为 ⊙(哈达玛乘法),即全元素对应位相乘,对于一个向量而言,哈达玛积与内积的区别是少了一步累加,所以 $\sum_{i=1}^{n}\sum_{j=i+1}^{n} a_{ij}(\boldsymbol{v}_i \odot \boldsymbol{v}_j)x_i x_j$ 这一部分的输出会是一个维度为 k 的向量而不是一个标量,所以 $\boldsymbol{p}$ 也需要是一个维度为 k 的向量从而使 $\boldsymbol{p}$ 与二次项输出求内积可以得到一个标量。

a_{ij} 是特征 i 与特征 j 之间的注意力,计算过程如下[7]:

$$\begin{cases} a'_{ij} = \boldsymbol{h}^{\mathrm{T}}\mathrm{ReLU}(\boldsymbol{W}(\boldsymbol{v}_i \odot \boldsymbol{v}_j)x_i x_j + \boldsymbol{b}) \\ a_{ij} = \mathrm{Softmax}(a'_{ij}) = \dfrac{\exp(a'_{ij})}{\sum_{(i,j)\in R_x} \exp(a'_{ij})} \end{cases} \tag{3-11}$$

$\boldsymbol{W}$ 和 $\boldsymbol{b}$ 可视为一个线性层的权重及偏置项,而这个线性层的输入是隐向量长度 k,输出是一个超参,假设是 t,所以 $\boldsymbol{W} \in \mathbf{R}^{t \times k}$,$\boldsymbol{b} \in \mathbf{R}^t$,$\boldsymbol{h} \in \mathbf{R}^t$。

AFM 的计算过程很简单,加入了注意力机制后,模型的表达能力会更优秀,并且一定程度也增加了模型的可解释性,因为可以直接提取出注意力作为每两个特征之间的权重,以便解释出推荐理由。

工程实现 AFM 的训练模型首先自然先省去 one-hot 表示,与之前一样直接将隐向量作为特征 Embedding。模型初始化参数的代码如下:

```python
# recbyhand\chapter3\s25_AFM.py
class AFM( nn.Module ):

    def __init__( self, n_features, k, t ):
        super( AFM, self ).__init__( )
        # 随机初始化所有特征的特征向量
        self.features = nn.Embedding( n_features, k, max_norm = 1 )
        # 注意力计算中的线性层
        self.attention_liner = nn.Linear( k, t )
        # AFM 公式中的 h
        self.h = init.xavier_uniform_( Parameter( torch.empty( t, 1 ) ) )
        # AFM 公式中的 p
        self.p = init.xavier_uniform_( Parameter( torch.empty( k, 1 ) ) )
```

另外在计算二次项的时候自然要避免双重 for 循环,仍然要用到 FM 的二次项简化公式。正如前文中提过,向量间的哈达玛积与内积之间的区别是少了一步累加,所以其实 $\sum_{i=1}^{n}\sum_{j=i+1}^{n}(\boldsymbol{v}_i \odot \boldsymbol{v}_j)x_i x_j$ 是式(3-8)的另一种表述形式。如此一来仍可用与 FNN 同样的方式去批量计算该二次项的输出,代码如下:

```
# recbyhand\chapter3\s25_AFM.py
def FMaggregator( self, feature_embs ):
    #feature_embs:[ batch_size, n_features, k ]
    #[ batch_size, k ]
    square_of_sum = torch.sum( feature_embs, dim = 1 ) ** 2
    #[ batch_size, k ]
    sum_of_square = torch.sum( feature_embs ** 2, dim = 1 )
    #[ batch_size, k ]
    output = square_of_sum - sum_of_square
    return output
```

在计算注意力时,其中输入的 embs 是上面 FM 聚合层的输出,代码如下:

```
# recbyhand\chapter3\s25_AFM.py
#注意力计算
def attention( self, embs ):
    #embs: [ batch_size, k ]
    #[ batch_size, t ]
    embs = self.attention_liner( embs )
    #[ batch_size, t ]
    embs = torch.ReLU( embs )
    #[ batch_size, 1 ]
    embs = torch.matmul( embs, self.h )
    #[ batch_size, 1 ]
    atts = torch.Softmax( embs, dim = 1 )
    return atts
```

得到批量的注意力后,再与批量的 FM 聚合层输出进行最后的计算,代码如下:

```
# recbyhand\chapter3\s25_AFM.py
#经过 FM 层得到输出
embs = self.FMaggregator( all_feature_embs )
#得到注意力
atts = self.attention( embs )
outs = torch.matmul(atts * embs, self.p)
```

当然之后还有调整形状及求 Sigmoid 等操作,完整代码可到配套代码中查看。另外本节的示例代码省略了零次项和一次项的计算,因为那些其实不重要,而且也很简单,大家有兴趣可以自己实现。

3.2.6　小节总结

FM 衍生出的推荐算法模型还有很多,例如 FFM、PNN、NFM、ONN、xDeepFM 及与图神经网络结合的 Graph FM。本书还是那个主张,大家学习算法的时候学的是一种推导的

3min

过程,而不要执着于算法的形式上。

例如 FNN 是 FM+MLP,DeepFM 是 FM 和 MLP 横向的结合,AFM 在计算 FM 二次项时加入了注意力机制。那些没在本书中详细介绍的算法其实无非是添砖加瓦的操作,例如 FFM 加入了一个特征域的概念,ONN 是 FFM 与 MLP 的结合,xDeepFM 看名字就知道是在 DeepFM 的基础上增加了一些新花样。

3.3 序列推荐算法

序列模型本身一直在发展,从最早的马尔可夫链到深度学习时代的 RNN,以及现在流行的 BERT。

在推荐系统里序列模型一直有着重要的地位,它的核心思想是通过用户的行为序列建立模型推荐,例如历史观看的电影序列,以及历史购买的商品序列等。因为通过统计历史序列数据可以学习到用户兴趣的变化,从而为序列中的下一个进行推荐预测。

3.3.1 基本序列推荐模型

在 3.1.4 节~3.1.6 节,从 RNN 的角度已经介绍过一些基于 RNN 的序列推荐模型,但如果将 RNN 作为最基本的序列推荐模型仍然略显复杂。当然从马尔可夫链讲起就太古老了,但是可以从序列推荐算法的核心思想出发,如图 3-18 所示。

10min

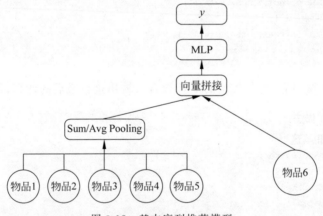

图 3-18　基本序列推荐模型

图 3-18 中的物品 1、物品 2 和物品 3 等可以认为是用户历史交互的物品序列,其实与之前 RNN 章节中的数据是一个意思。这张图显示的是将历史交互的物品序列直接进行求和或者求平均的池化操作,从而使得到的向量再与要预测的物品向量做拼接,然后经过 MLP 网络最终输出预测值。核心的代码如下:

```
#recbyhand\chapter3\s31_base_Sequential.py
class Base_Sequential( nn.Module ):
```

```
def __init__( self, n_items, dim = 128 ):
    super( Base_Sequential, self ).__init__()
    #随机初始化所有物品向量
    self.items = nn.Embedding( n_items, dim, max_norm = 1 )
    self.dense = self.dense_layer( dim * 2, 1 )

#全连接层
def dense_layer( self, in_features, out_features ):
    return nn.Sequential(
        nn.Linear( in_features, out_features ),
        nn.Tanh( ) )

def forward( self, x, item, isTrain = True ):
    #[ batch_size, len_seqs, dim ]
    item_embs = self.items( x )
    #[ batch_size, dim ]
    sumPool = torch.sum( item_embs, dim = 1 )
    #[ batch_size, dim ]
    one_item = self.items( item )
    #[ batch_size, dim * 2 ]
    out = torch.cat( [ sumPool, one_item ], dim = 1)
    #[ batch_size, 1 ]
    out = self.dense( out )
    #训练时采取 DropOut 来防止过拟合
    if isTrain: out = F.DropOut( out )
    #[ batch_size ]
    out = torch.squeeze( out )
    logit = torch.sigmoid( out )
    return logit
```

当然仅仅这样做并没有把序列的信息充分利用起来,至少应该给每个物品设置不同的权重进行加权求和。这个权重该怎么设置呢? 自然就应该利用注意力机制。

3.3.2 DIN 与注意力计算方式

深度兴趣网络(Deep Interest Network, DIN[8])是阿里巴巴团队在 2018 年发布的模型。DIN 的中心思想是在 3.3.1 节的基本模型上添加了注意力机制。

先从一个简单的结构出发来了解 DIN,它的基本网络结构如图 3-19 所示。

其实是在基本序列模型的基础上增加了注意力机制。先用一个最简单的注意力计算过程来说明,注意力计算公式如下:

15min

6min

$$\begin{cases} a'_i = \boldsymbol{h}^{\mathrm{T}} \sigma(\boldsymbol{W}\boldsymbol{x}_i + \boldsymbol{b}) \\ a_i = \mathrm{Softmax}(a'_i) = \dfrac{\exp(a'_i)}{\sum\limits_{i \in \mathbf{R}_x} \exp(a'_i)} \end{cases} \qquad (3\text{-}12)$$

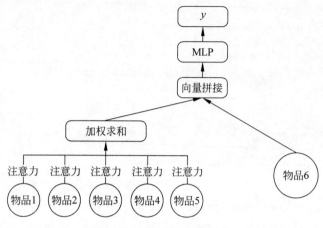

图 3-19　DIN 基本网络结构

其中，$\sigma(\cdot)$ 指任意激活函数，x_i 为物品 i 的 Embedding，假设维度为 k。$\boldsymbol{W}x_i + \boldsymbol{b}$ 是一个输入维度为 k、输出维度假设为 t 的线性层。$\boldsymbol{h}$ 是一个维度为 t 的向量。在代码中 h 这个部分其实可用一个输入维度为 t、输出维度为 1 的线性层代替，效果是一样的。对每个物品向量进行计算后再进行 Softmax 激活来获得归一化的注意力权重。之后就用这些注意力权重进行加权求和，公式如下：

$$f(x) = \sum_{i \in R_x} a_i x_i \tag{3-13}$$

$i \in R_x$ 指遍历该用户的历史交互物品，得到 $f(x)$ 后再与要预测的目标物品的向量进行拼接，然后经 MLP 传播，最终输出预测值。

注意力的计算方式并不止一种，例如可以加入用户的 Embedding 更进一步地学习到用户对每个历史交互物品的注意力，如图 3-20 所示。

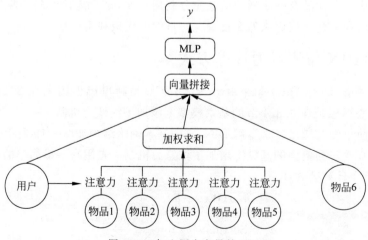

图 3-20　加入用户向量的 DIN

假设用户向量为 u，第 i 个物品向量为 x_i。通常最简单的注意力还是一个点乘，即 $a_i = u \cdot x_i$。或者 $a_i = uWx_i$，其中 W 是 u 向量长度 $\times x_i$ 向量长度的矩阵，但是更好的办法是用向量对应位置全元素运算的方式来计算。例如全元素相乘、全元素相加或全元素相减。全元素运算后的那个向量再经一次或几次线性变化得到的向量也可得到注意力权重。

基础知识——注意力机制基础计算方式

是时候总结一下注意力机制的计算方式了，注意力的计算其实能被看作一个小型的神经网络，任何的拼接可产生无穷多种神经网络。当然用注意力计算神经网络往往不会非常复杂，在这里就来介绍一下最基本的计算方式。

首先定义如下一个公式：

$$l(x) = wx + b \tag{3-14}$$

将 $l(x)$ 指代对向量 x 做一次带偏置项的线性变化。

（1）最基本的对于单个样本 i 的注意力计算公式：

$$a = \text{Softmax}(l(x)) \tag{3-15}$$

可以看到此处将线性变化后得到的值进行 Softmax 归一化，注意力权重是一个一维的标量，所以 $l(x)$ 在这里的输出维度是 1，输入维度当然是 x 向量的维度。

（2）单个样本 i 的注意力计算范式：

$$\begin{cases} d(x) = \sigma(l(x)) \\ a = \text{Softmax}(l(d(\cdots d(x)))) = \text{Softmax}(\text{MLP}(x)) \end{cases} \tag{3-16}$$

$\sigma(\cdot)$ 代表任意激活函数，$d(x)$ 代表一个全连接层，式子的后半部分可看作一个以 Softmax 作为最后一层全连接层激活函数的 MLP 网络，中间包含若干全连接层，输入和输出的维度都可任意指定，只要保证第一层的输入维度是 x 向量的长度，最后一层输出的维度是 1 即可。

对于单个样本，其注意力权重是针对结果而言的，即这个样本对最终模型结果的影响越大，它的注意力权重就会越大，所以 MLP 的计算意义是通过增加模型参数来放大原本对结果有较大影响的样本影响力，以及缩小原本对结果影响较小的样本影响力。

（3）两个样本 i 和 j 的点乘注意力的计算方式：

$$a = \text{Softmax}(x_i \cdot x_j)$$

或

$$a = \text{Softmax}(x_i W x_j), \quad W \in \mathbf{R}^{|x_i| \times |x_j|} \tag{3-17}$$

两个样本间注意力的意义不仅针对最终结构，也针对彼此。例如点积代表两个向量间的相似度，即仅点积计算可以使原本相似的两个样本产生更大的注意力权重。加入一个线性变换矩阵则能增加模型的拟合度。

（4）两个样本 i 和 j 的全元素运算注意力的计算方式：

$$a = \text{Softmax}(\text{MLP}(\boldsymbol{x}_i \bigcirc \boldsymbol{x}_j)) \tag{3-18}$$

此处用一个◎符号代表任意全元素运算，可以是加法、乘法或者减法。通常不会用除法。全元素运算相比点乘的好处在于损失的信息可以更少，并且运算后维度不变，可视为一个单独的向量再进行 MLP 的传播。

所以这一来，多个样本的注意力计算方式应该也推导出来了。

（5）多个样本的注意力计算方式：

$$a = \text{Softmax}(\text{MLP}(\boldsymbol{x}^0 \bigcirc \boldsymbol{x}^1 \cdots \bigcirc \boldsymbol{x}^l)) \tag{3-19}$$

将所有样本全部进行全元素计算得到的向量进行 MLP 的传递，但对于推荐系统而言，不太会出现需要计算两个以上样本注意力权重的场景，且在处理两个以上样本时，用 CNN 或 RNN 等计算方式聚合信息会比全元素相乘更好，但是在注意力层就把网络变得如此复杂是很容易过拟合的，所以并不建议去设计两个以上样本的注意力权重计算场景。

弄明白注意力的计算方式后，对于 DIN 算法基本就学会了 70%。当然商业级的 DIN 网络还会更复杂，业界通常会用物品的特征组合代替物品，所以需要学那些物品特征的向量表示，而不是每个物品的原子化向量表示。商业级的 DIN 网络结构如图 3-21 所示。

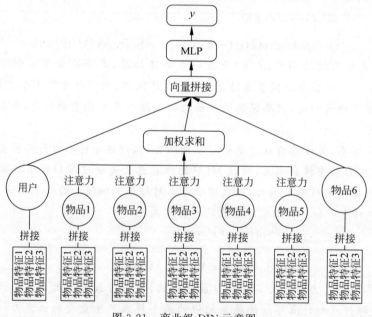

图 3-21　商业级 DIN 示意图

可以看到用户也可由用户的特征组合来指代。

示例代码实现了最基本的 DIN 模型，核心部分的代码如下：

```
# recbyhand\chapter3\s32_DIN.py
class DIN( nn.Module ):

    def __init__( self, n_items, dim = 128, t = 64 ):
        super( DIN, self ).__init__()
        #随机初始化所有物品向量
        self.items = nn.Embedding( n_items, dim, max_norm = 1 )
        self.fliner = nn.Linear( dim * 2, 1 )
        #注意力计算中的线性层
        self.attention_liner = nn.Linear(dim, t)
        self.h = init.xavier_uniform_( Parameter( torch.empty( t, 1 ) ) )

        #初始化一个 BN 层, 在 Dice 计算时会用到
        self.BN = nn.BatchNorm1d(1)

    #Dice 激活函数
    def Dice(self, embs, a = 0.1 ):
        prob = torch.sigmoid( self.BN( embs ) )
        return prob * embs + ( 1 - prob ) * a * embs

    #注意力计算
    def attention( self, embs ):
        # embs: [ batch_size, k ]
        #[ batch_size, t ]
        embs = self.attention_liner( embs )
        #[ batch_size, t ]
        embs = torch.ReLU( embs )
        #[ batch_size, 1 ]
        embs = torch.matmul( embs, self.h )
        #[ batch_size, 1 ]
        atts = torch.Softmax( embs, dim = 1 )
        return atts

    def forward(self, x, item, isTrain = True):
        #[ batch_size, len_seqs, dim ]
        item_embs = self.items( x )
        #[ batch_size, len_seqs, 1 ]
        atts = self.attention( item_embs )
        #[ batch_size, dim]
        sumWeighted = torch.sum( item_embs * atts, dim = 1 )
        #[ batch_size, dim]
        one_item = self.items(item)
        #[ batch_size, dim * 2 ]
        out = torch.cat( [ sumWeighted, one_item ], dim = 1 )
        #[ batch_size, 1 ]
        out = self.fliner( out )
```

```
out = self.Dice( out )
# 训练时采取 DropOut 来防止过拟合
if isTrain: out = F.DropOut( out )
# [ batch_size ]
out = torch.squeeze( out )
logit = torch.sigmoid( out )
return logit
```

大家发现了没有,在线性层之后紧跟着一个 Dice 激活函数。Dice 是阿里巴巴团队创新的一个激活函数。从代码上看很简单,下面就用一个小节来了解一下 Dice 激活函数。

3.3.3 从 PReLU 到 Dice 激活函数

数据相关激活函数(Data Dependent Activation Function,Dice)[8]是阿里巴巴团队伴随 DIN 算法一起发表的创新激活函数。阿里巴巴团队发表的推荐算法通常很具备工程性,并且它们自己有一套推荐算法体系,Dice 激活函数从原理上看就很显然是一个在实战中诞生的算法,但在介绍 Dice 计算原理前,得先从 ReLU 讲起。

线性修正单元(Rectified Linear Unit,ReLU)大家一定不陌生,公式如下:

$$\mathrm{ReLU}(x) = \begin{cases} x, & x \geqslant 0 \\ 0, & x < 0 \end{cases} \tag{3-20}$$

ReLU 函数属于"非饱和激活函数",由式(3-20)可见 ReLU 是将所有负值都设为 0。相较于 Sigmoid 与 Tanh 等"饱和激活函数"的优势在于能解决梯度消失问题且可加快收敛速度。

ReLU 的优点也是它的缺点,如果大多数的参数为负值,则显然 ReLU 的激活能力会大打折扣,所以参数化线性修正单元(Parametric Rectified Linear Unit,PReLU)应运而生,PReLU 公式如下:

$$\mathrm{PReLU}(x) = \begin{cases} x, & x \geqslant 0 \\ \alpha x, & x < 0 \end{cases} \tag{3-21}$$

PReLU 与 ReLU 不同的地方就在于在负值部分赋予了一个负值斜率 α。如此一来就不是所有负值都归为 0,而是会根据 α 的值发生变化。

当 α 很小时又可称为小线性修正单元(Leaky Rectified Linear Unit,LeakyReLU)。如果将 α 的值设定在一个范围内随机获取,则是随机线性修正单元(Randomized Rectified Linear Unit,RReLU)。

图 3-22 展示了 ReLU、LeakyReLU、PReLU 和 RReLU 的函数图像。

介绍完这么多的 ReLU 系列函数,终于要轮到 Dice 出场了。首先注意 PReLU 公式的含义是当输入大于 0 时,输出等于输入的值,而当输入小于或等于 0 时,输出是 αx。设 $p(x)$ 为输入值 x 大于 0 的概率,则输出 $f(x)$ 的期望值可表示为[8]

$$f(x) = p(x) \cdot x + (1 - p(x)) \cdot \alpha x \tag{3-22}$$

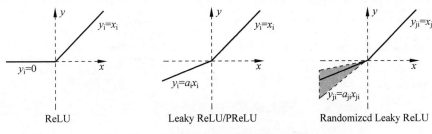

图 3-22 各个 ReLU 函数的示意图

在 Dice 中，又将 $p(x)$ 定义如下：

$$p(x) = \text{Sigmoid}\left(\frac{x - E(x)}{\text{Var}(x) + \varepsilon}\right) \tag{3-23}$$

$E(x)$ 表示样本的均值，$\text{Var}(x)$ 表示方差，ε 是噪声因子。Sigmoid 已经再熟悉不过了，是输出 0～1 的激活函数，而 Sigmoid 内部的计算过程其实是批量归一化算法。

批量归一化（Batch Normalization，BN）的计算公式为

$$\text{BN}(x) = \frac{x - E(x)}{\text{Var}(x) + \varepsilon} \tag{3-24}$$

所以 Dice 激活函数可写成：

$$\text{Dice}(x) = \text{Sigmoid}(\text{BN}(x)) \cdot x + 1 - \text{Sigmoid}(\text{BN}(x)) \cdot ax \tag{3-25}$$

这样一来是不是就显得很简单了。Batch Normalization 属于基础操作，这个大家应该不陌生，其意义主要有以下 3 个：

（1）减缓过拟合。

（2）在训练过程中使数据平滑从而加快训练的速度。

（3）减缓因数据不平滑而造成的梯度消失。

所以 Dice 激活函数的意义也在于此。BN 算法在 PyTorch 中有现成的 API，所以 Dice 激活函数实现起来非常简单，代码如下：

```
# recbyhand\chapter3\s32_DIN.py
def Dice( self, x, a = 0.1 ):
    BN = torch.nn.BatchNorm1d( 1 )
    prob = torch.sigmoid( BN( x ) )
    return prob * x + ( 1 - prob ) * a * x
```

3.3.4 DIEN 模拟兴趣演化的序列网络

深度兴趣演化网络（Deep Interest Evolution Network，DIEN）[9] 是阿里巴巴团队在 2018 年推出的另一力作，比 DIN 多了一个 Evolution，即演化的概念。

在 DIEN 模型结构上比 DIN 复杂许多，但大家丝毫不用担心，本书会将 DIEN 拆解开来详细地说明。首先来看从 DIEN 论文中截下的模型结构图，如图 3-23 所示。

17min

19min

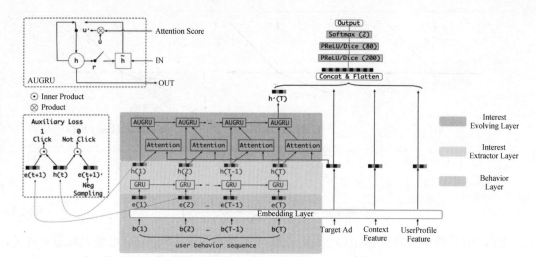

图 3-23 DIEN 模型结构全图[9]

这张图初看之下很复杂,但可从简单到难一点点来说明。首先最后输出往前一段的截图如图 3-24 所示。

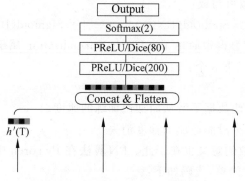

图 3-24 DIEN 模型结构局部图(1)[9]

这部分很简单,是一个 MLP,下面一些箭头表示经过处理的向量。这些向量会经一个拼接层拼接,然后经几个全连接层,全连接层的激活函数可选择 PReLU 或者 Dice。最后用了一个 Softmax(2) 表示二分类,当然也可用 Sigmoid 进行二分类任务。

对输出端了解过后,再来看输入端,将输入端的部分放大后截图如图 3-25 所示。

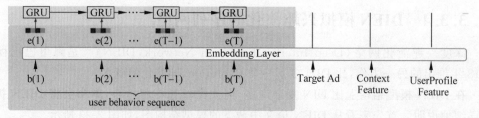

图 3-25 DIEN 模型结构局部图(2)[9]

从右往左看，UserProfile Feature 指用户特征，Context Feature 指内容特征，Target Ad 指目标物品，其实这 3 个特征表示的无非是随机初始化一些向量，或者通过特征聚合的方式量化表达各种信息。

DIEN 模型的重点就在图 3-25 的 user behavior sequence 区域。user behavior sequence 代表用户行为序列，通常利用用户历史交互的物品代替。图 3-26 展示了这块区域的全貌。

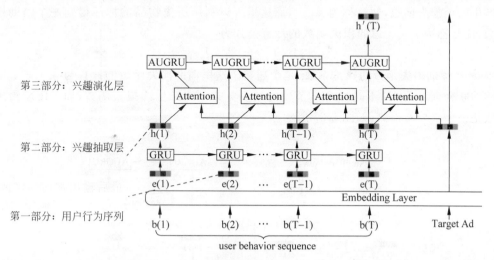

图 3-26　DIEN 模型结构局部图(3)[9]

这部分是 DIEN 算法的核心，这里直接配合公式和代码来讲解。本节代码的地址为 recbyhand\chapter3\s34_DIEN.py。

第一部分：用户行为序列，是将用户历史交互的物品序列经 Embedding 层初始化物品序列向量准备输入下一层，代码如下：

```
# recbyhand\chapter3\s34_DIEN.py
# 初始化 embedding
items = nn.Embedding( n_items, dim, max_norm = 1 )
# [batch_size, len_seqs, dim]
item_embs = items(history_seqs) # history_seqs 指用户历史物品序列 id
```

所以输出的是一个[批次样本数量，序列长度，向量维度]的张量。

第二部分：兴趣抽取层，是一个 GRU 网络，将上一层的输出在这一层输入。GRU 是 RNN 的一个变种，在 PyTorch 里有现成模型，所以只有以下两行代码。

```
# recbyhand\chapter3\s34_DIEN.py
# 初始化 GRU 网络，注意正式写代码时，初始化动作通常写在__init__()方法里
GRU = nn.GRU( dim, dim, batch_first = True)
outs, h = GRU(item_embs)
```

和 RNN 网络一样,会有两个输出,一个是 outs,是每个 GRU 单元输出向量组成的序列,维度是[批次样本数量,序列长度,向量维度],另一个 h 指的是最后一个 GRU 单元的输出向量。在 DIEN 模型中,目前位置处的 h 并没有作用,而 outs 却有两个作用。一个作用是作为下一层的输入,另一个作用是获取辅助 loss。

什么是辅助 loss,其实 DIEN 网络是一个联合训练任务,最终对目标物品的推荐预测可以产生一个损失函数,暂且称为 L_{target},而这里可以利用历史物品的标注得到一个辅助损失函数,此处称为 L_{aux}。总的损失函数的计算公式为

$$L = L_{target} + \alpha \cdot L_{aux} \qquad (3\text{-}26)$$

其中,α 是辅助损失函数的权重系数,是个超参。这里辅助损失函数的计算与 3.1.6 节中所介绍的联合训练 RNN 不同,3.1.6 节说的是多分类预测产生的损失函数,而 DIEN 给出的方法是一个二分类预测,如图 3-27 所示。

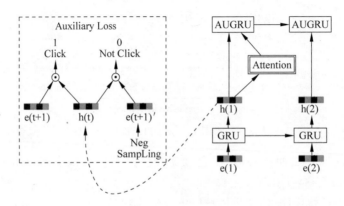

图 3-27　DIEN 模型结构局部图(4)[9]

历史物品标注指的是用户对对应位置的历史物品交互的情况,通常由 1 和 0 组成,1 表示"感兴趣",0 则表示"不感兴趣",如图 3-27 所示,将 GRU 网络输出的 outs 与历史物品序列的 Embedding 输入一个二分类的预测模型中即可得到辅助损失函数,代码如下:

```
# recbyhand\chapter3\s34_DIEN.py
# 辅助损失函数的计算过程
def forwardAuxiliary( self, outs, item_embs, history_labels ):
    '''
    :param item_embs: 历史序列物品的向量 [ batch_size, len_seqs, dim ]
    :param outs: 兴趣抽取层 GRU 网络输出的 outs [ batch_size, len_seqs, dim ]
    :param history_labels: 历史序列物品标注 [ batch_size, len_seqs, 1 ]
    :return: 辅助损失函数
    '''
    # [ batch_size * len_seqs, dim ]
```

```
item_embs = item_embs.reshape( -1, self.dim )
#[ batch_size * len_seqs, dim ]
outs = outs.reshape( -1, self.dim )
#[ batch_size * len_seqs ]
out = torch.sum( outs * item_embs, dim = 1 )
#[ batch_size * len_seqs, 1 ]
out = torch.unsqueeze( torch.sigmoid( out ), 1 )
#[ batch_size * len_seqs,1 ]
history_labels = history_labels.reshape( -1, 1 ).float()
return self.BCELoss( out, history_labels )
```

调整张量形状后做点乘,Sigmoid 激活后与历史序列物品标注做二分类交叉熵损失函数(BCEloss)。

以上是第二部分兴趣抽取层所做的事情,最后来看最关键的第三部分。

第三部分:兴趣演化层,主要由一个叫作 AUGRU 的网络组成,AUGRU 是在 GRU 的基础上增加了注意力机制。全称叫作 GRU With Attentional Update Gate。AUGRU 的细节结构如图 3-28 所示。

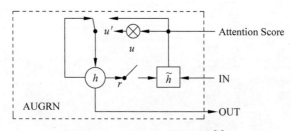

图 3-28　AUGRU 单元细节[9]

GRU 是在 RNN 的基础上增加了所谓的更新门(Update Gate)和重置门(Reset Gate)。每个 GRU 单元的计算公式如下:

$$\begin{cases} \boldsymbol{u}_t = \sigma(\boldsymbol{W}_u\boldsymbol{i}_t + \boldsymbol{U}_u\boldsymbol{h}_{t-1} + \boldsymbol{b}_u) \\ \boldsymbol{r}_t = \sigma(\boldsymbol{W}_r\boldsymbol{i}_t + \boldsymbol{U}_r\boldsymbol{h}_{t-1} + \boldsymbol{b}_r) \\ \tilde{\boldsymbol{h}}_t = \tanh(\boldsymbol{W}_h\boldsymbol{i}_t + \boldsymbol{r}_t \odot \boldsymbol{U}_h\boldsymbol{h}_{t-1} + \boldsymbol{b}_h) \\ \boldsymbol{h}_t = (1 - \boldsymbol{u}_t) \odot \boldsymbol{h}_{t-1} + \boldsymbol{u}_t \odot \tilde{\boldsymbol{h}}_t \end{cases} \quad (3\text{-}27)$$

其中,$\boldsymbol{u}_t$ 代表第 t 层更新门的输出向量,$\boldsymbol{r}_t$ 代表第 t 层重置门的输出向量。$\boldsymbol{i}_t$ 是序列中第 t 个物品向量,$\boldsymbol{h}_{t-1}$ 是第 $t-1$ 个 GRU 单元的输出向量。其余 $\boldsymbol{W}$、$\boldsymbol{U}$、$\boldsymbol{b}$ 等都是模型要学习的参数。$\boldsymbol{W}$ 和 $\boldsymbol{U}$ 是参数矩阵,输入维度分别对物品向量 i 和循环神经网络单元输出向量 h 的向量维度。输出则自己定义即可,参数的详细维度情况可参考本书配套的代码。

AUGRU 给更新门增添了一个注意力操作,此处用 a_t 代表每个历史序列中物品的注意力权重,所以 AUGRU 的总体计算方式如下[9]:

$$\begin{cases} \boldsymbol{u}_t = \sigma(\boldsymbol{W}_u\boldsymbol{i}_t + \boldsymbol{U}_u\boldsymbol{h}_{t-1} + \boldsymbol{b}_u) \\ \boldsymbol{r}_t = \sigma(\boldsymbol{W}_r\boldsymbol{i}_t + \boldsymbol{U}_r\boldsymbol{h}_{t-1} + \boldsymbol{b}_r) \\ \tilde{\boldsymbol{h}}_t = \tanh(\boldsymbol{W}_h\boldsymbol{i}_t + \boldsymbol{r}_t \odot \boldsymbol{U}_h\boldsymbol{h}_{t-1} + \boldsymbol{b}_h) \\ \tilde{\boldsymbol{u}}_t = a_t \times \boldsymbol{u}_t \\ \boldsymbol{h}_t = (1 - \tilde{\boldsymbol{u}}_t) \odot \boldsymbol{h}_{t-1} + \tilde{\boldsymbol{u}}_t \odot \tilde{\boldsymbol{h}}_t \end{cases} \tag{3-28}$$

AUGRU 只是在 GRU 的基础上多了第 4 行,即用注意力权重去更新 Update Gate 输出的操作。在 DIN 模型章节中的基础知识栏目里介绍了很多注意力权重的计算方式。DIEN 论文里给出的是最基础的计算方式,公式如下:

$$a_t = \mathrm{Softmax}(\boldsymbol{i}_t \cdot \boldsymbol{W}_a \cdot \boldsymbol{e}_{\mathrm{tar}}) \tag{3-29}$$

其中,$\boldsymbol{e}_{\mathrm{tar}}$ 指的是目标物品的向量,$\boldsymbol{W}_a$ 是一个线性变换矩阵,维度是 $|i| \times |e|$。

一个完整的 AUGRU 单元的代码如下:

```python
# recbyhand\chapter3\s34_DIEN.py
# AUGRU 单元
class AUGRU_Cell(nn.Module):

    def __init__(self, in_dim, hidden_dim ):
        '''
        :param in_dim: 输入向量的维度
        :param hidden_dim: 输出的隐藏层维度
        '''
        super(AUGRU_Cell, self).__init__()

        # 初始化更新门的模型参数
        self.Wu = init.xavier_uniform_( Parameter(torch.empty( in_dim, hidden_dim ) ) )
        self.Uu = init.xavier_uniform_( Parameter( torch.empty( in_dim, hidden_dim ) ) )
        self.bu = init.xavier_uniform_( Parameter( torch.empty( 1, hidden_dim ) ) )

        # 初始化重置门的模型参数
        self.Wr = init.xavier_uniform_( Parameter( torch.empty( in_dim, hidden_dim ) ) )
        self.Ur = init.xavier_uniform_ (Parameter( torch.empty( in_dim, hidden_dim ) ) )
        self.br = init.xavier_uniform_( Parameter( torch.empty( 1, hidden_dim ) ) )

        # 初始化计算 h~ 的模型参数
        self.Wh = init.xavier_uniform_( Parameter( torch.empty( hidden_dim, hidden_dim ) ) )
        self.Uh = init.xavier_uniform_( Parameter( torch.empty( hidden_dim, hidden_dim ) ) )
        self.bh = init.xavier_uniform_( Parameter( torch.empty( 1, hidden_dim ) ) )

        # 初始化注意力计算中的模型参数
        self.Wa = init.xavier_uniform_( Parameter( torch.empty( hidden_dim, in_dim ) ) )

    # 注意力的计算
```

```python
def attention( self, x, item ):
    '''
    :param x: 输入的序列中第 t 个向量 [ batch_size, dim ]
    :param item: 目标物品的向量 [ batch_size, dim ]
    :return: 注意力权重 [ batch_size, 1 ]
    '''
    hW = torch.matmul(x, self.Wa)
    hWi = torch.sum(hW * item, dim = 1)
    hWi = torch.unsqueeze(hWi, 1)
    return torch.Softmax(hWi, dim = 1)


def forward(self, x, h_1, item):
    '''
    :param x: 输入的序列中第 t 个物品向量 [ batch_size, in_dim ]
    :param h_1: 上一个 AUGRU 单元输出的隐藏向量 [ batch_size, hidden_dim ]
    :param item: 目标物品的向量 [ batch_size, in_dim ]
    :return: h 为当前层输出的隐藏向量 [ batch_size, hidden_dim ]
    '''
    #[ batch_size, hidden_dim ]
    u = torch.sigmoid( torch.matmul( x, self.Wu ) + torch.matmul( h_1, self.Uu ) + self.bu )
    #[ batch_size, hidden_dim ]
    r = torch.sigmoid( torch.matmul( x, self.Wr ) + torch.matmul( h_1, self.Ur ) + self.br )
    #[ batch_size, hidden_dim ]
    h_hat = torch.tanh( torch.matmul( x, self.Wh ) + r * torch.matmul( h_1, self.Uh ) + self.bh )
    #[ batch_size, 1 ]
    a = self.attention( x, item )
    #[ batch_size, hidden_dim ]
    u_hat = a * u
    #[ batch_size, hidden_dim ]
    h = ( 1 - u_hat ) * h_1 + u_hat * h_hat
    #[ batch_size, hidden_dim ]
    return h
```

完整的 AUGRU 循环神经网络的代码如下：

```python
# recbyhand\chapter3\s34_DIEN.py
class AUGRU( nn.Module ):

    def __init__( self, in_dim, hidden_dim ):
        super( AUGRU, self ).__init__( )
        self.in_dim = in_dim
        self.hidden_dim = hidden_dim
        #初始化 AUGRU 单元
        self.augru_cell = AUGRU_Cell( in_dim, hidden_dim )
```

```python
def forward( self, x, item ):
    '''
    :param x: 输入的序列向量,维度为 [ batch_size, seq_lens, dim ]
    :param item: 目标物品的向量
    :return: outs: 所有 AUGRU 单元输出的隐藏向量[ batch_size, seq_lens, dim ]
    h: 最后一个 AUGRU 单元输出的隐藏向量[ batch_size, dim ]
    '''
    outs = []
    h = None
    # 开始循环,x.shape[1]是序列的长度
    for i in range( x.shape[1]):
        if h == None:
            # 初始化第一层的输入 h
            h = init.xavier_uniform_( Parameter( torch.empty( x.shape[0], self.hidden_dim ) ) )
        h = self.augru_cell( x[:,i], h, item )
        outs.append( torch.unsqueeze( h, dim = 1 ) )
    outs = torch.cat( outs, dim = 1 )
    return outs, h
```

至此,第三部分的兴趣演化层讲解完毕,物理上它的意义在于通过一个序列神经网络来模拟用户兴趣演化的过程。最后将 AUGRU 输出的 h 作为兴趣演化层的输出向量进行后面的运算,如图 3-29 所示。

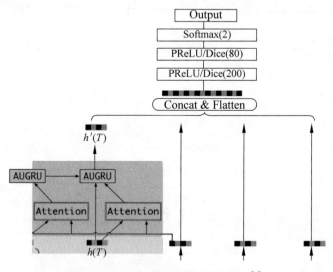

图 3-29　DIEN 模型结构局部图(5)[9]

如此一来就回到了第一张 DIEN 模型结构局部图,即将这个 h 向量经过 MLP 的传递最终输出预测值,以此完成整个 DIEN 模型的传播过程。整个 DIEN 模型的核心代码如下:

```python
# recbyhand\chapter3\s34_DIEN.py
class DIEN( nn.Module ):

    def __init__( self, n_items, dim = 128, alpha = 0.2):
        super( DIEN, self ).__init__()
        self.dim = dim
        self.alpha = alpha  #计算辅助损失函数时的权重
        self.n_items = n_items
        self.BCELoss = nn.BCELoss( )

        #随机初始化所有特征的特征向量
        self.items = nn.Embedding( n_items, dim, max_norm = 1 )

        #初始化兴趣抽取层的 GRU 网络,直接用 PyTorch 中现成的实现即可
        self.GRU = nn.GRU( dim, dim, batch_first = True)
        #初始化兴趣演化层的 AUGRU 网络,因无现成模型,所以需使用自己编写的 AUGRU
        self.AUGRU = AUGRU( dim, dim )

        #初始化最终 CTR 预测的 MLP 网络,激活函数采用 Dice
        self.dense1 = self.dense_layer( dim * 2, dim, Dice )
        self.dense2 = self.dense_layer( dim, dim//2, Dice )
        self.f_dense = self.dense_layer( dim//2, 1, nn.Sigmoid )

    #全连接层
    def dense_layer(self, in_features, out_features, act ):
        return nn.Sequential(
            nn.Linear( in_features, out_features ),
            act( ) )

    #辅助损失函数的计算过程
    def forwardAuxiliary( self, outs, item_embs, history_labels ):
        '''
        :param item_embs: 历史序列物品的向量 [ batch_size, len_seqs, dim ]
        :param outs: 兴趣抽取层 GRU 网络输出的 outs [ batch_size, len_seqs, dim ]
        :param history_labels: 历史序列物品标注 [ batch_size, len_seqs, 1 ]
        :return: 辅助损失函数
        '''
        #[ batch_size * len_seqs, dim ]
        item_embs = item_embs.reshape( -1, self.dim )
        #[ batch_size * len_seqs, dim ]
        outs = outs.reshape( -1, self.dim )
        #[ batch_size * len_seqs ]
        out = torch.sum( outs * item_embs, dim = 1 )
        #[ batch_size * len_seqs, 1 ]
        out = torch.unsqueeze( torch.sigmoid( out ), 1 )
        #[ batch_size * len_seqs,1 ]
```

```python
        history_labels = history_labels.reshape( -1, 1 ).float()
        return self.BCELoss( out, history_labels )


    def __getRecLogit( self, h, item ):
        #将 AUGRU 输出的 h 向量与目标物品相拼接,之后经 MLP 传播
        concatEmbs = torch.cat([ h, item ], dim = 1)
        logit = self.dense1( concatEmbs )
        logit = self.dense2( logit )
        logit = self.f_dense( logit )
        logit = torch.squeeze( logit )
        return logit


    #推荐 CTR 预测的前向传播
    def forwardRec( self, h, item, y ):
        logit = self.__getRecLogit( h, item )
        y = y.float()
        return self.BCELoss( logit, y )


    #整体前向传播
    def forward( self, history_seqs, history_labels, target_item, target_label ):
        #[ batch_size, len_seqs, dim ]
        item_embs = self.items( history_seqs )

        outs, _ = self.GRU( item_embs )
        #利用 GRU 输出的 outs 得到辅助损失函数
        auxi_loss = self.forwardAuxiliary( outs, item_embs, history_labels )
        #[ batch_size, dim]
        target_item_embs = self.items( target_item )

        #利用 GRU 输出的 outs 与目标的向量输入兴趣演化层的 AUGRU 网络,得到最后一层的
        #输出 h
        _, h = self.AUGRU( outs, target_item_embs )

        #得到 CTR 预估的损失函数
        rec_loss = self.forwardRec( h, target_item_embs, target_label )

        #将辅助损失函数与 CTR 预估损失函数加权求和输出
        return self.alpha * auxi_loss + rec_loss

    #因为模型的 forward 函数输出的是损失函数值,所以另用一个预测函数以方便预测及评估
    def predict( self, x, item ):
        item_embs = self.items( x )
        outs, _ = self.GRU( item_embs )
        one_item = self.items( item )
        _, h = self.AUGRU ( outs, one_item )
        logit = self.__getRecLogit( h, one_item )
        return logit
```

其余代码可去本书配套的代码中详细观察。DIEN 模型到此介绍完毕,虽然复杂,但拆解开来其实也很好理解。本书希望大家不仅把 DIEN 模型学会,还要学会它产生的过程,学会它是如何利用联合训练,如何利用注意力机制,以及如何利用序列循环神经网络等。

3.4 Transformer 在推荐算法中的应用

Transformer 是 2017 年谷歌大脑团队在一篇名为 *Attention Is All You Need*[10] 的论文中提出的序列模型。基于 Transformer 做推荐自然也属于序列推荐模型,但之所以将它单起一节来介绍的原因是 Transformer 近几年名气实在是太大,本书认为有必要尽可能详细地介绍它在推荐系统中的应用。

Transformer 模型原本是解决自然语言处理中机器翻译任务而提出的。本质上是对 Seq2Seq 算法的优化。Seq2Seq 是序列 to 序列,即输入一个序列,去预测另一个序列。例如输入一段英文"What a good day!",模型的任务是要输出"多好的一天!"以完成机器翻译。Seq2Seq 也会用作聊天对话模型,即输入"问题",输出"答案",而 Transformer 也可以理解为一个序列到序列的模型。由编码器 Encoder 和解码器 Decoder 组成。

另外再顺便提一下 BERT,BERT 这个名号甚至比 Transformer 还要响亮。业内更有"万能的 BERT"这种称号,BERT 原名为 Pre-training of Deep Bidirectional Transformers for Language Understanding[11],是谷歌团队在 2019 年提出的,其实 BERT 才是 Transformer 真正火起来的原因。BERT 算法的结构其实采用的是 12 层的 Transformer "编码器",所以算法本身还是 Transformer,但 BERT 更多的重点是对预训练模型的运用,以及在预训练模型的基础上进行迁移学习或者微调。

所以伴随 BERT 的问世,谷歌还开源了若干个 BERT 预训练模型。谷歌拥有的自然语言语料的量级可想而知非常庞大。如此一个举动对于那些原本苦恼于收集语料的中小型公司而言,如久旱逢甘霖,所以这才是 BERT 能够火遍大江南北的本质原因。当然 Transformer 的算法结构本身的确也很优秀,尤其是对于自然语言处理而言。

3.4.1 从推荐角度初步了解 Transformer

在介绍 Transformer 这种结构模型在推荐算法中该怎么去用之前,要告诉大家的是推荐算法理论上可以融合任何算法及数学技巧,因为推荐任务可以说完全等效于所有机器学习预测任务。

例如可以把一个机器翻译模型理解成给一个"句子"推荐与其更匹配"句子"的模型,甚至可以把一个人脸识别模型理解成给一张"图片"推荐与其更匹配的"人名"的模型,所以既然如此,自然语言处理的算法模型当然可以用作推荐。

话说回来,也正因为推荐算法具备这样的性质,所以每当一个新的数学技巧或者某个算法在别的领域火起来之后,一定会有推荐算法的学者争先恐后地将其应用于自己的研究。Transformer 自然也不例外,所以大家不要去期待 Transformer 这种在自然语言处理领域中的王道算法会在推荐领域中也是王道。

但是 Transformer 毕竟是 Transformer，如果想成为一个成熟的推荐算法工程师，Transformer 仍然是一门必修课。在以后的工作中一定会遇到某些特别适合 Transformer 的任务场景，并且 Transformer 中的一些结构尤其是对于注意力机制的应用很值得大家学习。

言归正传，接下来介绍 Transformer 模型结构，如图 3-30 所示。

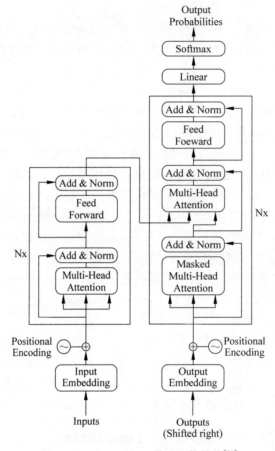

图 3-30　Transformer 模型整体结构[10]

左半边是编码器，右半边是解码器。首先把编码器或者解码器理解为处理序列的神经网络，即它的作用就像是 RNN，所以输入也跟 RNN 一样，是一个包含序列长度的张量。通常该张量的维度是[批次样本数量，序列长度，向量维度]，而输出也是相同维度的张量。

虽然编码器与 RNN 的作用类似，但 Transformer 中的编码器或者解码器并不是由 RNN 演化而来，这个需要特别注意。图 3-30 中的 N× 字样表示编码器或者解码器是由 N 个编码层或者解码层组成。论文中默认为 6。现在把注意力集中在单个编码层的结构，如图 3-31 所示。

图 3-31 中有 3 种模模块，分别如下：

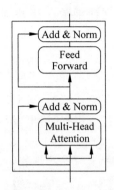

图 3-31　Transformer 编码层详细结构图[10]

（1）Multi-Head Attention，多头注意力。

（2）Add & Norm，残差与 Layer Normalization。

（3）Feed Forward，前馈神经网络。

接下来介绍这些部分分别做了什么。

3.4.2　多头注意力与缩放点乘注意力算法

▶ 12min

Transformer 最核心也是最起作用的部分是注意力层。理解了注意力层也就相当于理解了 80% 的 Transformer。

多头注意力（Multi-Head Attention），看名字就知道是由多个注意力组合成的一个大注意力，这里先介绍"一个头"的注意力如何计算。

在 3.3.2 节中介绍过很多基础的注意力权重算法，Transformer 中的注意力算法叫作缩放点乘注意力（Scaled Dot-Product Attention），公式如下：

$$\text{Attention}(\boldsymbol{Q}, \boldsymbol{K}, \boldsymbol{V}) = \text{Softmax}\left(\frac{\boldsymbol{Q}\boldsymbol{K}^{\mathrm{T}}}{\sqrt{d_k}}\right)\boldsymbol{V} \tag{3-30}$$

其中，$\boldsymbol{Q}$ 代表 Query 向量，$\boldsymbol{K}$ 代表 Key 向量，$\boldsymbol{V}$ 代表 Value 向量。在"编码器"中，$\boldsymbol{Q}$、$\boldsymbol{K}$、$\boldsymbol{V}$ 都由输入的序列向量得到。设 $\boldsymbol{X}$ 为输入的序列向量，则

$$\begin{cases} \boldsymbol{Q} = \boldsymbol{W}_q \boldsymbol{X} + \boldsymbol{b}_q \\ \boldsymbol{K} = \boldsymbol{W}_k \boldsymbol{X} + \boldsymbol{b}_k \\ \boldsymbol{V} = \boldsymbol{W}_v \boldsymbol{X} + \boldsymbol{b}_v \end{cases} \tag{3-31}$$

此处用三套不同的线性变换参数给输入的序列向量做线性变换，而在解码器中的某个注意力层的 $\boldsymbol{Q}$ 由来自编码器的输出向量计算而来。

前一个公式计算中的 $\boldsymbol{Q}\boldsymbol{K}^{\mathrm{T}}$ 是一个点乘，点乘可以表示两个向量之间的相似度，等效于余弦相似度，所以这一步计算的意义也是如果一个 Query 与一个 Key 更相似，则该 Query 对该 Key 的影响就会越大。之后除以 $\sqrt{d_k}$ 是名字中缩放的意思，d_k 指 $\boldsymbol{K}$ 向量的维度。

$\boldsymbol{Q}$、$\boldsymbol{K}$、$\boldsymbol{V}$ 向量维度是一样的，所以如果它们的维度越大，则 $\boldsymbol{Q}\boldsymbol{K}$ 点乘的值就会越大，虽然

后面会做 Softmax 归一化,但在此之前缩放一下也是为了使数据平滑一点以防止梯度消失。

经过 $\mathrm{Softmax}\left(\dfrac{\boldsymbol{Q}\boldsymbol{K}^{\mathrm{T}}}{\sqrt{d_k}}\right)$ 这样计算后便可得到注意力权重,再由这个注意力权重乘以 V 向量就可作为该注意力层的输出。

以上是所谓"一个头"的注意力层所得到的输出,示例代码如下:

```python
# recbyhand\chapter3\s47_transfermorOnlyEncoder.py
# 单头注意力层
class OneHeadAttention( nn.Module ):

    def __init__( self, e_dim, h_dim ):
        '''
        :param e_dim: 输入向量维度
        :param h_dim: 输出向量维度
        '''
        super().__init__()
        self.h_dim = h_dim
        # 初始化 Q、K、V 的映射线性层
        self.lQ = nn.Linear( e_dim, h_dim )
        self.lK = nn.Linear( e_dim, h_dim )
        self.lV = nn.Linear( e_dim, h_dim )

    def forward(self, seq_inputs):
        # :seq_inputs [ batch, seq_lens, e_dim ]
        Q = self.lQ( seq_inputs ) #[ batch, seq_lens, h_dim ]
        K = self.lK( seq_inputs ) #[ batch, seq_lens, h_dim ]
        V = self.lV( seq_inputs ) #[ batch, seq_lens, h_dim ]
        #[ batch, seq_lens, seq_lens ]
        QK = torch.matmul( Q,K.permute(0, 2, 1) )
        #[ batch, seq_lens, seq_lens ]
        QK /= (self.h_dim ** 0.5)
        #[ batch, seq_lens, seq_lens ]
        a = torch.Softmax( QK, dim = -1 )
        #[ batch, seq_lens, h_dim ]
        outs = torch.matmul( a, V )
        return outs
```

多头注意力其实是将这些输出的向量拼接起来。

$$\mathrm{MultiHead}(\boldsymbol{Q},\boldsymbol{K},\boldsymbol{V}) = \mathrm{Concat}(\mathrm{head}1,\ldots,\mathrm{head}h) \cdot \boldsymbol{W}_O$$

$$\text{where } \mathrm{head}i = \mathrm{Attention}(\boldsymbol{Q}_i,\boldsymbol{K}_i,\boldsymbol{V}_i) \tag{3-32}$$

其中,$\boldsymbol{W}_O$ 是一个线性变化矩阵,维度为[单头注意力层输出向量的长度×head 数量,多头注意力层输入向量的长度]。它的作用是将经过多头注意力操作的向量维度再调整至输入时的维度。

完整的多头注意力层的代码如下：

```
#recbyhand\chapter3\s47_transfermorOnlyEncoder.py
#多头注意力层
class MultiHeadAttentionLayer(nn.Module):

    def __init__(self, e_dim, h_dim, n_heads):
        '''
        :param e_dim: 输入的向量维度
        :param h_dim: 每个单头注意力层输出的向量维度
        :param n_heads: 头数
        '''
        super().__init__()
        self.atte_layers = nn.ModuleList([OneHeadAttention( e_dim, h_dim ) for _ in range(n_heads) ] )
        self.l = nn.Linear( h_dim * n_heads, e_dim)

    def forward(self, seq_inputs):
        outs = []
        for one in self.atte_layers:
            out = one(seq_inputs)
            outs.append(out)
        #[ batch, seq_lens, h_dim * n_heads ]
        outs = torch.cat(outs, dim = -1)
        #[ batch, seq_lens, e_dim ]
        outs = self.l(outs)
        return outs
```

3.4.3 残差

所谓残差是在经神经网络多层传递后加上最初的向量，该过程如图 3-32 所示。

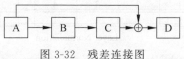

图 3-32 残差连接图

4min

A、B、C、D 是 4 个不同的网络层，A 层的输出经过 B 层和 C 层的传递后再加上 A 层原本的输出即完成残差连接，在代码中是一个加法。

残差的作用是当网络层级深时可以有效防止梯度消失。因为根据后向传播链式法则

$$\frac{\partial Y}{\partial X} = \frac{\partial Y}{\partial Z}\frac{\partial Z}{\partial X} \tag{3-33}$$

图 3-32 的传播方式用数学描述则如下:

$$D_{in} = A_{out} + C(B(A_{out}))\tag{3-34}$$

反向传播时则

$$\frac{\partial D_{in}}{\partial A_{out}} = 1 + \frac{\partial C}{\partial B}\frac{\partial B}{\partial A_{out}}\tag{3-35}$$

所以这样一来不管网络多深,梯度上都会有个 1 兜底,不会为 0 而造成梯度消失。

3.4.4 Layer Normalization

Layer Normalization (LN)[12] 和 Batch Normalization(BN)类似,都是规范化数据的操作。公式看起来也和 BN 一样,LN 完整的公式如下:

$$\hat{a}^l = \frac{a^l - \mu^l}{\sqrt{(\sigma^l)^2 + \varepsilon}}\tag{3-36}$$

其中,u^l 代表第 l 个的均值,计算公式如下:

$$\mu^l = \frac{1}{H}\sum_{i=1}^{H} a_i^l\tag{3-37}$$

σ^l 代表第 l 个标准差,计算公式如下:

$$\sigma^l = \sqrt{\frac{1}{H}\sum_{i=1}^{H}(a_i^l - \mu^l)^2}\tag{3-38}$$

标准差和均值的计算公式和普通的没什么区别,其实重点是什么叫作第 l 个。只要把 BN 和 LN 的区别理解了就能理解 l 的含义,如图 3-33 所示。

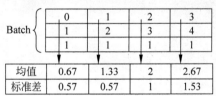

图 3-33　Batch Normalization 与 Layer Normalization 的区别

图 3-33 中三行四列的表格就代表一个张量,行数是批次数量,根据这个图 BN 与 LN 的差别就显而易见了。BN 是计算一批次向量在同一维下的均值与标准差,而 LN 计算中的均值、标准差其实与批次无关,它是计算每个向量自身的均值与标准差,所以 LN 公式中的 l 代表的是第 l 个向量。公式中的 H 代表向量维度。

LN 在 PyTorch 中也有现成的 API:

```
#传入向量维度,以便初始化 LN
ln = torch.nn.LayerNorm( e_dim )
#前向传播时直接将张量输入即可
out = ln(x)
```

3.4.5 前馈神经网络层

3min

Transformer 中所谓的前馈神经网络是 MLP 结构,非常简单,代码如下:

```
#recbyhand\chapter3\s47_transformerOnlyEncoder.py
#前馈神经网络
class FeedForward(nn.Module):

    def __init__( self, e_dim, ff_dim, drop_rate = 0.1 ):
        super().__init__()
        self.l1 = nn.Linear( e_dim, ff_dim )
        self.l2 = nn.Linear( ff_dim, e_dim )
        self.drop_out = nn.DropOut( drop_rate )

    def forward( self, x ):
        outs = self.l1( x )
        outs = self.l2( self.drop_out( torch.ReLU( outs ) ) )
        return outs
```

唯一值得一提的是在这个 MLP 中,输入向量和输出向量是一样的,中间隐藏层的维度可随意调整。

至此,单个的"编码器",即如图 3-31 所示的传播方式大家应已理解,而在讲解完整的"编码器"前,还有一个重要的内容也需要讲解,即位置编码。

3.4.6 位置编码

14min

注意在图 3-30 中,不管是左边的编码器还是右边的解码器,在输入的 Embedding 与后面的网络块之间有一步 Positional Encoding 操作,即位置编码。

为什么要进行位置编码?因为在之后的"多头注意力层"与"前馈神经网络层"中的网络并不像 RNN 一样天生具备前后位置信息。虽然 Transformer 的作者认为 Attention Is All You Need(你仅需注意力),但是毕竟序列向量本身具备的位置信息还是很有利用价值的,所以在 Transformer 中还是引入了位置编码的操作。

位置编码究竟如何做的呢?参看下面的 3 个公式:

$$\text{emb}_{\text{out}} = \text{emb}_{\text{in}} + \text{PE}_{\text{in}} \tag{3-39}$$

$$\text{PE}(\text{pos}, 2i) = \sin\left(\frac{\text{pos}}{10000^{\frac{2i}{d_{\text{model}}}}}\right) \tag{3-40}$$

$$PE(pos, 2i+1) = \cos\left(\frac{pos}{10000^{\frac{2i}{d_{\text{model}}}}}\right) \tag{3-41}$$

PE 代表该样本的位置编码向量,式(3-39)的意思是经过位置编码层的传递后输出自身加上位置编码向量的和。

在式(3-40)与式(3-41)这两个公式中 d_{model} 代表这个模型中此时输入向量的维度。pos 代表该输入的样本在序列中的位置,从 0 开始。$2i$ 和 $2i+1$ 得看作两个整体,$2i$ 代表该向量中第 $2i$ 偶数位,$2i+1$ 是第 $2i+1$ 奇数位,如图 3-34 所示。

	$2i=0$	$2i+1=1$	$2i=2$	$2i+1=3$	$2i=4$	$2i+1=5$
pos=0	x_0	x_1	x_2	x_3	x_4	x_5
pos=1	x_0	x_1	x_2	x_3	x_4	x_5
pos=2	x_0	x_1	x_2	x_3	x_4	x_5

图 3-34　位置编码中 pos 与 i 意义的示意图

假设图 3-34 中表格的序列长度为 3,每个向量长度为 6。pos 相当于它的行数,$2i$ 或者 $2i+1$ 是向量中第几位的值。这 3 个序列在推荐场景就代表 3 个用户历史交互的物品,通过 pos 自然就知道了位置的信息。

至于偶数位计算一个 sin 函数的值,奇数位计算一个 cos 函数的值的这种计算方式,是为了利用三角函数的性质,使 $PE(M+N)$ 可由 $PE(M)$ 与 $PE(N)$ 计算得到。

以下是三角函数性质的公式:

$$\sin(\alpha+\beta) = \sin\alpha\cos\beta + \cos\alpha\sin\beta$$
$$\cos(\alpha+\beta) = \cos\alpha\cos\beta - \sin\alpha\sin\beta \tag{3-42}$$

所以将 $\sin(*) = PE(*, 2i)$ 和 $\cos(*) = PE(*, 2i+1)$ 代入式(3-42)可有

$$PE(M+N, 2i) = PE(M, 2i) \times PE(N, 2i+1) + PE(M, 2i+1) \times PE(N, 2i)$$
$$PE(M+N, 2i+1) = PE(M, 2i+1) \times PE(N, 2i+1) + PE(M, 2i) \times PE(N, 2i)$$
$$\tag{3-43}$$

如此编码后,各个位置可以相互计算得到,所以每个向量都包含了相对位置的信息。

位置编码层的代码如下:

```
#recbyhand\chapter3\s47_transformerOnlyEncoder.py
#位置编码
class PositionalEncoding(nn.Module):

    def __init__( self, e_dim, DropOut = 0.1, max_len = 512 ):
        super().__init__()
        self.DropOut = nn.DropOut( p = DropOut )
        pe = torch.zeros( max_len, e_dim )
```

```
        position = torch.arange( 0, max_len ).unsqueeze( 1 )
        div_term = 10000.0 ** ( torch.arange( 0, e_dim, 2 ) / e_dim )
        #偶数位计算 sin,奇数位计算 cos
        pe[ :, 0::2 ] = torch.sin( position / div_term )
        pe[ :, 1::2 ] = torch.cos( position / div_term )
        pe = pe.unsqueeze(0)
        self.pe = pe

    def forward( self, x ):
        x = x + Variable( self.pe[:, : x.size( 1 ) ], requires_grad = False )
        return self.DropOut( x )
```

目前业内对位置编码存在争议,基本认为通过位置处理的信息会在之后的注意力层消失。究竟在实际应用中情况如何本书就不讨论了,有兴趣的同学可以在网上搜索相关话题。

3.4.7 Transformer Encoder

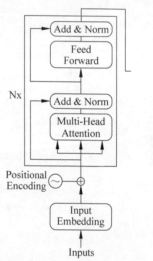

Transformer Encoder(Transformer 编码器)中的所有网络块细节已经介绍完毕。完整的 Encoder 网络如图 3-35 所示。

5min

首先输入[批次数量,序列个数]的一个张量,经 Embedding 后得到[批次数量,序列个数,向量维度]的张量;加与位置编码,进入多头注意力层,并与多头注意力层的输出进行残差连接,之后进行 Layer Normalization 操作,然后进入前馈神经网络中传递,最后仍然是残差与 LN 操作。重复从注意力层开始的操作 N 次。最后输出的还是[批次数量,序列个数,向量维度]的张量。这是一个 Transformer 编码器的传播过程。

接上文的一些代码,给出一个编码层的代码如下:

图 3-35 Transformer 编码器[10]

```
#recbyhand\chapter3\s47_transformerOnlyEncoder.py
#编码层
class EncoderLayer(nn.Module):

    def __init__( self, e_dim, h_dim, n_heads, drop_rate = 0.1 ):
        '''
        :param e_dim: 输入向量的维度
        :param h_dim: 注意力层中间隐含层的维度
        :param n_heads: 多头注意力的头目数量
        :param drop_rate: drop out 的比例
        '''
```

```
        super().__init__()
        #初始化多头注意力层
        self.attention = MultiHeadAttentionLayer( e_dim, h_dim, n_heads )
        #初始化注意力层之后的 LN
        self.a_LN = nn.LayerNorm(e_dim)
        #初始化前馈神经网络层
        self.ff_layer = FeedForward(e_dim, e_dim//2)
        #初始化前馈网络之后的 LN
        self.ff_LN = nn.LayerNorm(e_dim)

        self.drop_out = nn.DropOut(drop_rate)

    def forward(self, seq_inputs ):
        #seq_inputs = [batch, seqs_len, e_dim]
        #多头注意力,输出维度[ batch, seq_lens, e_dim ]
        outs_ = self.attention( seq_inputs )
        #残差连接与 LN,输出维度[ batch, seq_lens, e_dim ]
        outs = self.a_LN( seq_inputs + self.drop_out( outs_ ) )
        #前馈神经网络,输出维度[ batch, seq_lens, e_dim ]
        outs_ = self.ff_layer( outs )
        #残差与 LN,输出维度[ batch, seq_lens, e_dim ]
        outs = self.ff_LN( outs + self.drop_out( outs_) )
        return outs
```

完整"编码器"的代码如下：

```
# recbyhand\chapter3\s47_transformerOnlyEncoder.py
class TransformerEncoder(nn.Module):

    def __init__(self, e_dim, h_dim, n_heads, n_layers, drop_rate = 0.1 ):
        '''
        :param e_dim: 输入向量的维度
        :param h_dim: 注意力层中间隐含层的维度
        :param n_heads: 多头注意力的头目数量
        :param n_layers: 编码层的数量
        :param drop_rate: drop out 的比例
        '''
        super().__init__()
        #初始化位置编码层
        self.position_encoding = PositionalEncoding( e_dim )
        #初始化 N 个编码层
        self.encoder_layers = nn.ModuleList( [EncoderLayer( e_dim, h_dim, n_heads, drop_rate )
                                    for _ in range( n_layers )] )
    def forward( self, seq_inputs ):
        '''
```

```
:param seq_inputs: 经过 Embedding 层的张量,维度是[ batch, seq_lens, dim ]
:return: 与输入张量维度一样的张量,维度是[ batch, seq_lens, dim ]
'''
# 先进行位置编码
seq_inputs = self.position_encoding( seq_inputs )
# 输入 N 个编码层中开始传播
for layer in self.encoder_layers:
    seq_inputs = layer( seq_inputs )

return seq_inputs
```

在讲解解码器前,可以先介绍利用 Transformer 编码器的推荐算法。本身 Transformer 编码器、解码器的结构是为了用序列预测序列任务的有效结构。对于推荐来讲,Transformer 编码器起信息聚合的作用。

3.4.8 利用 Transformer 编码器的推荐算法 BST

处于序列推荐算法前沿地位的阿里巴巴自然不会错过 Transformer。2019 年阿里巴巴团队提出了算法 BST,论文名叫作 Behavior Sequence Transformer for E-commerce Recommendation in Alibaba。其中 Behavior Sequence 是行为序列的意思。图 3-36 截取自该论文,展示了 BST 模型完整的结构。

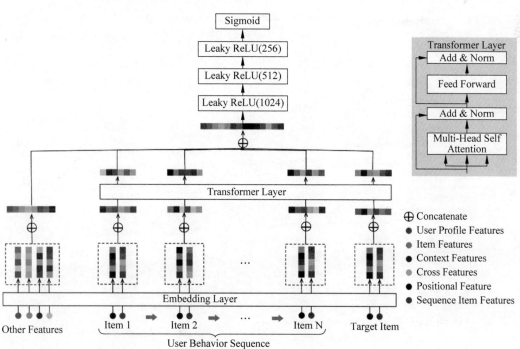

图 3-36　BST 模型结构示意图[13]

其中的 Transformer Layer 是 Transformer 的"编码器",了解过 Transformer 编码器之后基本上应该能够比较容易地理解 BST 模型。

图 3-36 中 User Behavior Sequence 是用户历史交互物品序列,包括目标物品在内经 Transformer 传递后拼接在一起进行 MLP 的传播。最左边的 Other Features 表示拼一些其他的特征向量,这不重要,在示例代码中已将其省略。

BST 的核心代码如下:

```python
# recbyhand\chapter3\s48_BST.py
from chapter3 import s47_transformerOnlyEncoder as TE

class BST( nn.Module ):

    def __init__( self, n_items, all_seq_lens, e_dim = 128, n_heads = 3, n_layers = 2 ):
        '''
        :param n_items: 总物品数量
        :param all_seq_lens: 序列总长度,包含历史物品序列及目标物品
        :param e_dim: 向量维度
        :param n_heads: Transformer 中多头注意力层的头目数
        :param n_layers: Transformer 中的 encoder_layer 层数
        '''
        super( BST, self ).__init__()
        self.items = nn.Embedding( n_items, e_dim, max_norm = 1 )
        self.transformer_encoder = TE.TransformerEncoder( e_dim, e_dim//2, n_heads, n_layers )
        self.mlp = self.__MLP( e_dim * all_seq_lens )

    def __MLP( self, dim ):
        return nn.Sequential(
            nn.Linear( dim, dim//2 ),
            nn.LeakyReLU( 0.1 ),
            nn.Linear( dim//2, dim//4 ),
            nn.LeakyReLU( 0.1 ),
            nn.Linear( dim//4, 1 ),
            nn.Sigmoid() )

    def forward(self, x, target_item):
        #[ batch_size, seqs_len, dim ]
        item_embs = self.items( x )
        #[ batch_size, 1, dim ]
        one_item = torch.unsqueeze( self.items( target_item ), dim = 1 )
        #[ batch_size, all_seqs_len, dim ]
        all_item_embs = torch.cat([ item_embs, one_item ], dim = 1 )
        #[ batch_size, all_seqs_len, dim ]
        all_item_embs = self.transformer_encoder( all_item_embs )
        #[ batch_size, all_seqs_len * dim ]
```

```
all_item_embs = torch.flatten( all_item_embs, start_dim = 1 )
#[ batch_size, 1 ]
logit = self.mlp( all_item_embs )
#[ batch_size ]
logit = torch.squeeze(logit)
return logit
```

因为事先已经实现了 Transformer Encoder,此处直接调用即可,所以代码写起来很简单。更多细节可参阅完整代码。

值得一提的是像这种深度序列模型,其中要学习的模型参数很多,没有足够量级的数据实际上是学不出来的,示例代码中用的 MovieLens 数据其实并不够,所以大家不要盲目地觉得只要把模型搞深搞得更复杂最终效果一定会更好,实际绝非如此。如果数据量少,那就老老实实地用最基础的 FM,效果一定远胜这些序列模型。模型的选型及改造一定要结合实际场景,不要纸上谈兵凭空构造模型。

3.4.9 Transformer Decoder

接下来介绍 Transformer 的 Decoder,即解码器。解码器的完整结构如图 3-37 所示。

因为是序列预测序列的任务,所以解码器的输入部分在图 3-37 中称为 Outputs,在训练 Transformer 模型时,输入解码器的是标注样本。

从解码器的输入开始,进行 Embedding 之后加上位置编码,然后开始进入 N 个解码层传播。每个解码层与编码层差不多,但是有略微差异。

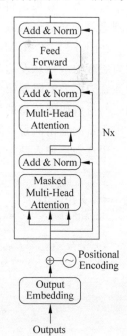

首先是 Masked Multi-Head Attention,直译叫作遮盖的多头注意力层。遮盖的意义是为了将未来信息掩盖住,使训练出来的模型更准确。从自然语言处理的角度来举个例子,例如输入"我爱吃冰棍",假设是 RNN 模型,则当轮到要预测"冰"这个字时,模型获得的信息自然是"我爱吃"这 3 个字,但是 Transformer 的 Attention 层在做计算时将一整个序列张量输入后进行计算,所以如果不加处理,当预测"冰"这个字时,模型获得的信息将会是"我爱吃棍"这 4 个字。"棍"这个字对于"冰"来讲显然属于未来信息,因为它在实际预测生成序列时是不可能出现的,所以在训练时需要将未来信息都遮盖住。使模型在预测"冰"时,获得的信息是"我爱吃 ＊＊"。在预测"吃"时,获得的信息是"我爱＊＊＊"。

图 3-37　Transformer 解码器[10]

如果是商品序列也是一样的道理,例如模型的任务是利用用户 $t-1$ 时刻的商品序列,预测用户 t 时刻的商品序列。在训练模型时,作为 t 时刻的商

品序列假设是 [商品 1, 商品 2, 商品 3, 商品 4, 商品 5], 则在预测序列中第 3 个商品也是商品 3 时, 作为 t 给模型的信息应该是 [商品 1, 商品 2, *, *, *]。具体的代码如下:

```
# recbyhand\chapter3\s49_transformer.py
# 生成 mask 序列
def subsequent_mask( size ):
    subsequent_mask = torch.triu(torch.ones( (1, size, size) )) == 0
    return subsequent_mask
```

其中, size 指的是序列长度。这个函数的输出数据的形式如下:

$$\begin{bmatrix} 0 & 0 & 0 & 0 \\ 1 & 0 & 0 & 0 \\ 1 & 1 & 0 & 0 \\ 1 & 1 & 1 & 0 \end{bmatrix}$$

然后在 One Head Attention 的前向传播方法中加入以下代码:

```
QK = QK.masked_fill( mask == 0, -1e9 )
```

这么做的效果是将 QK 张量中与 mask 张量中值为 0 的对应位置的值给消除了。从而达到遮盖未来信息的效果。

在图 3-37 中, 在 Masked Multi-Head Attention 上还有个多头注意力层, 并且第 2 个注意力层有根线是从左边的编码器层连过来的。这个注意力层称为交互注意力层, 编码器中的注意力层及解码器第 1 个注意力层其实叫作自注意力层, 区别就在于交互注意力层负责编码器与解码器信息的传递。还记得在 3.4.2 节讲过解码器中注意力层的 Query 向量是由编码器的输出向量计算而来的吗? 指的就是这个交互注意力层。

注意力层加入两个新逻辑后, 代码也要相应地变化一下。变化后的注意力代码如下:

```
# recbyhand\chapter3\s49_transformer.py
# 多头注意力层
class MultiHeadAttentionLayer( nn.Module ):

    def __init__( self, e_dim, h_dim, n_heads ):
        super().__init__()
        self.atte_layers = nn.ModuleList([ OneHeadAttention( e_dim, h_dim ) for _ in range( n_
        heads ) ])
        self.l = nn.Linear( h_dim * n_heads, e_dim)

    def forward( self, seq_inputs, querys = None, mask = None ):
        outs = []
        for one in self.atte_layers:
            out = one( seq_inputs, querys, mask )
        outs.append( out )
```

```
        outs = torch.cat( outs, dim = - 1 )
        outs = self.l( outs )
        return outs

#单头注意力层
class OneHeadAttention( nn.Module ):

    def __init__( self, e_dim, h_dim ):
        super().__init__()
        self.h_dim = h_dim

        #初始化 Q、K、V 的映射线性层
        self.lQ = nn.Linear( e_dim, h_dim )
        self.lK = nn.Linear( e_dim, h_dim )
        self.lV = nn.Linear( e_dim, h_dim )

    def forward( self, seq_inputs , querys = None, mask = None ):
        '''
        #如果有 Encoder 的输出,则映射该张量,否则还是自注意力的逻辑
        if querys is not None:
            Q = self.lQ( querys ) #[ batch, seq_lens, h_dim ]
        else:
            Q = self.lQ( seq_inputs ) #[ batch, seq_lens, h_dim ]
        K = self.lK( seq_inputs ) #[ batch, seq_lens, h_dim ]
        V = self.lV( seq_inputs ) #[ batch, seq_lens, h_dim ]
        QK = torch.matmul( Q,K.permute( 0, 2, 1 ) )
        QK /= ( self.h_dim ** 0.5 )

        #将对应 Mask 序列中 0 的位置变为 - 1e9,意为遮盖掉此处的值
        if mask is not None:
            QK = QK.masked_fill( mask == 0, - 1e9 )

        a = torch.Softmax( QK, dim = - 1 )
        outs = torch.matmul( a, V )
        return outs
```

主要的变化是加入了 mask 机制及用 querys 容器作为来自编码器输出的向量。一个完整的 Transformer 解码器的代码如下:

```
# recbyhand\chapter3\s49_transformer.py
#解码层
class DecoderLayer(nn.Module):

    def __init__( self, e_dim, h_dim, n_heads, drop_rate = 0.1 ):
        '''
```

```
        :param e_dim: 输入向量的维度
        :param h_dim: 注意力层中间隐含层的维度
        :param n_heads: 多头注意力的头目数量
        :param querys: Encoder 的输出
        :param drop_rate: drop out 的比例
        '''
        super().__init__()

        self.self_attention = MultiHeadAttentionLayer( e_dim, h_dim, n_heads )
        self.sa_LN = nn.LayerNorm( e_dim )
        self.interactive_attention = MultiHeadAttentionLayer( e_dim, h_dim, n_heads )
        self.ia_LN = nn.LayerNorm( e_dim )
        self.ff_layer = FeedForward( e_dim, e_dim//2 )
        self.ff_LN = nn.LayerNorm( e_dim )

self.drop_out = nn.DropOut( drop_rate )

    def forward( self, seq_inputs , querys, mask ):
        '''
        :param seq_inputs: [ batch, seqs_len, e_dim ]
        :param mask: 遮盖位置的标注序列 [ 1, seqs_len, seqs_len ]
        '''
        outs_ = self.self_attention( seq_inputs , mask = mask )
        outs = self.sa_LN( seq_inputs + self.drop_out( outs_ ) )
        outs_ = self.interactive_attention( outs, querys )
        outs = self.ia_LN( outs + self.drop_out(outs_) )
        outs_ = self.ff_layer( outs )
        outs = self.ff_LN( outs + self.drop_out( outs_) )
        return outs

class TransformerDecoder(nn.Module):

    def __init__(self, e_dim, h_dim, n_heads, n_layers, drop_rate = 0.1 ):
        '''
        :param e_dim: 输入向量的维度
        :param h_dim: 注意力层中间隐含层的维度
        :param n_heads: 多头注意力的头目数量
        :param n_layers: 编码层的数量
        :param drop_rate: drop out 的比例
        '''
        super().__init__()
        self.position_encoding = PositionalEncoding( e_dim )
        self.decoder_layers = nn.ModuleList( [DecoderLayer( e_dim, h_dim, n_heads, drop_
        rate )for _ in range( n_layers )] )
    def forward( self, seq_inputs, querys ):
        '''
```

```
:param seq_inputs: 经过 Embedding 层的张量,维度是[ batch, seq_lens, dim ]
:return: 与输入张量维度一样的张量,维度是[ batch, seq_lens, dim ]
'''
seq_inputs = self.position_encoding( seq_inputs )
mask = subsequent_mask( seq_inputs.shape[1] )
for layer in self.decoder_layers:
    seq_inputs = layer( seq_inputs, querys, mask )
return seq_inputs
```

在配套代码中有更多的注释及代码内容,大家可参阅。

3.4.10　结合 Transformer 解码器的推荐算法推导

12min

了解了 Transformer 解码器后,大家想到如何将其应用在推荐算法上了吗?是的,可以设计一个联合训练的机制。既然编码器、解码器的构造本身利用序列预测序列的任务,则可以用用户的历史交互物品序列去预测错一位的历史交互物品序列,例如用[物品 1,物品 2,物品 3,物品 4,物品 5]去预测[物品 2,物品 3,物品 4,物品 5,物品 6]。就像 3.1.6 节中讲过的一样。

完整的过程如图 3-38 所示。

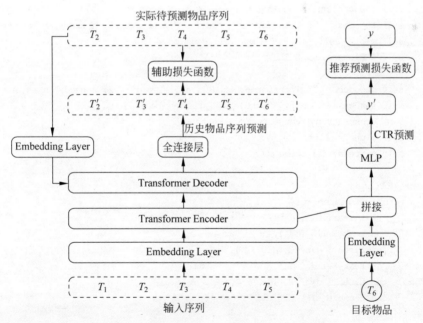

图 3-38　利用 Transformer Encoder 和 Decoder 联合训练

这次编码器的输出张量不仅与目标物品向量拼接,从而预测最终的 CTR,也会同时传递给解码器。训练时,被预测的序列也经 Embedding 之后传入解码器,与编码器的输出进行 Transformer 解码器内部的传递,将输出的张量经全连接层传递后再与要被预测的序列建立交叉熵损失函数作为辅助损失函数。

将推荐预测的损失函数与辅助损失函数相加得到最终损失函数,中间可给辅助损失函数添加一个权重来调整序列预测所占整体损失函数的比重。

本节代码的地址为 recbyhand\chapter3\s410_transformer_rec.py。

核心代码如下:

```python
# recbyhand\chapter3\s410_transformer_rec.py
class Transformer4Rec( nn.Module ):

    def __init__( self, n_items, all_seq_lens, e_dim = 128, n_heads = 3, n_layers = 2 ,
alpha = 0.2):
        '''
        :param n_items: 总物品数量
        :param all_seq_lens: 序列总长度,包含历史物品序列及目标物品
        :param e_dim: 向量维度
        :param n_heads: Transformer 中多头注意力层的头目数
        :param n_layers: Transformer 中的 encoder_layer 层数
        :param alpha: 辅助损失函数的计算权重
        '''
        super( Transformer4Rec, self ).__init__()
        self.items = nn.Embedding( n_items, e_dim, max_norm = 1 )
        self.encoder = TE.TransformerEncoder( e_dim, e_dim//2, n_heads, n_layers )
        self.mlp = self.__MLP(e_dim * all_seq_lens)
        self.BCEloss = nn.BCELoss()

        self.decoder = TE.TransformerDecoder( e_dim, e_dim//2, n_heads, n_layers )
        self.auxDense = self.__Dense4Aux(e_dim, n_items)
        self.crossEntropyLoss = nn.CrossEntropyLoss( )
        self.alpha = alpha
        self.n_items = n_items

    def __MLP( self, dim ):
        return nn.Sequential(
            nn.Linear( dim, dim//2 ),
            nn.LeakyReLU( 0.1 ),
            nn.Linear( dim//2, dim//4 ),
            nn.LeakyReLU( 0.1 ),
            nn.Linear( dim//4, 1 ),
            nn.Sigmoid( ) )

    def __Dense4Aux( self, dim, n_items ):
        return nn.Sequential(
            nn.Linear( dim, n_items ),
            nn.Softmax( ) )
```

```python
#历史物品序列预测的前向传播
def forwardPredHistory( self, outs, history_seqs ):
    history_seqs_embds = self.items(history_seqs)
    outs = self.decoder(history_seqs_embds, outs)
    outs = self.auxDense( outs )
    outs = outs.reshape( -1, self.n_items )
    history_seqs = history_seqs.reshape( -1 )
    return self.alpha * self.crossEntropyLoss( outs, history_seqs )

#推荐预测的前向传播
def forwardRec(self,item_embs,target_item,target_label):
    logit = self.__getReclogit(item_embs,target_item)
    return self.BCEloss(logit,target_label)

def __getReclogit(self,item_embs,target_item):
    one_item = torch.unsqueeze(self.items(target_item), dim=1)
    all_item_embs = torch.cat([item_embs, one_item], dim=1)
    all_item_embs = torch.flatten(all_item_embs, start_dim=1)
    logit = self.mlp(all_item_embs)
    logit = torch.squeeze(logit)
    return logit

def forward( self, x, history_seqs, target_item , target_label ):
    item_embs = self.items( x )
    item_embs = self.encoder( item_embs )
    recLoss = self.forwardRec( item_embs,target_item,target_label )
    auxLoss = self.forwardPredHistory( item_embs, history_seqs )
    return recLoss + auxLoss
```

配套代码里有更详细的注释,大家结合本节配图及代码的注释一定能看懂代码。

该算法的确将 Transformer 的 Decoder 也利用了起来,但是也正因如此要学习的模型参数量会变得更多,所以在数据量不大时还应慎用此算法。另外也可将序列预测序列的辅助任务改进成通过序列去预测该物品序列对应的历史交互标注序列,等于做成了二分类的预测,这样可以大大减少模型学习的难度。

3.5 本章总结

5min

经过本章的学习,大家应该已经具备了用深度学习的方式搭建出自己的推荐算法。CNN、RNN、联合训练、注意力机制等的用法应该已经掌握,而 FM 可以演化出很多算法,也可在某些大型的神经网络中插入 FM 结构。

模型参数越多拟合能力越强,但也越容易过拟合,所以像序列推荐这个系列的模型尽可能在数据量大的场景使用才会有效。尤其在用到注意力机制甚至是多头注意力时,需要更多的数据才能学出效果。

　　正如本章开头所讲,除了书中的这些算法外,实际上还有很多推荐算法,包括后两个章节要介绍的图神经网络推荐算法与知识图谱推荐算法。FM演化出的算法至今仍然在更新,当然序列推荐算法系列也没有停止更新的迹象,大家有兴趣可以自行查阅最前沿的推荐算法参考学习,而3.1.1节的内容可能反而更为关键,因为当你有推导算法的思路时,阅读前沿的论文学习他人的算法也会变得非常简单。

参考文献

第 4 章

图神经网络与推荐算法

4min

基于图做推荐在推荐学术界已经研究了多年，而自从 2018 年图神经网络正式问世之后，基于图做推荐变得热门起来，而事实也证明基于图结构的数据可以给推荐模型的训练增加巨大的效果，所以图推荐在工业界的落地项目渐渐增多。

本章所讲的图，并不是一张图片的图，而是一种数据的描述形式。相比一般的数据表现形式，图可以很方便地描述不规则数据，而实际生活中的数据往往都是不规则的。

例如一个社交网络，如果要用一个 Excel 表格很难表示清楚所有人之间的关系，而用图则可以很轻松且直观地表示，如图 4-1 所示。

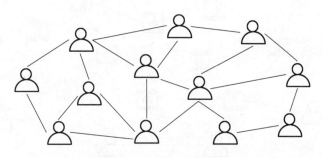

图 4-1　社交网络图

在一张图网络中，任何节点都存在直接或间接关系，就像一个果冻一般。当碰到果冻的一端，它周围会有明显波澜，与触碰点较远的地方虽然看似并无波澜，但实际也被影响到了，所以基于图网络的推荐，对于物品的隐藏关联可以达到充分深度的挖掘。

综上所述，基于图做推荐在效果上有着巨大的优势，而且因为图可以很轻松地描述不规则的数据，用图做推荐反而会更简单。甚至传统的推荐其实也可以被包含在图推荐中。唯一美中不足的是，基于图的推荐有着更多的前置知识需要学习。

本书以一个做推荐算法为目的方向，剔除那些与推荐不太相关的图论基础知识，仅学习后面做推荐时能用得上或者特别重要且基础的图论及图神经网络基础知识。

4.1 图论基础

本节内容主要介绍一些图论的基础概念与名词用语。

19min

4.1.1 什么是图

图是描述复杂事务的数据表示形式,由节点和边组成,数学上一般表述为图 $G=(V,E)$。其中的 V(Vertical)代表节点,可被理解为事物,而 E(Edge)代表边,描述的是两个事物之间的关系。例如图 4-1 所示的社交网络图,每个人都可被视为节点,而人与人之间的关系可被视为边,而图 4-2 展示了一个抽象的节点与边的基本图结构。

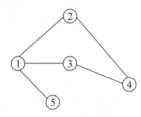

图 4-2 图的基本示意图

在推荐系统当中,用户与物品之间的交互关系,用户与用户自身的关系,以及物品与物品之间的关系,完全可由一张图完整地进行描述,如图 4-3 所示。

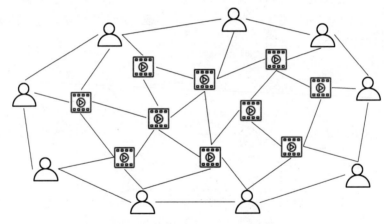

图 4-3 用户与物品之间的关系图

这么一来是不是觉得协同过滤其实也可以用图来表示,没错。如果真正学会图算法,则会发现推荐会比以往更简单,究其原因还是因为图可以很轻易地描述不规则数据。在工作中只需用一张图把业务数据描述清楚,后面的事情便迎刃而解。

4.1.2 无向图与有向图

无向图是由没有方向的无向边组成的图,而有向图则是由具有方向的有向边组成的图,有向边的出发节点称为头节点,结束节点则称为尾节点,如图 4-4 所示。

无向图可被视作双向的有向图,如图 4-5 所示。

图 4-6 展示了有向有环图与有向无环图的区别,环是一种特殊的有向图,例如图 4-5 中左边图的 1、2、3、4 节点,即形成一个环。在环中的任意节点经过边游走都能回到自身的位

置。如果在一个有向图中没有任何一个节点经过边游走后能回到自身的位置,则是有向无环图。

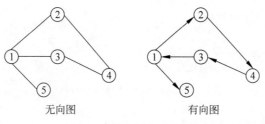

图 4-4 无向图与有向图

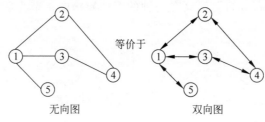

图 4-5 无向图与双向图等价

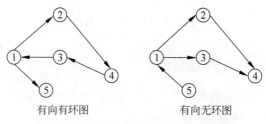

图 4-6 有向有环图与有向无环图

4.1.3 无权图与有权图

无权图指边没有权重,有权图指边带有权重,如图 4-7 所示。

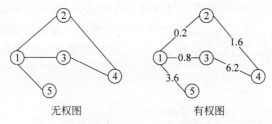

图 4-7 无权图与有权图

当然,一个有权图也可以同时有向,图 4-8 展示了无向有权图和有向有权图的区别。

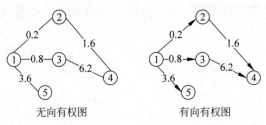

图 4-8　无向有权图与有向有权图

4.1.4　同构图与异构图

同构图指节点类型和边的类型只有一种的图。异构图指节点类型＋边类型＞2 的图，如图 4-9 所示。

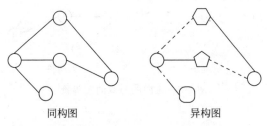

图 4-9　同构图与异构图

4.1.5　图的表示：邻接矩阵

虽然图在人类眼中可以很直观地展示出信息，但是对于计算机来讲，就不是很容易理解了，所以需要研究图如何在计算机中表示。

邻接矩阵(Adjacency Matrix)是一种最基础的图表示方式。假设一张图的节点数量为 N，则可生成一个 $N \times N$ 的矩阵。矩阵中的值为对应位置节点与节点之间的关系，该矩阵一般用 A 表示。

场景 1：无向图。

在一个基础的无向图中，若节点 i 与节点 j 有边连接，则在邻接矩阵的对应位置赋值 1 即可，记作 $A_{ij} = A_{ji} = 1$。否则为 0，如图 4-10 所示，例如节点 1 与节点 2 有边相连，所以 A_{12} 和 A_{21} 的位置为 1。无向图的邻接矩阵是一个以对角线镜像对称的矩阵。

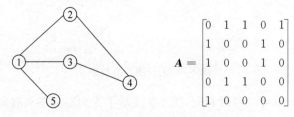

图 4-10　邻接矩阵场景之无向图

场景 2：有向图。

对于一个有向图，邻接矩阵不是对称矩阵。邻接矩阵的行索引代表有向图中有向边的头节点，列索引代表尾节点。如果有边 $i \rightarrow j$，则 $A_{ij}=1$，A_{ji} 不再为 1，除非连接 i 与 j 的是一条双向边，如图 4-11 所示。

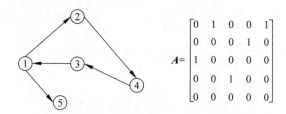

图 4-11 邻接矩阵场景之有向图

场景 3：有权图。

有权图的邻接矩阵与无权图的唯一区别是将边的权重代替了原来 1 的位置，如图 4-12 所示。

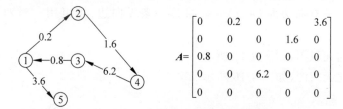

图 4-12 邻接矩阵场景之有权图

值得一提的是，所有邻接矩阵的对角线均为 0，因为对角线其实代表了节点与自身的关系，而节点与自身并无边相连，所以为 0。

4.1.6 图的表示：邻接列表

将一张图以矩阵的形式表示固然非常便于计算，但是对于稀疏的大图则非常不友好，而邻接列表的表示方式对于稀疏大图就非常友好了。

场景 1：无权图。

图 4-13 展示的是有向无权图的邻接列表表示方法，可以看到当每一行都代表的是目标节点作为有向边的头节点时，与它相连的尾节点的集合。

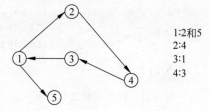

图 4-13 邻接列表场景之无权图

场景2：有权图。

对于多了权重的有权图而言,仅需将原来的节点集合变为节点与权重的二元组集合即可,如图 4-14 所示。

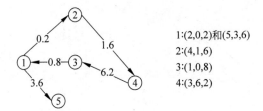

图 4-14　邻接列表场景之有权图

4.1.7　图的表示：边集

边集就更加简单了,通常用两个头尾节点的索引元组表示一条边。例如头节点是 h,尾节点是 t,则这一条有向边是 (h,t)。如果是一条无向边,则可用一对对称元组表示,即 $(h,t),(t,h)$。

场景1：有向无权图,如图 4-15 所示。

场景2：无向无权图,如图 4-16 所示。

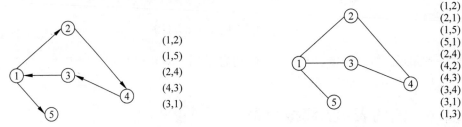

图 4-15　边集场景之有向无权图　　　　图 4-16　边集场景之无向无权图

场景3：有权图。对于有权图的边集,则需要用一个三元组的边集来表示,每个元组中间的数字代表边的权重,如图 4-17 所示。

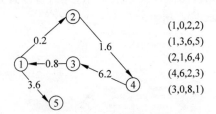

图 4-17　边集场景之有权图

4.1.8 邻居与度

节点的邻居(Neighbor)指的是与该节点在同一边的另一端的节点。

节点的度(Degree)指的是该节点拥有邻居的数量。

场景1：无向图，如图4-18所示。

节点1：

邻居(Neighbor)＝2,3,5

度(Degree)＝3

节点2：

邻居(Neighbor)＝1,4

度(Degree)＝2

场景2：有向图，如图4-19所示。

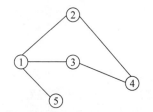

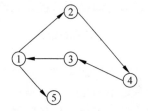

图4-18　邻居与度场景之无向图　　　图4-19　邻居与度场景之有向图

节点1：

前继邻居(Predecessor)＝3

后继邻居(Successor)＝2,5

入度(Indegree)＝1

出度(Outdegree)＝2

有向图的邻居可分为前继邻居和后继邻居，度又可分为入度和出度。

前继邻居(Predecessor)：目标节点作为尾节点时与它相连的头节点。

后继邻居(Successor)：目标节点作为头节点时，与它相连的尾节点。

入度(Indegree)：前继邻居的数量。

出度(Outdegree)：后继邻居的数量。

4.1.9 结构特征、节点特征、边特征

如图4-20所示，该图表示的是推荐场景中常用的用户与物品交互关系图。整个图代表结构特征，本章目前讨论到现在也仅在讨论图的结构特征。

图由节点与边组成，对于节点来讲，本身也可以带有一些特征或属性，例如图中的用户画像特征。当然对于边同理，如图4-20的观看时长或点赞频率，边特征有时也叫关系特征。边的权重也可视为特征。

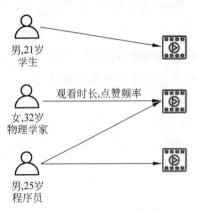

图 4-20　用户物品特征图

在机器学习与深度学习时,经常会对内容进行嵌入(Embedding)操作,由嵌入操作得到的节点向量与边向量也可视为它们的特征。

4.1.10　处理图的 Python 库推荐

（1）Networkx。最老牌的图处理库,早在 2002 年就发布了第一版,对于专门学习图算法的读者一定不陌生。简单易用,实现了一些基础的图算法。例如最小路径算法、最小权重生成树算法等。下面一段代码展示的是用 Networkx 通过边集生成的有向图。具体的代码如下:

5min

```
# recbyhand/chapter4/s11_graphBasic.py
import networkx as nx
import matplotlib.pyplot as plt
edges = [ ( 1, 2 ), ( 1, 5 ), ( 2, 4 ), ( 4, 3 ), ( 3, 1 ) ]
G = nx.DiGraph()                    # 初始化有向图
G.add_edges_from(edges)             # 通过边集加载数据
print(G.nodes)                      # 打印所有节点
print(G.edges)                      # 打印所有边
nx.draw(G)                          # 画图
plt.show()                          # 显示
[ 1, 2, 5, 4, 3 ]
[ ( 1, 2 ), ( 1, 5 ), ( 2, 4 ), ( 4, 3 ), ( 3, 1 ) ]
```

该段代码生成的图如图 4-21 所示。

虽然初看这个生成的图并不美观,但是其实可以通过调整一些参数使图变得漂亮起来。如果有兴趣,则可以去 Networkx 官网专门学习。

（2）DGL(Deep Graph Library)。第一版发布于 2018 年,亚马逊继 MxNet 后的又一力作。基于深度学习框架的图神经网络库,实现了主流的图神经网络算法。兼容 MxNet、PyTorch 和 TensorFlow,有中文的官方教程,是目前最主流的处理图的 Python API 之一。

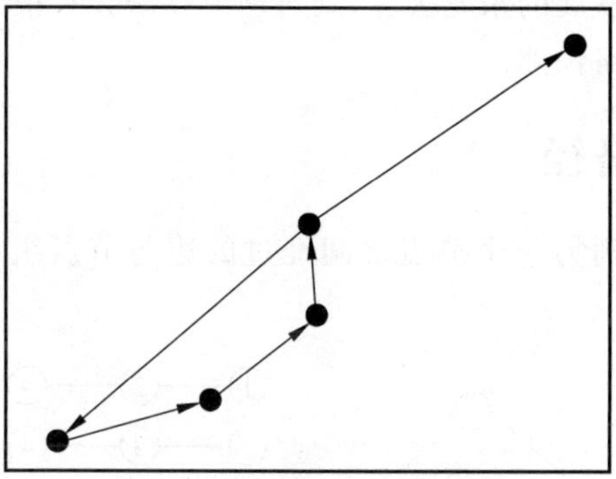

图 4-21 Networkx 生成的图

（3）PyG(PyTorch Geometric)[11]。第一版发布于 2019 年，Facebook 基于 PyTorch 的图神经网络库，号称速度是 DGL 的 14 倍。习惯 PyTorch 的算法工程师一定更喜欢 PyG 库，目前也的确正在慢慢超越 DGL 而达到主流地位。

（4）PGL(Paddle Graph Learning)。第一版发布于 2020 年，百度发布的国人之光框架，号称速度是 DGL 的 13 倍，使用与上手更容易。且集成了百度自研的高效算法，但只兼容百度自家的飞桨(PaddlePaddle)深度学习框架。

4.2 基于图的基础推荐方式

大家现在已经对图论有了初步的认识，接下来学习利用图做的一些基础推荐任务。

4.2.1 链路预测（Link Prediction）

链路预测是一个利用图网络做预测的经典任务。所谓链路（Link）指节点与节点之间的连接，即图论中的边。

所谓链路预测是预测原本不相连的两个节点之间是否有边存在，如图 4-22 所示。若是在有权图中预测，那就顺便预测一下相邻边的权重。

如果是一个社交网络图，则链路预测的任务就好比是在预测某个用户是否对另一个用户感兴趣，即好友推荐任务。如果是一个用户物品图，则链路预测是物品推荐任务。

链路预测本身是一门学科，已经有几十年历史，推荐是它最主要的应用方向。如今链路预测总是不温不火。究其原因还是因为跳开它一样能做推荐，例如在有的文献中会提到基于近邻的链路预测，其实等同于基于近邻的协同过滤，而学习协同过滤不需要懂图论。且如今图神经网络的兴起又直接导致链路预测中一些复杂的算法过时，因为图神经网络可以更有效地解决 90% 以上的链路预测任务。

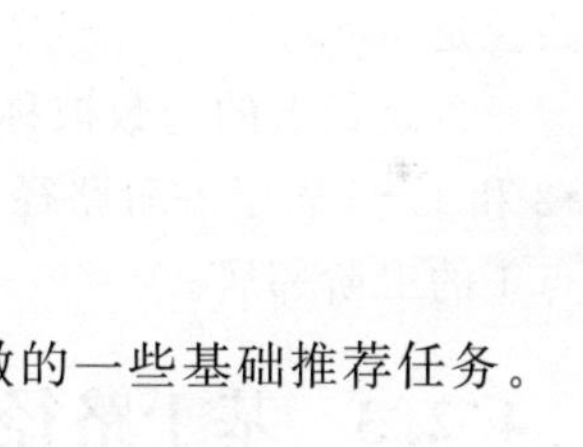

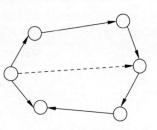

图 4-22 链路预测

但是如果能摸清算法发展的来龙去脉,则对理解算法会有很大的帮助,所以本书中会简单讲解一下比较基础的链路预测。

4.2.2　什么是路径

2min

路径是从某一个节点到另一个节点之间经过的边与节点组成的子图,包含头尾节点,图 4-23 展示了路径的示意图。

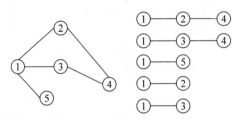

图 4-23　路径示意图

如图 4-23 所示,由节点 1 开始游走,到达节点 4 可以经过节点 2 或者节点 3,所以节点 1 与节点 4 之间存在 1→2→4 和 1→3→4 这两条路径,而节点 1 到节点 5 只有一条路径,所以该路径是 1→5。

一条路径上的边数被称为路径的阶数,例如 1→2→4 或 1→3→4 属于二阶路径。1→2、1→3 和 1→5 属于一阶路径,所以又可把节点 2、3、5 称为节点 1 的一阶邻居,将节点 4 称为节点 1 的二阶邻居。

4.2.3　基于路径的基础链路预测

12min

回顾一下最简单的近邻指标,CN(Common Neighbors)相似度,公式如下:

$$s_{xy} = |\ N(x) \bigcap N(y)\ | \tag{4-1}$$

其中,$N(x)$ 在这就表示 x 节点的邻居集,所以 CN 相似度是 x 节点的一阶邻居集与 y 节点的一阶邻居集的交集数量。了解路径后,可以发现两个节点一阶邻居的交集数量其实等于它们之间的二阶路径数,如图 4-24 所示,节点 1 与节点 4 之间有交集节点 2 和 3,有二阶路径 1→2→4 和 1→3→4,以此类推。

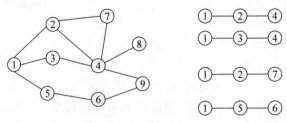

图 4-24　二阶路径

所以 CN 相似度公式可以写成一个新的形式：

$$s_{xy} = p_{xy}^{(2)} \tag{4-2}$$

式子右边的 $p_{xy}^{(2)}$ 就代表节点 x 与节点 y 之间的二阶路径数。

可用一张表格记录所有节点与节点之间的二阶路径数，见表 4-1。

表 4-1 链路预测二阶路径数

节点	节点 1	节点 2	节点 3	节点 4	节点 5	节点 6	节点 7	节点 8	节点 9
节点 1	0	0	0	2	0	1	1	0	0
节点 2	0	0	2	1	1	0	1	1	1
节点 3	0	2	0	0	1	0	1	1	1
节点 4	2	1	0	0	0	1	1	0	0
节点 5	0	1	1	0	0	0	0	0	1
节点 6	1	0	0	1	0	0	0	0	0
节点 7	1	1	1	1	0	0	0	1	1
节点 8	0	1	1	0	0	0	1	0	1
节点 9	0	1	1	0	1	0	1	1	0

该表也是所有节点之间的 CN 相似度矩阵，并且可被视作另一个有权图的邻接矩阵，中间的数字正是边的权重。通常被称为原图的二阶路径图。它的邻接矩阵记作 $\mathbf{A}^{(2)}$，所以原图中所有节点相似度矩阵 $\mathbf{S}$ 在目前计算环境下可写成

$$\mathbf{S} = \mathbf{A}^{(2)} \tag{4-3}$$

到此大家可能想到了，能将节点间的二阶路径数作为相似度指标，显然也可将三阶路径甚至更多阶的路径数作为相似度指标。没错，可先来考虑三阶路径数的情况，如图 4-25 所示。

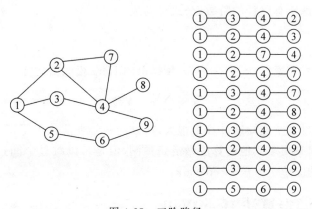

图 4-25 三阶路径

图 4-25 中的右半边列出了所有从节点 1 出发的三阶路径。结合节点 1 的二阶路径数，可再统计一个表格，见表 4-2。

表 4-2 节点 1 与各节点的二阶路径数与三阶路径数

路径阶数	节点 1	节点 2	节点 3	节点 4	节点 5	节点 6	节点 7	节点 8	节点 9
二阶路径数	0	0	0	2	0	1	1	0	0
三阶路径数	0	1	1	1	0	0	2	2	3

假设定义相似度公式为

$$s_{xy} = p_{xy}^{(2)} + p_{xy}^{(3)} \tag{4-4}$$

则节点 1 与节点 4、7、9 的相似度均为 3 且是最高的。对于推荐任务来讲,将节点 4、7、9 推荐给节点 1 即可。虽然也挺合理,但是总觉得哪里不对劲。没错,不对劲的地方是凭什么三阶路径的权重会和二阶路径的权重相等。如果将式子改为

$$s_{xy} = p_{xy}^{(2)} + \alpha \cdot p_{xy}^{(3)} \tag{4-5}$$

是不是好很多,在式子中加入 α 可以作为稀释高阶路径对相似度影响的权重。因为从常识来看,越遥远的距离自然应该影响越小。这个 α 可以用标注数据学出来,也可作为超参自己设置。假设 α 为 0.5,重新计算上述例子中节点 1 与各节点的相似度,见表 4-3。

表 4-3 节点 1 与各节点的相似度

路径阶数	节点 1	节点 2	节点 3	节点 4	节点 5	节点 6	节点 7	节点 8	节点 9
二阶路径数	0	0	0	2	0	1	1	0	0
三阶路径数	0	1	1	1	0	0	2	2	3
$p^{(2)}+0.5p^{(3)}$	0	0.5	0.5	2.5	0	1	2	1	1.5

首先节点 2、3、5 本身是节点 1 的一阶邻居,在链路预测中代表本身就有链路,所以不需要将节点 2、3、5 推荐给节点 1 做邻居。除此以外可以看到在 α 为 0.5 的情况下,节点 1 与节点 4 的相似度>节点 7>节点 9,这样似乎更有道理了。

所以如果要考虑所有路径的阶数,公式可写成[2]

$$s_{xy} = \sum_{l=1}^{\infty} \alpha^{(l)} p_{xy}^{(l)} \tag{4-6}$$

该公式是算法科学家 Katz 早在 1953 年提出的 Katz 相似度指标[2]。写成矩阵形式:

$$\boldsymbol{S} = \sum_{l=1}^{\infty} \alpha^{(l)} \boldsymbol{A}^{(l)} \tag{4-7}$$

该公式一眼看过去就能知道计算量很大,所以这些年来演化出了很多算法在优化 Katz 算法,当然也演化出来很多其他的算法做链路预测,但是可以跳过中间过程,直接将时间推进至 2014 年发布的图游走算法 DeepWalk。

4.2.4 图游走算法 DeepWalk

DeepWalk 算法的中心思想是在图中随机游走生成节点序列,之后用 Word2Vec 的方式得到节点 Embedding,然后利用节点 Embedding 做下游任务,例如计算相似度排序得到

11min

近邻推荐。

1. Word2Vec

11min

Word2Vec[3]是经典的自然语言处理技术，于 2013 年被提出。介绍 Word2Vec 的文献已经很多，所以本书就极其简单地先介绍一下 Word2Vec。

Word2Vec 的目的是将词数字化后以向量表示，实现的手段是用相邻的词去预测中间词。例如有一句由[w1,w2,w3,w4,w5,w6,w7,w8]组成的句子，则可以取 w1、w2、w4、w5 预测 w3，然后滑动一下窗口接着用 w2、w3、w5、w6 预测一下 w4。

所谓的预测是取周围词随机初始化的 Embedding，进行平均池化后与中心词 Embedding 进行点积，进行 Softmax 多分类的预测，类别是所有的候选词，然后反向传播更新周围词与中心词的 Embedding，通过不断地迭代最终得到每个词的词向量，如图 4-26 所示，这一过程是 Word2Vec 中的 CBOW 模型结构（与之对应的另一个 Word2Vec 模型是 Skip-Gram，但这不是本书的重点，所以就不展开讲解了）。

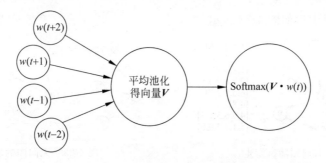

图 4-26　Word2Vec CBOW 模型

这么做的好处是使每个词都由其周围词定义，从而保留了词与词之间的相关性，得到的词向量可以计算它们的夹角余弦值来得到余弦相似度。

实现 Word2Vec 的 Python 工具库 Gensim 已经非常成熟，仅需一句代码即可实现，代码如下：

```
# recbyhand/chapter4/s21_word2vec.py
from gensim.models import word2vec

s1 = ['今天','天气','真好']
s2 = ['今天','天气','很好']
seqs = [s1,s2]

model = word2vec.Word2Vec(seqs, size = 10,min_count = 1)
```

当然这个 Word2Vec()函数也有很多的参数可以调整，例如 size 是每个词向量的维度，min_count 是训练语料中的最小词频，小于这个数字的词将被忽略。其他的参数大家可以去 Gensim 的官网查看 API。

下面这个函数是得到与"真好"最相似的词,参数 topn 代表返回相似度排序的前 n 个词。当然目前只有两句话的训练数据,也不会有什么效果,代码如下:

```
# recbyhand/chapter4/s21_word2vec.py
model.wv.most_similar('真好', topn = 2 )
```

2. 原理

大家发现没有,这不是 top N 推荐吗? 如果把每个"词"看作节点,则 Word2Vec 算法是在得到每个节点的 Embedding 之后,求取两两 Embedding 之间的余弦相似度,得到 top N 的近邻排序之后推荐给目标节点,所以在 Word2Vec 被提出的 1 年后,即 2014 年 DeepWalk[4] 被提出。DeepWalk 指在一张图随机地游走,以便生成节点序列,然后用这些节点序列以 Word2Vec 的方法生成 Embedding,如图 4-27 所示。

在这个有向图 4-27 中,图右边是通过任意的起始节点,沿着有向边的方向随机游走而生成的不定长的序列。

无向图的随机游走如图 4-28 所示。

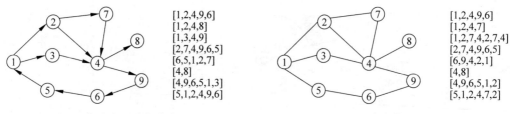

图 4-27 有向图随机游走   图 4-28 无向图的随机游走

在一个无向图中随机游走,需要多考虑一个问题,即需不需要回头。如果回头是被允许的,则有可能在两个节点间反反复复地游走,生成诸如 $[1,2,1,2,1,2]$ 这种序列。

3. 代码

下面给出一段 DeepWalk 的示例,代码如下:

```
# recbyhand/chapter4/ s22_deepwalk.py
import networkx as nx
import numpy as np
from tqdm import tqdm
from gensim.models import word2vec

# 一次游走,输入图 g,起始节点与序列长度
def walkOneTime(g, start_node, walk_length):
    walk = [ str(start_node) ]                    # 初始化游走序列
    for _ in range(walk_length):                  # 在最大长度范围内进行采样
        current_node = int(walk[ -1])
        successors = list(g.successors(current_node))  # graph. successor: 获取当前节点的
# 后继邻居
```

```
            if len(successors) > 0:
                next_node = np.random.choice(successors, 1)
                walk.extend([str(n) for n in next_node])
            else break
            return walk

# 进行多次游走,输入图 g,由每一次的游走长度与游走次数返回得到的序列
def getDeepwalkSeqs(g, walk_length, num_walks):
    seqs = []
    for _ in tqdm(range(num_walks)):
        start_node = np.random.choice(g.nodes)
        w = walkOneTime(g, start_node, walk_length)
        seqs.append(w)
    return seqs

def deepwalk( g, dimensions = 10, walk_length = 80, num_walks = 10, min_count = 3 ):
    seqs = getDeepwalkSeqs(g, walk_length = walk_length, num_walks = num_walks)
    model = word2vec.Word2Vec(seqs, size = dimensions, min_count = min_count)
    return model

if __name__ == '__main__':
    g = nx.fast_gnp_random_graph(n = 100, p = 0.5, directed = True) # 快速随机生成一个有向图
    model = deepwalk( g, dimensions = 10, walk_length = 20, num_walks = 100, min_count = 3 )
    print(model.wv.most_similar('2', topn = 3)) # 观察与节点 2 最相近的 3 个节点
    model.wv.save_word2vec_format('e.emd') # 可以把 emd 储存下来以便下游任务使用
    model.save('m.model') # 可以把模型储存下来以便下游任务使用
```

打印出来的结果如下:

```
[('9', 0.8410395979881), ('95', 0.7466424703598), ('3', 0.7108604311943)]
```

这意味着节点 2 最相近的 3 个节点是 9、95 和 3。右边的数字是它们与节点 2 之间的余弦相似度,所以如果节点 9、95 和 3 本身不是节点 2 的一阶邻居,则在这个场景中就可以把它们推荐给节点 2。

4.2.5 图游走算法 Node2Vec

1. 原理

12min

Node2Vec[5] 在 2016 年发布,与 DeepWalk 的区别是多了控制游走方向的参数。按照 DeepWalk 的思想,所有邻居节点游走的概率都是相等的,而 Node2Vec 可通过调整方向的参数来控制模型更倾向宽度优先地游走还是深度优先地游走。

宽度优先采样(Breadth-first Sampling,BFS)更能体现图网络的"结构性",因为 BFS 生成的序列往往是由起始节点周边组成的网络结构。这就能让最终生成的 Embedding 具备更多结构化的特征。

深度优先采样(Depth-First Sampling,DFS)更能体现图网络的"同质性",因为 DFS 更有可能游走到当前节点远方的节点,所以生成的序列会具备更纵深的远端信息。

BFS 与 DFS 的游走示意如图 4-29 所示。

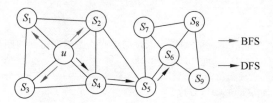

图 4-29　Node2Vec BFS 与 DFS 示意图[5]

2. 公式

在实际计算过程中,如何在数学上体现 BFS 和 DFS 呢？参看以下公式组。

首先 Node2Vec 整体的公式如下[5]:

$$P(c_i = x \mid c_{i-1} = v) = \begin{cases} \dfrac{\pi_{vx}}{Z} & (v,x) \in E \\ 0 & \text{其他} \end{cases} \tag{4-8}$$

等号左边的表达是指从当前节点 v 走到下一节点 x 的概率。E 表示当前节点 v 所有的后继邻居节点集。Z 是归一化常量,π_{vx} 是转换概率,例如在一个有向无权图的 DeepWalk 中,Z 是当前节点后继邻居的数量,π_{vx} 则等于 1,π_{vx} 的计算公式如下[5]:

$$\pi_{vx} = \alpha_{pq}(t,x) \cdot w_{vx} \tag{4-9}$$

w_{vx} 是考虑有权图中边的权重,而 $\alpha_{pq}(t,x)$ 在这里可被认为是元转移概率,$\alpha_{pq}(t,x)$ 的计算公式如下[5]:

$$\alpha_{pq}(t,x) = \begin{cases} \dfrac{1}{p} & d_{tx} = 0 \\ 1 & d_{tx} = 1 \\ \dfrac{1}{q} & d_{tx} = 2 \end{cases} \tag{4-10}$$

式(4-10)是 Node2Vec 的重点,可结合图 4-30 来理解这个公式。

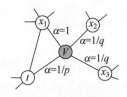

图 4-30　Node2Vec 公式说明图[5]

d_{tx} 指 t 时刻也是下一游走的候选节点 x 的节点类型,有 0、1、2 三个枚举类型。

如果 $d_{tx} = 0$,则代表该候选节点是前一时刻游走时的起始节点,是图 4-30 中的节点 t,往这个方向游走就代表走回头路,而 α 就等于 $1/p$。由此可见超参数 p 用于控制游走以多大概率回头。

如果 $d_{tx} = 1$,则代表该候选节点 x 与前一时刻的起始节点 t 及当前节点 v 是等距的,是图 4-30 中的 x_1 节点。此时 $\alpha = 1$。往这个方向游走是 BFS 宽度优先游走。

如果 $d_{tx}=2$，则代表其他，$\alpha=1/q$。往此方向游走是 DFS 深度优先游走，所以 q 用于控制游走更偏向 BFS 还是 DFS。

当 $q<1$ 时，更倾向于 DFS。当 $q>1$ 时，更倾向于 BFS。当 $q=1$ 时，Node2Vec 则退化为 DeepWalk。

3. 代码

Node2Vec 的代码实现仅仅需要在之前 DeepWalk 的代码基础上加入一些新逻辑，但是在实际工作中起始有专门的 Python API 可供调用。安装方式是 pip install node2vec。非常简单的 API，其实也是基于 Networkx 与 Gensim 封装的。利用 node2vec API 实现的 Node2Vec 代码如下：

```python
# recbyhand/chapter4/s23_node2vec.py.
import networkx as nx
from node2vec import Node2Vec

graph = nx.fast_gnp_random_graph(n = 100, p = 0.5)        #快速随机生成一个无向图
node2vec = Node2Vec ( graph, dimensions = 64, walk_length = 30, num_walks = 100, p = 0.3, q =
0.7, workers = 4)                                         #初始化模型
model = node2vec.fit()                                    #训练模型
print(model.wv.most_similar('2', topn = 3))              #观察与节点2最相近的3个节点
```

该库还能通过调整参数 workers 设置同时游走的线程数，下面参看打印出来的结果：

```
Computing transition probabilities: 100% |██████████████████| 100/100 [00:00 < 00:00,
176.52it/s]
Generating walks (CPU: 1): 100% |████████████| 25/25 [00:02 < 00:00, 9.33it/s]
Generating walks (CPU: 2): 100% |████████████| 25/25 [00:02 < 00:00, 9.18it/s]
Generating walks (CPU: 3): 100% |████████████| 25/25 [00:02 < 00:00, 9.60it/s]
Generating walks (CPU: 4): 100% |████████████| 25/25 [00:02 < 00:00, 9.49it/s]
[('95', 0.6695420742034912), ('91', 0.6029338836669922), ('6', 0.5841651558876038)]
```

4.3 图神经网络

图神经网络(Graph Neural Networks, GNN)是近几年兴起的学科，用来作推荐算法自然效果也相当好，但是要学会基于图神经网络的推荐算法之前，需要对图神经网络自身有个了解。

4.3.1 GCN 图卷积网络

图卷积网络(Graph Convolutional Networks, GCN)[6]提出于 2017 年。GCN 的出现标志着图神经网络的出现。深度学习最常用的网络结构是 CNN 和 RNN。GCN 与 CNN 不

18min

仅名字相似,其实理解起来也很类似,都是特征提取器。不同的是,CNN 提取的是张量数据特征,而 GCN 提出的是图结构数据特征。

1. 计算过程

其实 GCN 的公式本身非常简单,初期研究者为了从数学上严谨地推导该公式是有效的,所以涉及诸如傅里叶变换,以及拉普拉斯算子等知识。其实对于使用者而言,可以绕开那些知识并且毫无影响地理解 GCN。

以下是 GCN 网络层的基础公式,具体如下[6]:

$$H^{l+1} = \sigma(\widetilde{D}^{-\frac{1}{2}} \widetilde{A} \widetilde{D}^{-\frac{1}{2}} H^l w^l) \tag{4-11}$$

其中,H^l 指第 l 层的输入特征,H^{l+1} 自然是指输出特征。w^l 指线性变换矩阵。$\sigma(\cdot)$ 是非线性激活函数,如 ReLU 和 Sigmoid 等,所以重点是那些 A 和 D 是什么。

首先说 $\widetilde{A}$,通常邻接矩阵用 A 表示,在 A 上加个波浪线的 $\widetilde{A}$ 叫作"有自连的邻接矩阵",以下简称自连邻接矩阵。定义如下[6]:

$$\widetilde{A} = A + I \tag{4-12}$$

其中,I 是单位矩阵(单位矩阵的对角线为1,其余均为0),A 是邻接矩阵。因为对于邻接矩阵的定义是矩阵中的值为对应位置节点与节点之间的关系,而矩阵中对角线的位置是节点与自身的关系,但是节点与自身并无边相连,所以邻接矩阵中的对角线自然都为0,但是如果接受这一设定进行下游计算,则无法在邻接矩阵中区分"自身节点"与"无连接节点",所以将 A 加上一个单位矩阵 I 得到 $\widetilde{A}$,便能使对角线为1,就好比添加了自连的设定,如图 4-31 所示。

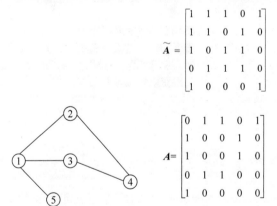

图 4-31　GCN 无向无权图示意图

$\widetilde{D}$ 是自连矩阵的度矩阵,定义如下[6]:

$$\widetilde{D}_{ii} = \sum_j \widetilde{A}ij \tag{4-13}$$

如果仍然用上述图例中的数据:

$$\widetilde{A} = \begin{bmatrix} 1 & 1 & 1 & 0 & 1 \\ 1 & 1 & 0 & 1 & 0 \\ 1 & 0 & 1 & 1 & 0 \\ 0 & 1 & 1 & 1 & 0 \\ 1 & 0 & 0 & 0 & 1 \end{bmatrix}$$

则

$$\widetilde{D} = \begin{bmatrix} 4 & 0 & 0 & 0 & 0 \\ 0 & 3 & 0 & 0 & 0 \\ 0 & 0 & 3 & 0 & 0 \\ 0 & 0 & 0 & 3 & 0 \\ 0 & 0 & 0 & 0 & 2 \end{bmatrix}$$

所以：

$$\widetilde{D}^{-\frac{1}{2}} = \begin{bmatrix} \dfrac{1}{\sqrt{4}} & 0 & 0 & 0 & 0 \\ 0 & \dfrac{1}{\sqrt{3}} & 0 & 0 & 0 \\ 0 & 0 & \dfrac{1}{\sqrt{3}} & 0 & 0 \\ 0 & 0 & 0 & \dfrac{1}{\sqrt{3}} & 0 \\ 0 & 0 & 0 & 0 & \dfrac{1}{\sqrt{2}} \end{bmatrix}$$

$\widetilde{D}^{-\frac{1}{2}}$ 是在自连度矩阵的基础上开平方根取逆。求矩阵的平方根和逆的过程其实很复杂，好在 $\widetilde{D}$ 只是一个对角矩阵，所以此处直接可以通过给每个元素开平方根取倒数的方式得到 $\widetilde{D}^{-\frac{1}{2}}$。在无向无权图中，度矩阵描述的是节点度的数量；若是有向图，则是出度的数量；若是有权图，则是目标节点与每个邻居连接边的权重和，而对于自连度矩阵，是在度矩阵的基础上加一个单位矩阵，即每个节点度的数量加1。

GCN 公式中的 $\widetilde{D}^{-\frac{1}{2}}\widetilde{A}\widetilde{D}^{-\frac{1}{2}}$ 其实都是从邻接矩阵计算而来的，所以甚至可以把这些看作一个常量。模型需要学习的仅仅是 w^l 这个权重矩阵。

正如之前所讲，GCN 神经网络层的计算过程很简单，如果懂了那个公式，则只需构建一张图，统计出邻接矩阵，直接代入公式即可实现 GCN 网络。

2. 公式的物理原理

下面来理解一下 GCN 公式的物理原理。首先来看 $\widetilde{A}H^l$ 这一计算的意义，如图 4-32 所示。

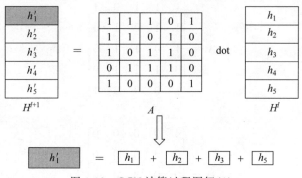

图 4-32　GCN 计算过程图解(1)

相信大家了解矩阵间点乘的运算规则,即线性变化的计算过程。在自连邻接矩阵满足图 4-32 的数据场景时,下一层第 1 个节点的向量表示是当前层节点 h_1、h_2、h_3、h_5 这些节点向量表示的和。这一过程的可视化意义如图 4-33 所示。

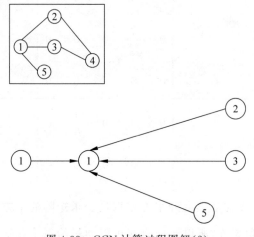

图 4-33　GCN 计算过程图解(2)

这一操作就像在卷积神经网络中进行卷积操作,然后进行一个求和池化(Sum Pooling)。这其实是一条消息传递的过程,Sum Pooling 是一种消息聚合的操作,当然也可以采取平均、Max 等池化操作。总之经消息传递的操作后,下一层的节点 1 就聚集了它一阶邻居与自身的信息,这就很有效地保留了图结构承载的信息。

接下来看度矩阵 D 在这里起到的作用。节点的度代表着它一阶邻居的数量,所以乘以度矩阵的逆会稀释掉度很大的节点的重要度。这其实很好理解,例如保险经理张三的好友有 2000 个,当然你也是其中的一个,而你幼时的青梅竹马小红加上你仅有的 10 个好友,则张三与小红对于定义你的权重自然就不该一样。

$\widetilde{D}^{-\frac{1}{2}}\widetilde{A}\widetilde{D}^{-\frac{1}{2}}H^l$ 这一计算的可视化意义如下:

没错,这是一个加权求和操作,度越大权重就越低。图 4-34 中每条边权重分母左边的数字$\sqrt{4}$是节点 1 自身度的逆平方根。

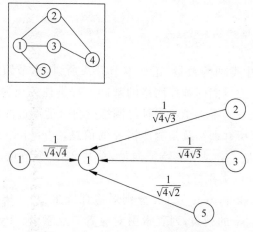

图 4-34 GCN 计算过程图解(3)

上述内容可简单地理解 GCN 公式的计算意义,当然也可结合具体业务场景自定义消息传递的计算方式。

图神经网络之所以有效,是因为它很好地利用了图结构的信息。它的起点是别人的终点。本身无监督统计图数据信息已经可以给预测带来很高的准确率。此时只需一点少量的标注数据进行有监督的训练就可以媲美大数据训练的神经网络模型。

3. 代码

GCN 作为图神经网络中最基础的算法,各个图神经网络库自然都集成了现成的 API。本书就以 PyTorch Geometric(PyG)为例来介绍现成 GCN 库的用法。

PyG 中有自带的开源数据集供学习调用。本节采取 Cora 数据集,读取 PyG 自带的 Cora 数据集的 Python 文件的地址为 recbyhand\chapter4\pygDataLoader.py,代码如下:

```python
# recbyhand\chapter4\pygDataLoader.py
from torch_geometric.datasets import Planetoid
import os
path = os.path.join( os.path.dirname( os.path.realpath(__file__) ), '..', 'data', 'Cora')
dataset = Planetoid( path, 'Cora')
print( '类别数:', dataset.num_classes )
print( '特征维度:', dataset.num_features )
print( dataset.data )
```

如此调用之后屏幕中打印的信息如下:

```
类别数:7
特征维度 143
```

```
Data(edge_index = [2, 10556], test_mask = [2708], train_mask = [2708], val_mask = [2708], x =
[2708, 1433], y = [2708]) NumNodes: 节点数
NumEdges: 边数
NumFeats: 节点特征的维度,表示节点的 Embedding 的维度。
```

类别数是分类任务中类别的数量,正如本节开头所讲,本节跟推荐系统可能没什么关系,这里要带大家先学习或巩固图神经网络的基础。分类任务往往是机器学习任务中最简单的任务,所以由分类任务入手去学习图神经网络是再合适不过的由浅入深的学习过程。

得到的 Data 包含了所有训练及预测所需要的信息,edge_index 是一条边集,前文讲过边集是图表示的一种方法。x 是节点特征向量,总共 2708 个节点,每个节点表示是 143 三维的向量。y 是节点对应的类别标注。

train_mask、val_mask 和 test_mask 分别对应训练集、验证集和测试集的位置遮盖列表,它们都是 True 和 False 的列表,列表索引对应着节点索引。PyG 的默认数据集利用位置遮盖的方式区分训练集与测试集。例如 train_mask 中为 True 的位置代表训练该节点,否则不训练。可以通过如下代码来查看一下该数据集中训练、验证、测试集的数量。

```
# recbyhand\chapter4\pygDataLoader.py
print( sum( dataset.data.train_mask ) )
print( sum( dataset.data.val_mask ) )
print( sum( dataset.data.test_mask ) )
tensor(140)
tensor(500)
tensor(999)
```

由打印出来的数据可以看到,总计 2708 个节点中训练数据仅仅只有 140 个,而测试集即有 999 个。若大家将代码运行起来就可以发现"图神经网络仅需少量的标注数据训练出来的模型,就可达到由规模训练数据训练的普通神经网络模型一样甚至更好的效果。"此言并不虚。

完整的 GCN 模型代码的地址为 recbyhand\chapter4\s31_gcn_pgy.py,核心代码如下:

```
# recbyhand\chapter4\s31_gcn_pgy.py
class GCN( torch.nn.Module ):

    def __init__( self, n_classes, dim ):
        '''
        :param n_classes: 类别数
        :param dim: 特征维度
        '''
        super( GCN, self ).__init__()
```

```
        self.conv1 = GCNConv( dim, 16 )
        self.conv2 = GCNConv( 16, n_classes )

    def forward( self,data ):
        x, edge_index = data.x, data.edge_index
        x = F.ReLU( self.conv1( x, edge_index ) )
        x = F.DropOut( x )
        x = self.conv2( x, edge_index )
        return F.log_Softmax( x, dim = 1 )
```

可以看到现成的方法非常简单，只需定义 GCNConv 的输入维度和输出维度，在前向传播时输入特征向量即可表示图的边集。外部调用的代码如下：

```
# recbyhand\chapter4\s31_gcn_pgy.py
def train( epochs = 200, lr = 0.01 ):
    data, n_class, dim = pygDataLoader.loadData()
    net = GCN( n_class, dim )
    optimizer = torch.optim.AdamW( net.parameters(), lr = lr )

    for epoch in range(epochs):
        net.train( )
        optimizer.zero_grad( )
        logits = net( data )
        # 仅用训练集计算 loss
        loss = F.nll_loss( logits[data.train_mask], data.y[data.train_mask] )
        loss.backward( )
        optimizer.step( )

        train_acc, val_acc, test_acc = eva( net, data )

        log = 'Epoch: {:03d}, Train: {:.4f}, Val: {:.4f}, Test: {:.4f}'
        print( log.format( epoch, train_acc, val_acc, test_acc ) )
```

注意计算 loss 时仅用 train_mask 中为 True 的那些位置的节点。

中间涉及的 eva 测试方法如下：

```
# recbyhand\chapter4\s31_gcn_pgy.py
@torch.no_grad()
def eva( net, data ):
    net.eval()
    logits, accs = net(data), []
    for _, mask in data('train_mask', 'val_mask', 'test_mask'):
        pred = logits[mask].max(1)[1]
```

```
        acc = pred.eq(data.y[mask]).sum().item() / mask.sum().item()
        accs.append( acc )
    return accs
```

在该代码中,所有节点的 Embedding 都会伴随模型的正向传播去更新,即 GCN 公式中的 $\boldsymbol{H}$,并不是仅将作为训练数据的节点 Embedding 输入 GCN 网络层,而反向传播仅且只能更新有指定位置的数据。通过 mask 列表的操作,可以很方便地区分训练集、验证集和测试集。

4.3.2 GAT 图注意力网络

图注意力网络(Graph Attention Networks,GAT)[7] 提出于 2018 年。顾名思义,GAT 是加入注意力机制的图神经网络。

GCN 中消息传递的权重仅仅考虑了节点的度,是固定不变的,而 GAT 则采用注意力机制将消息传递的权重以注意力权重参数的形式也跟着模型参数一起迭代更新。

1. 计算过程与原理

在了解 GAT 的计算过程前,得把 GCN 的那个公式忘记。因为 GAT 的公式并非是从 GCN 出发的。

图 4-35 简单地展示了 GAT 消息传递的形式。

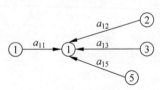

图 4-35　GAT 计算过程图解(1)

节点 1、2、3、5 通过各自的权重 a_{12}、a_{13}、a_{15}、a_{11} 衰减或增益后将信息传递给了节点 1。设 a_{ij} 为节点 j 到节点 i 的消息传递注意力权重,则

$$a_{ij} = \text{Softmax}_j(e_{ij}) = \frac{\exp(e_{ij})}{\sum_{k \in N_i} \exp(e_{ik})} \tag{4-14}$$

与常规的注意力机制一样,在计算出 e_{ij} 后,对其进行一个 Softmax 操作使 a_{ij} 在 0～1。其中的 N_i 是指节点 i 的一阶邻居集。至于 e_{ij} 如何得到,公式如下[7]:

$$e_{ij} = \text{LeakyReLU}(\boldsymbol{a}^{\mathrm{T}}[\boldsymbol{W}\boldsymbol{h}_i \parallel \boldsymbol{W}\boldsymbol{h}_j]) \tag{4-15}$$

在 GAT 论文中 LeakyReLU 的负值斜率取值 0.2。$\boldsymbol{h}_i$ 和 $\boldsymbol{h}_j$ 是当前输入层的节点 i 与节点 j 的特征向量表示,$\boldsymbol{W}$ 是线性变换矩阵,它的形状是 $\boldsymbol{W} \in \mathbf{R}^{F \times F'}$,其中 F 是输入特征的维度,是 $\boldsymbol{h}_i$ 与 $\boldsymbol{h}_j$ 的维度。F' 是输出特征的维度,以下用 h_i' 表示当前层节点 i 的输出特征,并且其维度为 F'。$\parallel$ 是向量拼接操作,原本维度为 F 的 $\boldsymbol{h}_i$ 与 $\boldsymbol{h}_j$ 经过 $\boldsymbol{W}$ 线性变换后维度均变为 F',经过拼接后得到维度为 $2F'$ 的向量。此时再点乘一个维度为 $2F'$ 的单层矩阵 $\boldsymbol{a}$ 的转置,最终经 LeakyReLU 激活后得到一维的 e_{ij}。

所以再通过对 e_{ij} 进行 Softmax 操作就可以得到节点 j 到节点 i 的消息传递注意力权重 a_{ij}。计算节点 i 的在当前 GAT 网络层的输出向量 h_i' 即可描述为[7]:

$$h_i' = \sigma\left(\sum_{j \in N_i} a_{ij} \boldsymbol{W} \boldsymbol{h}_j\right) \tag{4-16}$$

其中,$\sigma(\cdot)$ 代表任意激活函数,N_i 代表节点 i 的一阶邻居集,$\boldsymbol{W}$ 与注意力计算中的 $\boldsymbol{W}$ 是一样的。至此是一条消息传递并用加权求和的方式进行消息聚合的计算过程。在 GAT 中,可以进行多次消息传递操作,这被称为多头注意力(Multi-Head Attention),计算公式如下[7]:

$$\boldsymbol{h}'_i = \mathop{\Vert}_{k=1}^{K} \sigma\Big(\sum_{j \in N_i} a^k_{ij} \boldsymbol{W}^k \boldsymbol{h}_j \Big) \tag{4-17}$$

所以每一层的输出特征是总共 K 个单头消息传递后拼接起来的向量。或者可进行求平均操作,公式如下[7]:

$$\boldsymbol{h}'_i = \sigma\Big(\frac{1}{K} \sum_{k=1}^{K} \sum_{j \in N_i} a^k_{ij} \boldsymbol{W}^k \boldsymbol{h}_j \Big) \tag{4-18}$$

图 4-36 展示了多头注意力消息传递的过程。

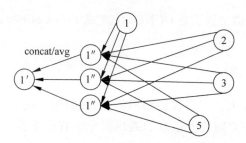

图 4-36 GAT 多头消息传递过程

图 4-36 可以很直观地看到节点 1、2、3、5 分别进行了三次不同权重的消息传递。产生了 3 个节点 1 的输出特征被记作 1″,最终节点 1 的输出特征则等于 3 个 1″向量的拼接或者求平均所得。这么做的好处便是进一步提高了泛化能力。在 GAT 的论文中建议在 GAT 网络中间的隐藏层采取拼接操作,而在最后一层采取平均操作。

2. 代码

代码的地址为 recbyhand/chapter4/s32_gat_gpy.py。

GAT 的网络层在 PyG 中也有现成的 API 可调用:

```
# recbyhand/chapter4/s32_gat_gpy.py
from torch_geometric.nn import GATConv
```

以 GAT 网络层组成的 GAT 模型类的代码如下:

```
# recbyhand/chapter4/s32_gat_gpy.py
import torch
import torch.nn.functional as F
from chapter4 import pygDataLoader
from torch_geometric.nn import GATConv
```

```
class GAT( torch.nn.Module):
    def __init__(self, n_classes, dim):
        #:param n_classes: 类别数
        #:param dim: 特征维度
        super(GAT, self).__init__()
        self.conv1 = GATConv( dim, 16 )
        self.conv2 = GATConv( 16, n_classes )
    def forward( self, data ):
        x, edge_index = data.x, data.edge_index
        x = F.ReLU( self.conv1( x, edge_index ) )
        x = F.DropOut( x )
        x = self.conv2( x, edge_index )
        return F.log_Softmax( x, dim = 1 )
```

与 4.3.1 节 GCN 的唯一区别是 GCNConv 变成了 GATConv,外部如何调用该模型做训练其实跟 GCN 也完全一样。

4.3.3　消息传递

此节内容将详细解释上文中多次提到的消息传递(Message Passing)。消息传递可被理解为在一张图网络中节点间传导信息的通用操作。首先来看对单个节点 v 进行消息传递的范式:

$$h'_v = \varphi(v) = f(h_v, g(h_u \mid u \in N_v)) \tag{4-19}$$

其中,h'_v 是节点 v 的在当前层的输出特征,h_v 是输入特征,$\varphi(\cdot)$ 表达对某个节点进行消息传递动作,N_v 是节点 v 的邻居集。$h_u \mid u \in N_v$ 代表遍历节点 v 的邻居集,相当于邻居节点消息发送的动作,而 $g(\cdot)$ 是一条消息聚合的函数,例如 Sum、Avg、Max。$g(\cdot)$ 在 GCN 的网络层中,是一个基于度的加权求和,而在 GAT 中是基于注意力的加权求和。$f(\cdot)$ 表示对消息聚合后的节点特征进行深度学习的通常操作,例如进行一次或多次线性变换或者非线性激活函数。图 4-37 展示了以上描述的实例过程。

10min

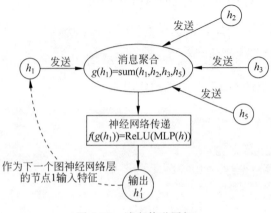

图 4-37　消息传递图解

一个 GNN 层的计算范式可表达为

$$H^{l+1} = H^l : \{\varphi(v) \mid v \in V\} \tag{4-20}$$

其中，H^l 代表第 l 层的所有节点特征矩阵，H^{l+1} 代表第 l 层的输出特征矩阵，V 代表所有节点，$\varphi(v)$ 代表对节点 v 进行消息传递操作。该公式表达的含义是遍历图网络中所有的节点对其进行消息传递操作，以便更新所有节点的特征向量。

所以图神经网络的本质是通过节点间的消息传递从而泛化图结构数据的信息，读者可以通过自己设计具体的聚合函数和权重获取方式等，设计出自己的图神经网络。

4.3.4　图采样介绍

图神经网络中还有一个重要的概念，即图采样。如果图数据量过大，则是否可以仿照传统深度学习的小批量训练方式呢？答案是不可以，因为普通深度学习中训练样本之间并无依赖，但是在图结构的数据中，节点与节点之间有依赖关系，如图 4-38 所示。

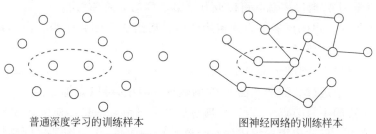

3min

　　普通深度学习的训练样本　　　　　　　　图神经网络的训练样本

图 4-38　普通深度学习与图神经网络的训练样本

普通深度学习的训练样本在空间中是一些散点，可以随意小批量采样，无论如何采样得到的训练样本并不会丢失什么信息，而图神经网络训练样本之间存在边的依赖，也正是因为有边的依赖，所以才被称为图结构数据，这样才可用图神经网络的模型算法来训练，如果随意采样，则破坏了样本之间的关系信息。

所以如何进行图采样成为一门学科，本书将介绍两个最基础且简单有效的图采样的算法 GraphSAGE 和 PinSAGE。

4.3.5　图采样算法：GraphSAGE

GraphSAGE[9] 是第一张图采样算法，也是最基础的。其提出年份与 GCN 同年，也是2017 年。其实中心思想一句话就能概括，即小批量采样原有大图的子图，如图 4-39 所示。

5min

步骤 1：随机选取一个或若干个节点作为 0 号节点。

步骤 2：在 0 号节点的一阶邻居中随机选取若干个节点作为 1 号节点。

步骤 3：在刚刚选取的 1 号节点的一阶邻居中，不回头地随机选取若干个节点作为 2 号节点，不回头指的是不再回头取 0 号节点。该步骤亦可认为是随机选取 0 号节点通过 1 号节点连接的二阶邻居。

步骤 4：以此类推，图 4-39 中的 k 是 GraphSAGE 的超参，可认为是 0 号节点的邻居阶

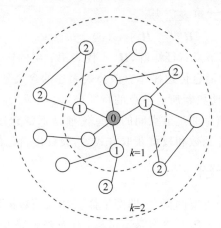

图 4-39　GraphSAGE 采样过程示意图

层数,若将 k 设定为 5,则代表总共可以取 0 号节点的第 5 阶邻居。

步骤 5:将采样获得的所有节点保留边的信息后组成子图并作为一次小批量样本输入图神经网络中进行下游任务。

另外,其实图采样得到的子图总是从作为中心节点的 0 号节点开始扩散,所以在消息传递时可以自外而内地进行。假如在图 4-39 的数据环境中,可以先将那些 2 号节点的特征向量聚合到对应位置的 1 号节点中,再由更新过后的 1 号节点消息传递至 0 号节点,然后将消息聚合在 0 号节点。仅输出更新完成的 0 号节点特征向量,作为图神经网络层的输入特征向量进行训练更新。

4.3.6　图采样算法:PinSAGE

相比最基础的 GraphSAGE,2018 年斯坦福大学提出的 PinSAGE 显然更具想象力。PinSAGE 的中心思想可概况成一句话,即采样通过随机游走经过的高频节点生成的子图。接下来结合图 4-40 理解 PinSAGE 的采样过程。

步骤 1:随机选取一个或若干个节点作为 0 号节点。

步骤 2:以 0 号节点作为起始节点开始随机游走生成序列,游走方式可以采取 DeepWalk 或者 Node2Vec。

步骤 3:统计随机游走中高频出现的节点作为 0 号节点的邻居,以便生成一个新的子图。出现的频率可作为超参设置。

步骤 4:将新子图中的边界节点(如在图 4-40 中的节点 1、9 和 13)作为新的起始节点,重复步骤 2 开始随机游走。

步骤 5:统计新一轮随机游走的高频节点,作为新节点在原来子图中接上。注意每个新高频节点仅接在它们原有的起始节点中(如节点 1 作为起始节点随机游走,所生成节点序列中的高频节点仅作为节点 1 的邻居接在新子图中)。

步骤 6:重复上述过程 k 次,k 为超参。将生成的新子图作为一次小批量样本输入图神

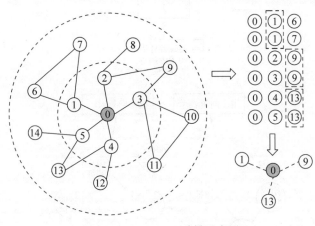

图 4-40　PinSAGE 采样示意图

经网络中进行下游任务。或者进行自外而内的消息传递后,输出聚合了子图所有信息的 0 号节点向量。

　　PinSAGE 的优势在于可以快速地收集到远端节点,并且生成的子图经过一次频率筛选所获得的样本表达能力更强也更具泛化能力。

4.4　基于图神经网络的推荐

12min

　　学完图神经网络的基础知识后,终于要开始用在推荐上了。首先介绍推荐任务中可能会出现的图,大体可分成三类。

　　第一类:用户-用户图的推荐,例如社交网络图,其实这一类图处理起来相对很简单,因为推荐对象与被推荐对象是同一类节点。如果不考虑用户特征,则社交网络图是一个同构图,完全可以用链路预测或者 DeepWalk 等方法来做推荐,当然用 GNN 也是可以的。

　　第二类:用户-物品图的推荐,如图 4-41 所示。

　　这一类图是把用户和物品都看作一张图中的不同节点,用户的特征及物品的特征也作为节点围绕在用户或者物品周围,用户与用户间可能会通过用户特征二阶相邻,同理物品与物品也可以通过物品特征二阶相邻。最关键的是用户与物品之间的交互可作为用户与物品连接起来的边,这样整张图就涵盖了当前所有推荐系统内数据的信息,所有的内容都可被视作是不同类型的节点,经消息传递后更新的用户与物品向量再进行点乘或者 MLP 等物品神经网络的传递便可做出 CTR 预估。

　　第三类:用户图与物品图分开,如图 4-42 所示。

　　此类图比起将用户与物品合并在一起的用户物品图而言就简单很多了,用户图的作用是聚合用户特征得到用户向量,同理物品图的作用是聚合物品特征从而得到物品的向量表示。当然本身用户图或者物品图中的用户或者物品,也可通过那些特征获得些许二阶相邻。

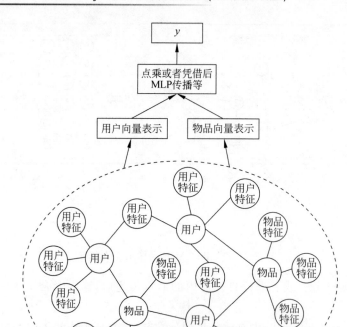

图 4-41　基于用户-物品图的推荐算法思路

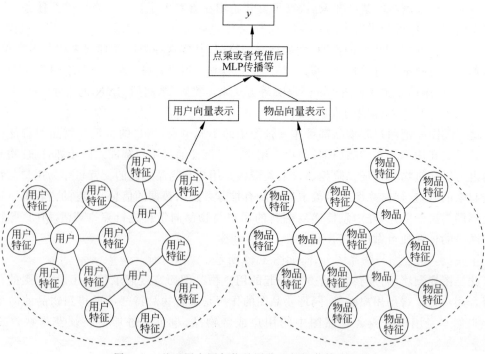

图 4-42　基于用户图与物品图分开的推荐算法思路

虽然相比第二类的用户物品图,将用户图与物品图分开从理解上来讲更简单,但相对应也有比不了第二类图的地方。

用户-物品图的优势:所有的内容在此都是图中的一个节点,可充分利用图的优势。

用户-物品图的劣势:需要更多的模型参数拟合图的信息。对于物品节点而言,用户节点与诸多物品特征节点都属于物品节点的一阶邻居,但显然用户节点与物品特征节点对于物品的向量表示权重应该不一样,所以 GCN 的传播方式在这种图中进行并不适用,起码需要 GAT 这类通过注意力的模型,并且模型参数还不能少,所以在数据量不够多的时候是学不出来的。

用户图-物品图分开的优势:理解起来比较简单,可解释性更强。

用户图-物品图分开的劣势:如果用户与用户之间的特征重叠很低,则会失去图的意义,但是并无大碍,仅退化为普通特征聚合而已。且用户与物品间的交互信息可通过用户与物品间的标注来学到。

4.4.1　利用 GCN 的推荐算法

利用 GCN 的推荐[10]是最基本的图神经网络推荐形式。

1. 数据准备

本次推荐所用的数据除了用户、物品、标注三元组以外,还有物品图的数据。数据的地址为 recbyhand\data_set\ml-100k\kg_index.tsv。其实这是知识图谱数据,具体会在第 5 章详细介绍。知识图谱比普通的图会多一条边的类型,所以数据本身如图 4-43 所示。

1239	2	11917
11917	5	1239
1239	2	4496
4496	5	1239
1239	2	20384
20384	5	1239
1239	2	17048
17048	5	1239

图 4-43　物品图数据

其中第二栏的数字是知识图谱中边的索引,但是目前仅需用到组成头尾节点的边集表示,所以经过一通处理,便可得到诸如 [(1239,11917),(11917,1239),(1239,4496) …] 这样的边集。其中这些数字包含了物品及物品的特征索引,ml-100k 是与电影相关的数据集,而这个图数据中的物品索引是电影,物品特征索引是电影的特征,有可能是某个导演、某个演员或者某个电影类型等。

24min

此次算法采用上文中提到的第三类图,对用户图与物品图分开处理,当然虽然分开处理,其实处理的方式是一样的,所以就以用 GCN 聚合物品图为例,用户的向量表示直接利用用户索引随机初始化 Embedding 即可。

2. 算法思路

算法的思路如图 4-44 所示。

先随机初始化用户向量及物品还有所有物品特征的向量,然后其核心就在于用 GCN 的方式去传播物品图,更新物品及物品的特征向量,之后提取出物品向量与用户向量进行点乘并取 Sigmoid 后作为预测值。

GCN 推荐算法代码的地址为 recbyhand\chapter4\s41_GCN4Rec.py。

如果采取 PyG 中现成的 GCN 层,则 GCN4Rec 这个模型的代码其实很简单,代码如下:

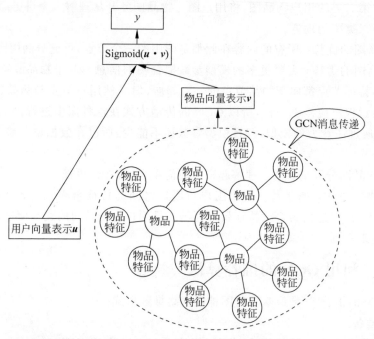

图 4-44　GCN for Rec 模型结构

```
# recbyhand\chapter4\s41_GCN4Rec.py
class GCN4Rec( torch.nn.Module ):

    def __init__( self, n_users, n_entitys, dim, hidden_dim ):
        '''
        :param n_users: 用户数量
        :param n_entitys: 实体数量
        :param dim: 向量维度
        :param hidden_dim: 隐藏层维度
        '''
        super( GCN4Rec, self ).__init__()

        # 随机初始化所有用户向量
        self.users = nn.Embedding( n_users, dim, max_norm = 1 )
        # 随机初始化所有节点向量,其中包含物品的向量
        self.entitys = nn.Embedding( n_entitys, dim, max_norm = 1 )

        # 记录下所有节点索引
        self.all_entitys_indexes = torch.LongTensor( range( n_entitys ) )

        # 初始化两个 GCN 层
        self.conv1 = GCNConv( dim, hidden_dim )
```

```
        self.conv2 = GCNConv( hidden_dim, dim )

    def gnnForward( self, i, edges ):
        '''
        :param i: 物品索引 [ batch_size ]
        :param edges: 表示图的边集
        '''
        #[ n_entitys, dim ]
        x = self.entitys( self.all_entitys_indexes )
        # 所有节点向量进行 GCN 传播,用表示采样后的子图边集,即用 edges 来控制小批量的计算
        #[ n_entitys, hidden_dim ]
        x = F.DropOut( F.ReLU( self.conv1( x, edges ) ) )
        #[ n_entitys, dim ]
        x = self.conv2( x, edges )
        # 通过物品的索引取出[ batch_size, dim ]形状的张量表示,该批次的物品
        return x[i]

    def forward( self, u, i, edges ):
        items = self.gnnForward( i, edges )
        users = self.users( u )
        uv = torch.sum( users * items, dim = 1 )
        logit = torch.sigmoid( uv )
        return logit
```

其中的关键在 gnnForword()函数中每次调用 GCNConv 时输入的是所有图节点的特征向量,以及一条边集。得到输出的张量后,再用物品索引来取出这一批次的物品向量表示。虽然输入的是所有图节点的特征向量,但是真正计算到的只有记录在边集中的那些节点,而该边集是通过图采样的方式得到的,所以不用担心浪费算力,传入所有节点的向量表示是因为边集中的默认索引是对应的 self.entitys,即所有节点的索引。

这种写法会存在一个问题,即当物品特别多时,内存加载不了包含所有物品及所有物品特征的节点向量,而优化办法是每次仅传入会参与计算的节点向量,但是索引方面需要书写专门的处理逻辑。这些方法并不唯一,在之后的章节中会介绍更好的写法。本节的重点不在这里,所以此处先以简单介绍为主,而本节的重点在于如何图采样得到代码中的 edges。

3. 图采样

此处的图采样采取的是最基础的 GraphSAGE,GraphSAGE 在 PyG 中也有现成的 API,但此处并不采取现成的 API,而是自己实现。因为在每一批次的图采样时需要将初始节点指定为物品节点,如果用物品特征节点作为初始节点会造成冗余计算,所以用现成 API 没有那么灵活,并且图采样的方式很多,自己实现 GraphSAGE 自然对学习更有帮助。

首先将从源数据中读取的边集生成一个 networkx 的图。

```
# recbyhand\chapter4\dataloader4graph.py
import networkx as nx
def get_graph(pairs):
    G = nx.Graph()                          # 初始化无向图
    G.add_edges_from(pairs)                 # 通过边集加载数据
    return G
```

先转换成 networkx 图数据结构是为了后续利用 G. neighbors(i)函数直接得到 i 节点的所有邻居节点。

GraphSAGE 图采样的代码如下:

```
# recbyhand\chapter4\dataloader4graph.py
def graphSage4Rec( G, items, n_size = 5, n_deep = 2 ):
    '''
    :param G: networkx 的图结构数据
    :param items: 每一批次得到的物品索引
    :param n_size: 每次采样的邻居数
    :param n_deep: 采样的深度或者阶数
    :return: torch.tensor 类型的边集
    '''
    leftEdges = [ ]
    rightEdges = [ ]
    for _ in range( n_deep ):
        # 将初始的节点指定为传入的物品,之后每次的初始节点为前一次采集到的邻居节点
        target_nodes = list( set ( items ) )
        items = set( )
        for i in target_nodes:
            neighbors = list( G.neighbors( i ) )
            if len(neighbors) >= n_size: # 如果邻居数大于指定个数,则仅采样指定个数的
                # 邻居节点
                neighbors = np.random.choice( neighbors, size = n_size, replace = False )
            rightEdges.extend( neighbors )
            leftEdges.extend( [ i for _ in neighbors ] )
            # 将邻居节点存下以便采样下一阶邻居时提取
            items |= set( neighbors )
    edges = torch.tensor( [ leftEdges, rightEdges ], dtype = torch.long )
    return edges
```

结合代码中的注释,相信大家能看懂此处代码在做什么,值得一提的是 PyG 中表示图的边集与常规的边集不一样。例如常规的边集是一个列表,列表中每个元素是一对节点,例如[(1,2),(1,3),(2,4)],每一对节点表示这两个节点是相邻的,而在 PyG 中则表示为[[1,1,2],[2,3,4]],等于是两个列表,两个列表彼此间的对应位置代表一对相邻的节点,当然两种表示方式并没有什么本质区别,大家注意一下就可以了。

4. 训练

训练时在每批次得到物品索引后传入这种方法即可,以下是训练时的部分代码:

```
#recbyhand\chapter4\s41_GCN4Rec.py
from torch.utils.data import DataLoader
#读取所有节点索引及表示物品全量图的边集对
entitys, pairs = dataloader4graph.readGraphData()
#传入边集对,得到 networkx 的图结构数据
G = dataloader4graph.get_graph( pairs )
for e in range(epoch):
    net.train()
    all_lose = 0
    #train_set 是 [用户物品标注]的三元组数据
    for u, i, r in tqdm( DataLoader( train_set, batch_size = batchSize, shuffle = True ) ):
        r = torch.FloatTensor( r.detach( ).NumPy( ) )
        optimizer.zero_grad( )
        #因为根据 torch.utils.data.DataLoader 得到一批次 i 是 tensor 类型数据,所以先转换
        #成 NumPy 类型
        i_index = i.detach( ).NumPy( )
        #传入全量图数据 G 与每批次的物品索引得到表示子图的边集
        edges = dataloader4graph.graphSage4Rec( G, i_index )
        #传入每批次的用户索引、物品索引,以及图采样得到的边集开始前向传播
        logits = net( u, i, edges )
        #将真实值与预测值建立损失函数
        loss = criterion( logits, r )
        all_lose += loss
        loss.backward()
        optimizer.step()
```

5. 总结

以上是这次将 GCN 用在推荐算法的代码,通过这次的代码希望大家大致能有基于图神经网络做推荐算法的思路,图采样是个重点,因为结合现成的库之后仅需考虑 GNN 的输入及输出。

此次的推荐单独地处理了物品图,大家可以思考,如果将用户也加入物品的图中作为物品的邻居,则该怎么修改目前的代码。

4.4.2　利用 GAT 的推荐算法

接下来讲解如何利用 GAT 的推荐算法,有些能够举一反三的读者一定想直接翻篇看4.4.3 节了,因为大家一定会认为这一节的代码一定是在 4.4.1 节代码的基础上改动一个地方而来,即把 GCNConv 改成 GATConv。这么做当然可以,但是本书既然另起一节来介绍基于 GAT 的推荐算法,则一定会给大家带来不一样的东西。

到目前为止,仍然没有利用 PyTorch 的一些基础的元素实现图神经网络的示例代码,

因为现成的方法确实很好用,但是如此一来好学的读者可能会感觉没什么收获,所以这一次就来自己实现 GAT 网络层,并且伴随相应的图采样。

25min

18min

1. GAT 注意力层

在目前的物品图中可以通过 GAT 的方式聚合物品周围的邻居节点,即以那些物品特征来更新物品向量表示,而 GAT 则通过一个多头注意力机制进行消息传递,多头注意力的代码如下:

```
# recbyhand\chapter4\s42_GAT4Rec.py
def multiHeadAttentionAggregator( self, target_embeddings, neighbor_entitys_embeddings ):
    '''
    :param target_embeddings: 目标节点的向量 [ batch_size, dim ]
    :param neighbor_entitys_embeddings: 目标节点的邻居节点向量 [ batch_size, n_neighbor,
dim]
    '''
    embs = []
    for i in range( self.multiHeadNumber ): # 循环多头注意力的头数
            embs.append( self.oneHeadAttention( target_embeddings, neighbor_entitys_embeddings ) )
    # 将每次单头注意力层得到的输出张量拼接后输出
    return torch.cat( embs, dim = -1 )
```

所以这次采取的是将每次单头注意力的输出以拼接的方式来作为多头注意力的输出。其中的单头注意力层 self.oneHeadAttention()方法的代码如下:

```
# recbyhand\chapter4\s42_GAT4Rec.py
self.W = nn.Linear( in_features = dim, out_features = dim//self.multiHeadNumber, bias =
False )
self.a = nn.Linear( in_features = dim, out_features = 1, bias = False)
self.leakyReLU = nn.LeakyReLU( negative_slope = 0.2 )

def oneHeadAttention( self, target_embeddings, neighbor_entitys_embeddings ):
    # [ batch_size, w_dim ]
    target_embeddings_w = self.W( target_embeddings )
    # [ batch_size, n_neighbor, w_dim ]
    neighbor_entitys_embeddings_w = self.W( neighbor_entitys_embeddings )
    # [ batch_size, n_neighbor, w_dim ]
    target_embeddings_broadcast = torch.cat(
        [ torch.unsqueeze( target_embeddings_w, 1 )
          for _ in range( neighbor_entitys_embeddings.shape[1])], dim = 1 )
    # [ batch_size, n_neighbor, w_dim * 2 ]
    cat_embeddings = torch.cat( [ target_embeddings_broadcast, neighbor_entitys_embeddings_w ],
dim = -1 )
    # [ batch_size, n_neighbor, 1 ]
    eijs = self.leakyReLU( self.a( cat_embeddings ) )
```

```
#[ batch_size, n_neighbor, 1 ]
aijs = torch.Softmax( eijs, dim = 1 )
#[ batch_size, w_dim]
out = torch.sum( aijs * neighbor_entitys_embeddings_w, dim = 1 )
return out
```

以上代码实际上是照着 GAT 的注意力公式实现了一下。

2. 图采样

本次图采样采取的思想还是 GraphSAGE,但是写法会和之前截然不同。读者可以注意到多头注意力层的输入是组成某一批次的目标中心节点及目标节点周围邻居的节点特征表示张量,而取出目标中心节点的索引表示很简单,即一个索引列表,例如将[0,2,3,5]通过nn.Embedding()方法去取出的向量是节点 0、2、3、5 的特征表示,而那些中心节点的邻居节点显然最好是用一个二维列表索引去提取。例如传入 [[2,3,4],[[5,6,7],[8,9,10],[11,12,13]] 到 nn.Embedding()方法便可以提取一个三维张量作为多头注意力层的输入参数neighbor_entitys_embeddings,即邻居节点特征表示。

所以需要注意两件事情,第一件事情是中心节点与它们对应的邻居节点索引位置必须确保对应。如果是上述数据,则对应的关系应该如表 4-4 所示。

表 4-4 中心节点与邻居节点索引的邻接列表

中心节点	邻居节点 1	邻居节点 2	邻居节点 3
0	2	3	4
2	5	6	7
3	8	9	10
5	11	12	13

所以其实用一个 Pandas 的 DataFrame 会很方便地表示出上述信息,代码如下:

```
import pandas as pd
target_nodes = [ 0, 2, 3, 5 ]
neighbors = [ [ 2, 3, 4 ], [ 5, 6, 7 ], [ 8 ,9, 10 ],[ 10, 11, 12 ] ]
adjacency_list = pd.DataFrame( neighbors, index = target_nodes )
```

此处要做的是通过图结构数据得到代码里 target_nodes 的索引,以及对应的 neighbors 索引。进行图采样时最原始的 target_nodes 其实是每次传入的某一批次的物品索引,而如果采样深度大于 1,则从第二层开始的 target_nodes 是前一层采到的所有邻居节点。

上文中提过有两件需要注意的事情,另一件要注意的事情是每一层中给每个目标节点采集的邻居节点数要保持一致,因为这样可方便后续并行计算。例如设定采集的邻居数为 n,如果某个节点邻居数大于 n 则从所有邻居中无放回地随机抽取 n 个邻居,如果某个节点

的邻居数小于 n ,则从它的邻居节点中有放回地随机抽取 n 个即可。

整个图采样的代码地址为 recbyhand\chapter4\dataloader4graph.py,具体的代码如下:

```
#recbyhand\chapter4\dataloader4graph.py
def graphSage4RecAdjType( G, items, n_sizes = [ 10, 5 ] ):
    '''
    :param G: networkx 的图结构数据
    :param items: 每一批次得到的物品索引
    :param n_sizes: 采样的邻居节点数量列表,列表长度为采样深度或者理解为采样阶数。
    为了方便后续并行计算,每一阶的邻居数量需要保持一致,但不同阶的邻居数量不需要保持一致
    '''
    adj_lists = [ ]
    for size in n_sizes:
        #将初始的节点指定为传入的物品,之后每次的初始节点为前一次采集到的邻居节点
        target_nodes = items
        neighbor_nodes = []
        items = set( )
        for i in target_nodes:
            neighbors = list( G.neighbors( i ) )
            if len(neighbors) >= size: #如果邻居数大于指定个数,则无放回地随机抽取指定
#个数的邻居
                neighbors = np.random.choice( neighbors, size = size, replace = False )
            else: #如果邻居数小于指定个数,则有放回地随机抽取指定个数的邻居
                neighbors = np.random.choice( neighbors, size = size, replace = True )
            neighbor_nodes.append( neighbors )
            items |= set( neighbors )
        #将目标节点与它们的邻居节点索引用 DataFrame 的数据结构表示,并记录于一个列表中
        adj_lists.append( pd.DataFrame( neighbor_nodes, index = target_nodes ) )
    #因为消息传递是从外向内进行的,所以将列表倒序使外层在前,内层在后
    adj_lists.reverse( )
    return adj_lists
```

为什么不像之前那样将子图用边集表示,取而代之的是用了多阶邻接列表来表示呢?是因为实际做计算时同样需要将边集转换成这样的邻接列表或者邻接矩阵才能真正做并行计算,PyG 的 GCNConv 或者 GATConv 虽然传入的是边集,但其实内部也做了转换。这次的 GAT 既然是自己实现的,则当然可以一步到位直接用方便索引的多阶邻接列表。当然同样的逻辑有很多种方法实现,大家也可自行书写自己喜欢的图表示代码。

3. 前向传播

外层的前向传播与 GCN4Rec 一样是通过图神经网络消息传递得到物品向量表示后与随机初始化的用户特征做点乘取 Sigmoid 作为预测值,代码如下:

```
# recbyhand\chapter4\s42_GAT4Rec.py
def forward( self, u, adj_lists ):
    #[batch_size, dim]
    items = self.gnnForward( adj_lists )
    #[batch_size, dim]
    users = self.users(u)
    #[batch_size]
    uv = torch.sum(users * items, dim = 1)
    #[batch_size]
    logit = torch.sigmoid(uv)
    return logit
```

当然点乘也仅仅是一种处理思路,还可以选择向量拼接经 MLP 网络甚至做残差连接等实现,具体可参考第 3 章。本章的重点放在图神经网络上,模型中非图的部分尽量简单点,所以此处的关键是 gnnForward()方法,该方法传入的是图采样得到的多阶邻接矩阵,代码如下:

```
# recbyhand\chapter4\s42_GAT4Rec.py
def gnnForward( self, adj_lists ):
    n_hop = 0
    for df in adj_lists:
        if n_hop == 0:
            #最外阶的聚合可直接通过初始索引提取
            entity_embs = self.entitys( torch.LongTensor( df.values ) )
        else:
            '''第二次开始聚合的邻居向量是第一次聚合后得到的,所以不能直接用 self.entitys
去提取,而是应该用上一次的聚合输出 aggEmbeddings 来提取节点向量表示,但图采样记录的节点索
引对应的是 self.entitys 的节点索引,无法通过该索引直接提取 aggEmbeddings 中对应的向量,所以
需要一个记录初始索引映射到更新后索引的映射表 neighbourIndexs.通过这些内容提取向量的具体
操作可详见 self.__getEmbeddingByNeighbourIndex()这种方法'''
            entity_embs = self.__getEmbeddingByNeighbourIndex( df.values, neighborIndexs,
aggEmbeddings )
        target_embs = self.entitys( torch.LongTensor( df.index ) )
        if n_hop < len( adj_lists ):
            neighborIndexs = pd.DataFrame( range( len( df.index ) ), index = df.index )
        #将得到的目标节点向量与其邻居节点向量传入 GAT 的多头注意力层聚合出更新后的目标
节点向量
        aggEmbeddings = self.multiHeadAttentionAggregator( target_embs, entity_embs )
        n_hop += 1
    #返回最后的目标节点向量,即指定代表这一批次的物品向量
    return aggEmbeddings
```

这种方法的关键是中间有一大段注释所描述的那个操作。其中涉及的__getEmbeddingByNeibourIndex()方法的详细代码如下:

```
#recbyhand\chapter4\s42_GAT4Rec.py
#根据上一轮聚合的输出向量,原始索引、记录原始索引与更新后索引的映射表得到这一阶的输入
#邻居节点向量
    def __getEmbeddingByNeighbourIndex( self, orginal_indexes, nbIndexs, aggEmbeddings ):
new_embs = []
        for v in orginal_indexes:
            embs = aggEmbeddings[ torch. squeeze( torch. LongTensor(nbIndexs.loc[v].values)) ]
            new_embs. append( torch. unsqueeze( embs, dim = 0 ) )
        return torch. cat( new_embs, dim = 0 )
```

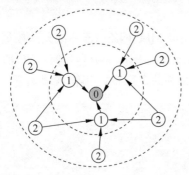

图 4-45　由外而内消息传递示意图

如果对代码与注释还不能理解,则可参看如图 4-45 所示的由外而内消息传递的示意图。

这是一张由外而内的消息传递示意图,最开始进行消息传递时,最外圈的那些标记为 2 的节点特征向量是最初随机初始化或者上一个 GNN 网络层的输出向量(本节 GAT 的代码仅有一层 GNN 网络层),而开始消息传递后,很显然图 4-45 中标记为 1 的那些节点已经由于消息传递之后的消息聚合而更新掉了,所以在写代码时不该再去取最初的特征向量,在实际代码中需要注意相应调整成提取向量的索引。

4. 总结

完整代码可查阅 recbyhand\chapter4\s42_GAT4Rec. py。外部如何去调用这个 GAT 模型做训练基本和 4.4.1 节的 GCN 差不多。之所以放着 PyG 中现成的 GAT 不用,一是为了带大家自己实现一遍,这样可以增加对 GNN 系列网络传播机制的认识,另外是为了以后大家自己能推导出结合 GNN 的推荐算法做铺垫。因为推荐算法很灵活,现成的 API 很难覆盖所有的场景,例如 4.4.3 节要讲的 GFM 算法在图库中就没有现成的 API 可用。

4.4.3　图神经网络结合 FM 的推荐算法:GFM

众所周知,FM 在推荐算法领域相当常用,并且极其有效。它的二次项计算可以将特征两两组合而进行学习。如果能将 FM 与图神经网络结合,则是强强联合的推荐算法了。结合的思路非常简单,是将 FM 作为图消息传递的一种方式,如图 4-46 所示。

聚合层的公式如下:

$$\text{agg}_{\text{FM}}(E) = \boldsymbol{e} + \sum_{i=1}^{n}\sum_{j=i+1}^{n} \boldsymbol{x}_i \odot \boldsymbol{x}_j \tag{4-21}$$

$\text{agg}_{\text{FM}}(E)$ 表示在节点 E 处的消息聚合,n 代表节点 E 的邻居数量。$\boldsymbol{x}_i$ 与 $\boldsymbol{x}_j$ 分别代表节点 E 的第 i 与第 j 个邻居节点向量,假设该向量的向量维度为 dim。

之所以采取两两邻居向量全元素相乘的 FM,而非点乘是因为要让 FM 二次项的输出

▶ 10min

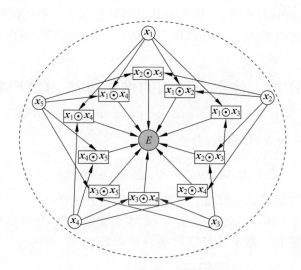

图 4-46　GFM 图消息传递

维度限定在 dim,这样直接可与节点向量同维度。此时再与节点 E 自身的向量 e 相加,这样可以保留节点 E 上一次图消息传递的信息,如果这里单纯地将 FM 二次项的输出作为代表节点 E 的向量,则反向传播时相当于只有最外层的节点会迭代更新。

其实 Graph FM 的重点只有这么多,相比 GAT 还简化了不少。另外 2.7.4 节也提过 FM 公式本身还可以简化,所以 GFM 的聚合公式也可相应地简化,公式如下:

$$\text{agg}_{\text{FM}}(E) = e + \left(\sum_{i=1}^{n} x_i\right)^2 - \sum_{i=1}^{n} x_i^2 \tag{4-22}$$

该过程的实现代码如下:

```python
# recbyhand\chapter4\s43_GFM4Rec.py
def FMaggregator(self, target_embs, neighbor_entitys_embeddings ):
    '''
    :param target_embeddings: 目标节点的向量 [ batch_size, dim ]
    :param neighbor_entitys_embeddings: 目标节点的邻居节点向量 [ batch_size, n_neighbor,
dim ]
    '''
    # neighbor_entitys_embeddings:[batch_size, n_neighbor, dim]
    # [batch_size, dim]
    square_of_sum = torch.sum(neighbor_entitys_embeddings, dim = 1) ** 2
    # [batch_size, dim]
    sum_of_square = torch.sum(neighbor_entitys_embeddings ** 2, dim = 1)
    # [batch_size, dim]
    output = square_of_sum - sum_of_square
    return output + target_embs
```

其余的代码大家可自行查看,本次代码其余部分与 4.4.2 节的代码是一样的,仅仅将 FMaggregator( )方法替代掉了 GAT4Rec 代码中的 multiHeadAttentionAggregator( ) 方法。

4.4.4 GFM 加入注意力机制的推荐算法:GAFM

在深度学习的大环境下,注意力机制的利用属于基本操作,GFM 也可以加入注意力机制,加入注意力机制后变为 GAFM。公式可调整为

$$\mathrm{agg}_{\mathrm{AFM}}(h) = \boldsymbol{e}_h + \sum_{i=1}^{n}\sum_{j=i+1}^{n} a_{ij}\boldsymbol{x}_i \odot \boldsymbol{x}_j \tag{4-23}$$

该公式是在 GFM 的基础上增加了一个 a_{ij} 用以代表注意力。

为了简单起见,本节内容就将用户当作一个原子化的节点,仅考虑物品通过 GAFM 聚合特征信息的情况,图 4-47 展示了 GAFM 整体的概览图。

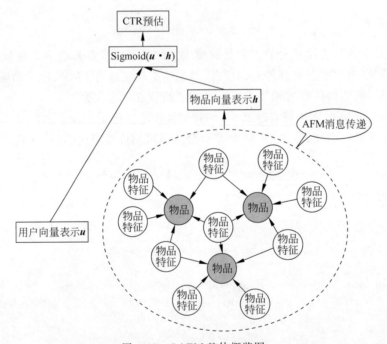

图 4-47　GAFM 整体概览图

简单理解是物品经图神经网络的消息传递后与用户向量进行 CTR 预估。其中的核心也是本节内容的核心,即 AFM 消息传递,但图 4-47 并没有空间可以展开展示。且 GAFM 消息传递的方式可分为 3 种,分别对应不同的 3 种注意力计算方式。

1. GAFM_Base

第一种是最基础的,如图 4-48 所示。

图 4-48 中的中心节点 $\boldsymbol{h}$ 代表物品,周边的 x_1、x_2、x_3、x_4、x_5 代表物品特征,两两特征

全元素相乘后向中间传递。注意力的计算公式如下：

$$\text{Atten}_{\text{base}} = \text{Softmax}(\boldsymbol{h}^{\text{T}}\text{ReLU}(\boldsymbol{W}(\boldsymbol{x}_i \odot \boldsymbol{x}_j) + \boldsymbol{b}))　(4\text{-}24)$$

实际上是传统 AFM 的注意力计算方式，$\boldsymbol{h}$ 和 $\boldsymbol{W}$ 都是线性变换矩阵，$\boldsymbol{b}$ 是偏置项。这些都是模型要学习的参数。

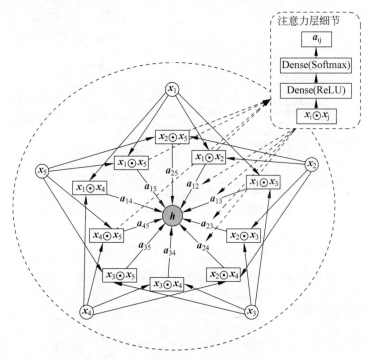

图 4-48　基础 GAFM 消息传递图

2. GAFM_Item

这种方式与第一种方式的区别主要在于计算注意力时加入了节点 $\boldsymbol{h}$ 自身的向量 $\boldsymbol{e}_h$，即中心物品自身的向量表示，如图 4-49 所示。

公式如下：

$$\text{Atten}_{\text{item}} = \text{Softmax}(\boldsymbol{h}^{\text{T}}\text{ReLU}(\boldsymbol{W}(\boldsymbol{e}_h \odot \boldsymbol{x}_i \odot \boldsymbol{x}_j) + \boldsymbol{b}))　(4\text{-}25)$$

这种注意力物理上可认为是，越能代表中心节点 $\boldsymbol{h}$ 的组合特征，注意力越大。

3. GAFM_User

第 3 种注意力计算方式则是加入了目标用户 u 的向量 $\boldsymbol{e}_u$，如图 4-50 所示。

公式如下：

$$\text{Atten}_{\text{base}} = \text{Softmax}(\boldsymbol{h}^{\text{T}}\text{ReLU}(\boldsymbol{W}(\boldsymbol{e}_u \odot \boldsymbol{x}_i \odot \boldsymbol{x}_j) + \boldsymbol{b}))　(4\text{-}26)$$

这种注意力物理上可认为是，用户 u 越感兴趣的特征注意力则会越大。

GAFM 代码的地址为 recbyhand\chapter4\s44_GAFM.py。重点是下面这两个，一个是注意力的计算函数 attention()，另一个是 gnnForward() 函数，此函数包含了 3 种不同的

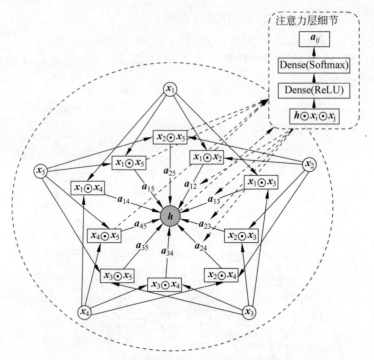

图 4-49 将物品向量参与注意力计算的 GAFM 消息传递图

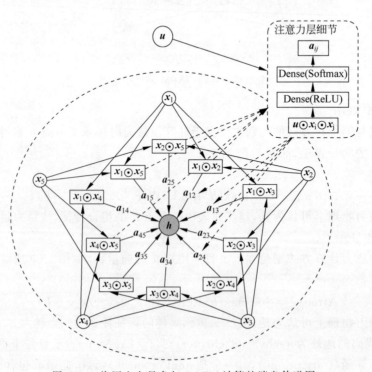

图 4-50 将用户向量参与 GAFM 计算的消息传递图

GAFM 消息传递方式。具体的代码如下：

```python
# recbyhand\chapter4\s44_GAFM.py
# 注意力计算
def attention( self, embs, target_embs = None ):
    # embs: [ batch_size, k ]
    # target_embs : [batch_size, k]
    if target_embs!= None:
        embs = target_embs * embs
    # [ batch_size, t ]
    embs = self.a_liner( embs )
    # [ batch_size, t ]
    embs = torch.ReLU( embs )
    # [ batch_size, 1 ]
    embs = self.h_liner( embs)
    # [ batch_size, 1 ]
    atts = torch.Softmax( embs, dim = 1 )
    return atts

def gnnForward( self, adj_lists, user_embs = None ):
    n_hop = 0
    for df in adj_lists:
        if n_hop == 0:
            entity_embs = self.entitys( torch.LongTensor( df.values ) )
        else:
            entity_embs = self.__getEmbeddingByNeibourIndex( df. values, neighborIndexs,
aggEmbeddings )
        target_embs = self.entitys( torch.LongTensor( df.index) )
        aggEmbeddings = self.FMaggregator( entity_embs )
        if self.atten_way == 'item':
            # item 参与注意力计算 [batch_size, dim]
            atts = self.attention( aggEmbeddings, target_embs )
            if n_hop < len( adj_lists ):
                neighborIndexs = pd.DataFrame( range( len( df.index ) ), index = df.index )
        elif self.atten_way == 'user':
            if n_hop < len( adj_lists ):
                neighborIndexs = pd.DataFrame( range( len( df.index ) ), index = df.index )
                # 最后一层之前的注意力仍然采用 item 形式即可
                atts = self.attention( aggEmbeddings, target_embs )
            else:
                # 用户的向量参与注意力计算 [ batch_size, dim ]
                atts = self.attention( aggEmbeddings, user_embs )
        else:
            atts = self.attention( aggEmbeddings )
            if n_hop < len( adj_lists ):
                neighborIndexs = pd.DataFrame( range( len( df.index ) ), index = df.index )
```

```
        aggEmbeddings = atts * aggEmbeddings + target_embs
        n_hop += 1
    #[ batch_size, dim ]
    return aggEmbeddings
```

其余的具体代码可去配套代码中详查。

5min

4.4.5 小节总结

将 GAFM 与一些其他模型分别在不同量级的数据集上做评估实验,实验结果如表 4-5 所示。

表 4-5 GAFM 与各模型的 CTR 预估表现分

Model	Movielens-latest		Movielens-1m		Movielens-10m	
	AUC	F1	AUC	F1	AUC	F1
LR	0.827(−14.5%)	0.824(−11.2%)	0.783(−12.8%)	0.771(−8.3%)	0.781(−12.8%)	0.713(−11.5%)
ALS	0.885(−8.7%)	0.862(−7.4%)	0.75(−16.1%)	0.741(−11.3%)	0.804(−10.5%)	0.737(−9.1%)
FM	0.93(−4.2%)	0.889(−4.7%)	0.789(−12.2%)	0.768(−8.6%)	0.835(−7.4%)	0.754(−7.4%)
AFM	0.888(−8.4%)	0.852(−8.4%)	0.782(−12.9%)	0.774(−8.0%)	0.823(−8.6%)	0.745(−8.3%)
FNN	0.935(−3.7%)	0.899(−3.7%)	0.784(−12.7%)	0.768(−8.6%)	0.842(−6.7%)	0.76(−6.8%)
DeepFM	0.948(−2.4%)	0.907(−2.9%)	0.792(−11.9%)	0.776(−7.8%)	0.839(−7.0%)	0.759(−6.9%)
GCN4Rec	0.918(−5.4%)	0.878(−5.8%)	0.815(−9.6%)	0.785(−6.9%)	0.84(−6.9%)	0.761(−6.7%)
GAT4Rec	0.926(−4.6%)	0.885(−5.1%)	0.819(−9.2%)	0.784(−7.0%)	0.854(−5.5%)	0.773(−5.5%)
GAFMBase	0.968(−0.4%)	0.933(−0.3%)	0.876(−3.5%)	0.827(−2.7%)	0.906(−0.3%)	0.826(−0.2%)
GATMItem	0.968(−0.4%)	0.932(−0.4%)	0.878(−3.3%)	0.83(−2.4%)	0.907(−0.2%)	0.826(−0.2%)
GAFMUser	**0.972**	**0.936**	**0.911**	**0.854**	**0.909**	**0.828**

因为不同的模型适合不同的量级,所以此次实验采取了 3 种不同量级的 Movielens 数据集。分别是 Movielens-latest(包含 10 万左右的用户电影评分组合)、Movielens-1m(100 万左右的组合)和 Movielens-10m(1 千万左右的组合)。

AUC 是 ROC 曲线与坐标轴围成的面积,是很常用的机器学习评估指标。F1 分数是精确度与召回率的调和平均数,体现的是精确率与召回率的综合表现。AUC 和 F1 会在第 7 章的第 1 节详细介绍。在此读者只需知道这两个值都是越接近 1 越好。

首先根据图 4-51 可以发现 GCN 和 GAT 的表现其实与 FM 系列的模型差不多。这说明 FM 作为推荐算法的基石并非没有道理,像 GCN 与 GAT 虽然的确非常优秀,但它们并非是为了推荐而量身定做的算法。

FM 与图神经网络结合后,可以很直观地发现 GAFM 的 3 个模型在评估指标上领先于其他模型,而在 GAFM 的 3 个模型中,表现最好的是 GAFM_User 模型,此模型采用的是将用户向量参与注意力计算的消息传递形式。

4.5　本章总结

本章学习了图论及图神经网络的基础知识,当扎实地掌握了这些基础知识后基于图的推荐算法可以很容易地推导出来。当然图论与图神经网络的知识一定不止本书所讲解的,大家如果要深入研究,则可寻找专门介绍图论或者专门介绍图神经网络的书籍。本书带读者入门图神经网络并基于此做推荐算法。

图神经网络的重点在于消息传递与图采样。

(1) 消息传递机制其实在普通的深度学习网络中也同样进行着,神经网络的每一层其实都在进行着它们特定方式的消息传递。例如一个线性层是将输入向量进行一个线性变化后传递给下一个网络层,循环神经网络则将结合上一层输出及当前层输入样本的消息传递给下一个循环神经网络单元。

10min

图神经网络的消息传递是邻居节点将自己的信息传递给当前的节点,之后在当前节点位置的聚合操作就好像是普通神经网络中的池化操作。总而言之,消息传递这个机制本身在图神经网络与普通深度学习网络中其实没有本质区别。图神经网络之所以优秀主要还是因为图本身所包含的信息就已经是"答案",所以即使是无监督的算法也能够统计出预测信息。如果加入少量甚至适量的标注,则无疑对预测是锦上添花的行为,而图神经网络算法中的各种消息传递方法都是为了学到图所携带的信息。

(2) 图神经网络中另一个重点是图采样。身为一个算法工程师,整理给模型的输入数据一直都是很重要的课题,而在图神经网络中因为不能让数据丢失图结构的信息,所以采样似乎会更麻烦。

图采样有相当多的方式及方法,即使是同一种方法,也有不止一种代码实现方式,且图采样还要考虑时间及空间复杂度,研发算法时代码可以写得随意一点,但在后期优化阶段,图采样往往在时空复杂度方面优化空间相当大,而极致优化下,图采样很可能会只适用于对应的图神经网络,这是实际代码研发中经常出现的事情。

综上所述,大家仅需掌握图神经网络中的消息传递与图采样,使用图做推荐其实会比普通的推荐更容易且更加有效。

参考文献

第 5 章

知识图谱与推荐算法

经过第 4 章的学习,大家应该已经对图有了不错的认识。知识图谱也属于一种图,并且属于异构图。因为知识图谱的节点类型与边类型不止一个,在处理知识图谱时,不能忽略边本身的特征。对于算法工程师而言,知识图谱这种异构图显然更复杂,但是在物理世界中,反而知识图谱更贴近实际的应用场景,所以只懂得图论及图神经网络还不足以将自己称为能够处理图的推荐算法工程师。

本章会带领大家学习更贴近实际场景的基于知识图谱的推荐算法,但是知识图谱其实并不是从图论出发的知识,而是起源于 RDF 资源描述框架,所以基于知识图谱的推荐其实已发展多年,图神经网络兴起后再与图神经网络结合便产生了知识图谱结合图神经网络的推荐算法,如 KGCN 和 KGAT 等。这些推荐算法出现之后,会使人感觉之前的一些知识图谱推荐算法略显过时且烦琐,但是梳理过去的脉络有助于大家更好地理解目前算法的情况,以及未来其他基础算法或者神经网络领域发展后大家能很快地跟上甚至引领其发展。

所以本章的前五节与图神经网络无关,介绍的是知识图谱推荐领域的一些发展脉络及出众的算法。尤其 5.1.1 节与 5.1.2 节是知识图谱很基础的内容,希望大家不要跳过此部分内容。

5.1 知识图谱基础

5.1.1 知识图谱定义

知识图谱(Knowledge Graph)简称 KG,正如其名字一样。知识图谱是表示知识的图谱,图 5-1 展示了一个知识图谱的图例。

知识图谱在图论中属于很复杂的异构图,因为节点与边的类型均大于一,且重点是在做算法时不能忽略边所起的作用。知识图谱是为了给人类观看而存在的,假设把图 5-1 中所有的边上的注释遮盖掉,则该图表示的信息就很不直观了。

通常知识图谱是有向图,对称的边往往会是不同的边类型,例如图中(波尔 老师 海森堡)表示的是波尔是海森堡的老师,而与其对称的(海森堡 学生 波尔)表示的是海森堡是波尔的学生。

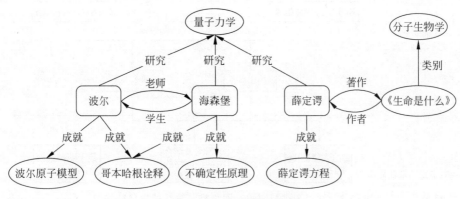

图 5-1 知识图谱示意图

可以用三元组来表示一对实体的关系,例如(波尔 老师 海森堡)被称为三元组事实,而一整张知识图谱则可以由很多三元组事实的集合表示。

5.1.2 RDF 到 HRT 三元组

资源描述框架(Resource Description Framework,RDF)是描述网络资源的 W3C 标准。W3C 指万维网联盟(World Wide Web Consortium),W3C 标准也是互联网数据传输要遵守的所有标准,RDF 是其中一个描述网络资源的标准。

在 2004 年 2 月,RDF 成为 W3C 标准之一。通俗地讲,RDF 标准是一个试图把天下所有信息都以同一种方式描述的结构。这个结构就是后来俗称的 RDF 三元组,简单地说是三元组结构,在其发展过程中也有很多改革,但到今天,仅需要理解为它的表现形式是由(头实体,关系,尾实体)构成的,即(Head,Relation,Tail),简称为 HRT 三元组。该结构形成了今天知识图谱的数据形式。

回顾第 4 章的图表示方法,可以发现三元组与边集很相似,唯一不同的是中间多了边的表示。假设 HRT 三元组是 $(1,a,2)$、$(1,a,3)$、$(1,b,5)$、$(2,b,4)$、$(3,c,4)$,则由此表示的图就如图 5-2 所示。

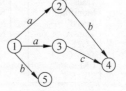

所以对于知识图谱而言,是先有三元组后有图,直到 2012 年 5 月 17 日,谷歌公司正式提出了知识图谱的概念。

图 5-2 三元组边集

5.1.3 知识图谱推荐算法与图神经网络推荐算法的发展脉络

知识图谱推荐算法与图神经网络推荐算法的发展脉络如图 5-3 所示。

推荐算法的确无孔不入,任何基础知识都能衍生出推荐算法,图论本身也衍生出了推荐算法,例如链路预测系列,而深度学习本身的推荐算法就更多了。总而言之,这里主要是让大家搞清楚知识图谱和图神经网络的关系,知道它们各自都由不同领域发展而来而又汇聚在一起。

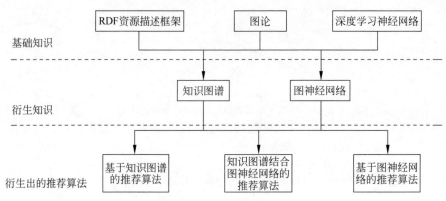

图 5-3　知识图谱与图神经网络推荐算法的发展脉络图

5.1.4　知识图谱推荐算法的概览

首先需要提醒大家的是知识图谱本身的知识点非常多,基于知识图谱的推荐算法也很多。如果要专门研究知识图谱与知识图谱推荐仅看本书是不够的,但是本书的优势在于提取了非常基础且非常重要的入门关键知识点,可以带领大家梳理琐碎的推荐算法知识。图 5-4 是根据专业从事知识图谱推荐算法的学者发表的一篇综述整理出的知识图谱推荐算法概览图。

5min

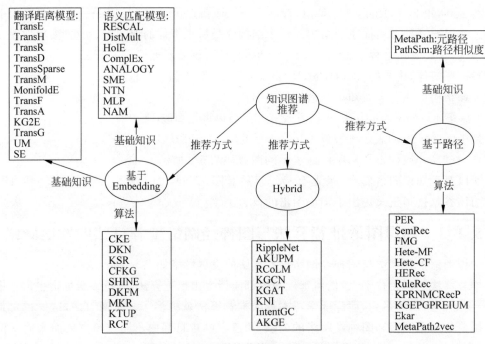

图 5-4　知识图谱推荐算法业内概览图谱

学者大体将基于知识图谱的推荐算法分成了三类。

（1）基于知识图谱 Embedding 的推荐算法。

该类算法的基础知识是知识图谱 Embedding（简称 KGE，在 5.2 章会细讲），仅 KGE 算法就有很多，而这些是知识图谱极其基础的内容，并且并非是图 Embedding，而是由 HRT 三元组为核心衍生出的一系列 Embedding 方法。

（2）基于知识图谱路径的推荐算法。

此类算法与图论相关，因为需要用到图路径的知识点。

（3）HyBrid，即两者结合。

此类算法是图路径结合 KGE 的推荐算法，值得注意的是如今基于图神经网络的知识图谱推荐算法也被分到了这里。

当然以上仅仅是一种分类方式，大家完全可以自己建立自己的算法分类索引，例如将结合图神经网络的知识图谱推荐算法分为第四类。只有自己心目中有了自己的分类索引后，才能梳理出属于自己的推荐算法体系，并且还能基于此进一步细分之后更有助于自己学习推荐算法及自己推导推荐算法。

本书对于这些算法的分类其实是这一章节的目录。图 5-5 展示的是本书的知识分类及准备介绍的算法。

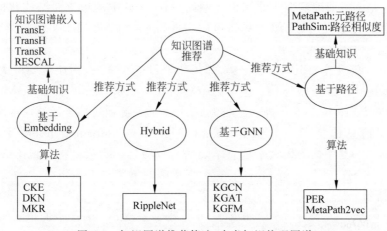

图 5-5　知识图谱推荐算法（本书知识梳理图谱）

5.1.5　基于知识图谱推荐的优劣势

1. 劣势

（1）前置知识太多，学习成本大。一个知识图谱推荐算法工程师起码得掌握知识图谱本身的基础知识，也得对图论有一定了解。目前还需加上图神经网络，所以相对于 ALS 或者 FM 等简单有效的算法，基于知识图谱的推荐算法前置知识实在太多。

（2）量级较重，因为要做知识图谱的推荐算法需要先建立知识图谱，这本身是一个大工程，中小型企业没有这个余力，也的确没有必要这样去构建推荐系统。因为中小型企业尤其是创业公司讲究的是最小可执行原则,近邻 CF+FM 可以快速将推荐系统搭建起来。如果建立知识图谱后再去构建推荐系统会显得雷声大雨点小。

6min

2. 优势

(1) 能够更好地挖掘特征间的隐藏关联,因为万物都被图谱连接着。

(2) 与图的优势一样能更有效地描述不规则的数据。

(3) 可解释性更好,因为知识图谱本身是数据可视化的一种操作,人类在看到图时总能有一图胜千言的感触。深度学习下的推荐算法往往会推荐出来与用户特征或者用户历史浏览记录看似毫无关联的物品。此时外行人便会怀疑推荐系统的可靠性,而如果有知识图谱的存在,则可以沿着路径找到被推荐物品和历史记录间的关系,从而提高推荐系统的可解释性。

综合来讲,基于知识图谱的推荐系统一定不是轻量级的,但是如果要深入优化推荐系统,则基于知识图谱是非常好的选择。

5.1.6　Freebase 数据集介绍

5min

既然本章要学习的算法是基于知识图谱的,仅靠 Movielens 的开源数据集会显得不够,所以需要专业的开源知识图谱数据,比较合适的是 Freebase。

Freebase 是个类似维基百科的知识库网站,Freebase 中的数据是结构化的,所以是提炼知识图谱数据的绝佳网站,像一些知识图谱开源的数据集 FB15k 和 FB237 等都源自Freebase。

但 Freebase 仅仅是知识图谱数据集,如果要学习推荐算法,则还需要将这些 Freebase数据与推荐系统开源数据做连接。本书附带项目中的 recbyhand\data_set\ml-100k\kg_index.tsv 是通过 Freebase 与另外一个名为 Kb4rec 的开源项目结合后处理得到的数据集。

基于知识信息的推荐系统数据（Knowledge Base Information For Recommender System,Kb4rec[2]）是中国人民大学信息学院的一个项目。此项目将知识图谱数据与推荐开源数据做了一个连接,例如将 Movielens 数据集中的电影与 Freebase 中的实体建立了映射,如图 5-6 所示。

3	m.0676dr
4	m.03vny7
5	m.094g2z
6	m.0bxsk
7	m.04wdfw
8	m.031hvc

图 5-6　Movielens id 映射
Freebase entity id

图 5-6 中左边的数字是 Movielens 中的电影 id,而右边的 m. 开头的那些字符串便是这些电影在 Freebase 上对应的实体 id,所以有了这个映射表后,再通过一些处理便可以得到索引化的数据,如 kg_index. tsv,中间的过程不是本书的重点,所以就不展开讲解了。

总之大家知道 kg_index. tsv 中的数据是源自 Freebase 的 HRT 三元组即可,而 H 与 T 包含了 Movielens 中的 movie 数据索引,示例代码中的数据已经将该文件中的索引与 recbyhand\data_set\ml-100k\rating_index. tsv 及 recbyhand\data_set\ml-100k\rating_index_5. tsv 中的第二列（电影的索引）对应,意味着 rating_index. tsv 中第二列的数字如果与 kg_index. tsv 中第一列或者第三列的

数字一样,则表示它们在物理上代表着同一部电影。

5.2　Knowledge Graph Embedding 知识图谱嵌入

按下来学习知识图谱最基础的知识,即知识图谱嵌入(Knowledge Graph Embedding, KGE)。知识图谱嵌入指的是用向量表示知识图谱中实体和关系的操作。作为知识图谱最基础的知识与图论无关,而是通过 HRT 三元组相互间的运算训练得到各自的向量表示。具体的训练方法可分为两个大类。

1. 翻译距离模型(Translational Distance Models)

翻译距离模型是将 **Tail** 向量视作由 **Head** 向量经过 **Relation** 向量的翻译距离所得到的,评分函数可认为向量间的欧氏距离。

2. 语义匹配模型(Semantic Matching Models)

语义匹配模型是通过求 **Head** 向量经过 Relation 空间的线性变换后与 **Tail** 向量之间的语义相似度来评分的。评分函数可认为向量间的夹角大小。

知识图谱嵌入在知识图谱的学科中属于一门大课,也有一个专门的研究方向。在推荐系统的书籍中不会讲太多这方面的知识,但是本书会很详细地介绍几个最基础的方法 TransE、TransH、TransR 和 RESCAL。翻译距离模型可被视为 TransE 的变种,而语义匹配模型可被视为 RESCAL 的变种。

5.2.1　翻译距离模型 TransE

TransE 全称为 Translating Embeddings,直译为翻译嵌入。2013 年被提出,当时还没有翻译距离模型家族这种概念,所以 TransE 直接用了最笼统的名字。

假如 h(Head)、r(Relation)和 t(Tail)均是二维向量,则可假设它们在空间中的位置如图 5-7 所示。

根据向量运算的规则,该图表达的是 $h+r=t$,正如翻译距离模型的定义一般,**Head** 向量经过了 **Relation** 向量的翻译距离得到了 **Tail** 向量。

是否可以直接写出如下的式子作为 TransE 的损失函数呢?

$$\|h+r-t\|_2 \tag{5-1}$$

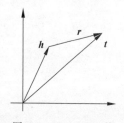

图 5-7　TransE 二维示意图[3]

$\|X\|_2$ 是 L^2 范数的计算符号,即计算向量的模长。直观上似乎式(5-1)越接近 0 代表模型越好,因为这表示 $h+r$ 越接近 t。的确如此,但是如果这么做,随着 h、r 和 t 这 3 个向量自身模长的减少,同样能够越来越接近 0。

所以需要采取负例采样的方式来避免上述情况。具体的损失函数如下[3]:

$$\text{loss}=\max(0,\|h+r-t\|_2-\|h'+r-t'\|_2+m) \tag{5-2}$$

其中 $(h,r,t)\in R^k$。k 是超参,代表它们的向量维度。$\max(0,x)$ 代表如果 x 比 0 大,

则取 x,反之取 0,这一步操作的意义是为了避免出现负的损失值。理解这些之后,重点只剩下如下这个式子了:

$$\| \boldsymbol{h} + \boldsymbol{r} - \boldsymbol{t} \|_2 - \| \boldsymbol{h}' + \boldsymbol{r} - \boldsymbol{t}' \|_2 + m \qquad (5\text{-}3)$$

其中,$\| \boldsymbol{h} + \boldsymbol{r} - \boldsymbol{t} \|_2$ 这一项可视作由正采样得到的向量模长,$\| \boldsymbol{h}' + \boldsymbol{r} - \boldsymbol{t}' \|_2$ 这一项代表由负采样得到的向量模长,$\boldsymbol{h}'$ 与 $\boldsymbol{t}'$ 代表由负采样得到的 Head 和 Tail。$\boldsymbol{m}$ 是一个超参,是一个标量。因为期待由正采样得到的向量模长越低越好,而由负采样得到的向量模长越高越好,所以设置一个 m,代表它们的差距。在实际工作中对 m 的调参需要注意的是,如果 m 设得过大,则模型很难学,并且容易过拟合,但如果设得过小,则模型的精度不高。其实这种形式的损失函数叫作铰链损失函数(Hinge Loss),公式如下:

$$\text{hingeloss} = \max(0, y - y' + m) \qquad (5\text{-}4)$$

其中,y 是由正采样得到的预测值,y' 是由负采样得到的预测值。

负例采样的具体的操作是在原有正例的基础上,随机替换一个 Head 或者 Tail,注意每次仅需替换一个就可以了,具体会在之后的代码中详细介绍。

另外值得一提的是,每次迭代时都将 $\boldsymbol{h}$、$\boldsymbol{r}$ 和 $\boldsymbol{t}$ 的向量归一化(Normalize)一下,帮助模型迭代学习,即将它们的 L^2 范数等于 1,记作 $\| \boldsymbol{h} \|_2 = \| \boldsymbol{r} \|_2 = \| \boldsymbol{t} \|_2 = 1$。

TransE 模型类的代码如下:

```
# recbyhand\chapter5\s21_TransE.py
class TransE( nn.Module ):

    def __init__( self, n_entitys, n_Relations, dim = 128, margin = 1 ):
        super( ).__init__( )
        self.margin = margin                    # hinge_loss 中的差距
        self.n_entitys = n_entitys              # 实体的数量
        self.n_Relations = n_Relations          # 关系的数量
        self.dim = dim                          # Embedding 的长度

        # 随机初始化实体的 Embedding
        self.e = nn.Embedding( self.n_entitys, dim, max_norm = 1 )
        # 随机初始化关系的 Embedding
        self.r = nn.Embedding( self.n_Relations, dim, max_norm = 1 )

    def forward( self, X ):
        x_pos, x_neg = X
        y_pos = self.predict( x_pos )
        y_neg = self.predict( x_neg )
        return self.hinge_loss( y_pos, y_neg )

    def predict( self, x ):
        h, r, t = x
        h = self.e( h )
```

```
        r = self.r( r )
        t = self.e( t )
        score = h + r - t
        return torch.sum( score ** 2, dim = 1 ) ** 0.5

    def hinge_loss( self, y_pos, y_neg ):
        dis = y_pos - y_neg + self.margin
        return torch.sum( torch.ReLU( dis ) )
```

值得注意的是前向传播传入的 X 为经过负例采样包含正负例三元组的数据集,所以第一步是将正例 x_pos 与负例 x_neg 拆解开来。分别计算 TransE 的得分后传入 hinge_loss()函数中,以便输出损失函数的值。

读取数据及负例采样的方法的地址为 recbyhand\chapter5\dataloader4kge.py,其中重要的代码如下:

```
# recbyhand\chapter5\dataloader4kge.py
from torch.utils.data import Dataset

# 继承 torch 自带的 Dataset 类,重构__getitem__与__len__方法
class KgDatasetWithNegativeSampling( Dataset ):

    def __init__( self, triples, entitys ):
        self.triples = triples                    # 知识图谱 HRT 三元组
        self.entitys = entitys                    # 所有实体集合列表

    def __getitem__( self, index ):
        '''
        :param index: 一批次采样的列表索引序号
        '''
        # 根据索引取出正例
        pos_triple = self.triples[ index ]
        # 通过负例采样的方法得到负例
        neg_triple = self.negtiveSampling( pos_triple )
        return pos_triple, neg_triple

# 负例采样方法
def negtiveSampling( self, triple ):
    seed = random.random( )
    neg_triple = copy.deepcopy( triple )
    if seed > 0.5: # 替换 Head
    rand_Head = triple[0]
        while rand_Head == triple[0]:             # 如果采样得到自己,则继续循环
            # 从所有实体中随机采样一个实体
            rand_Head = random.sample( self.entitys, 1 )[0]
```

```
                neg_triple[0] = rand_Head
        else: ♯替换 Tail
            rand_Tail = triple[2]
            while rand_Tail == triple[2]:
                rand_Tail = random.sample( self.entitys, 1 )[0]
            neg_triple[2] = rand_Tail
        return neg_triple


    def __len__( self ):
        return len( self.triples )
```

该方法继承自 torch. utils. data. Dataset,并重构了 __getitem__() 与 __len__()方法。Dataset 实体可以传入 torch. utils. data. DataLoader 作为批次采样的迭代器。主要因为需要自己实现负例采样,所以这种继承 Dataset 类的写法会更方便。文件中__main__之后也有一段调用的例子,代码如下:

```
♯ recbyhand\chapter5\dataloader4kge.py
if __name__ == '__main__':
    ♯读取文件,得到所有实体列表、所有关系列表,以及 HRT 三元组列表
    entitys, Relations, triples = readKGData( )
    ♯传入 HRT 三元组与所有实体,得到包含正例与负例三元组的 Dataset
    train_set = KgDatasetWithNegativeSampling( triples, entitys )

    from torch.utils.data import DataLoader
    ♯通过 torch 的 DataLoader()方法按批次迭代三元组数据
    for set in DataLoader( train_set, batch_size = 8, shuffle = True ):
        ♯将正负例数据拆解开
        pos_set, neg_set = set
        ♯可以打印一下
        print( pos_set )
        print( neg_set )
        sys.exit()
```

更完整的代码可在给定的地址查看。KGE 系列的方法主要为了得到实体与关系的 Embedding,平时会作为类似但不完全等同于一个网络层而出现在各种知识图谱算法中,所以重点是实体与关系的 Embedding 可为后道工序服务,而并非预测 HingeLoss 本身。至于如何在推荐算法中使用 KGE 本书会在后面讲解。

15min

5.2.2　翻译距离模型 TransH

TransH 全称为 Knowledge Graph Embedding by Translating on Hyperplanes[4],直译为在超平面上的知识图谱词嵌入。

由于 TransE 在一对多、多对一、多对多关系时或者自反关系上效果不是很好,所以

9min

TransH 被提出。

自反关系：指 Head 和 Tail 相同。例如：

(曹操、欣赏、曹操) 这是自反关系，(曹操、欣赏、司马懿)这不是自反关系。

一对一：指同一组 Head 和 Relation 只会对应一个 Tail。例如：

(司马懿、妻子、张春华)，(诸葛亮、妻子、黄月英)。

一对多：指同一组 Head 和 Relation 会对应多个不同的 Tail。例如：

(司马懿、儿子、司马师)，(司马懿、儿子、司马昭)。

多对一：指多个 Head 会对应同一组 Relation 和 Tail。例如：

(司马师、父亲、司马懿)，(司马昭、父亲、司马懿)。

多对多：指多组 Head 和 Relation 对应多个 Tail。例如：

(司马懿、懂得、孙子兵法)，(司马懿、懂得、三略)，(司马懿、懂得、六韬)。

(诸葛亮、懂得、孙子兵法)，(诸葛亮、懂得、三略)，(诸葛亮、懂得、六韬)。

(周公瑾、懂得、孙子兵法)，(周公瑾、懂得、三略)，(周公瑾、懂得、六韬)。

图 5-8 区别了一对一与多对多的关系。

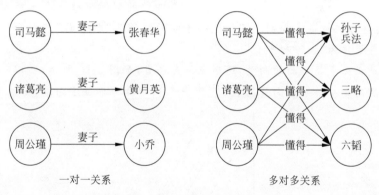

图 5-8　一对一与多对多关系的区别

为什么 TransE 会在一对多等关系上效果不好呢？ 例如这两组关系，(司马懿、儿子、司马师)，(司马懿、儿子、司马昭)。因为两组关系中都存在实体"司马懿"和关系"儿子"，如果只简单考虑 $h+r=t$，则"司马师"＝"司马懿"＋"儿子"和"司马昭"＝"司马懿"＋"儿子"，所以"司马师"＝"司马昭"，很显然，这并不是我们想要的结果。

再例如自反关系，(曹操、欣赏、曹操)，"曹操"＋"欣赏"＝曹操，所以"欣赏"＝0。如果非要说假如存在自反关系，Relation 就该为0，则轮到计算(曹操、欣赏、司马懿)时，如果将"欣赏"＝0 代入则会产生"曹操"＝"司马懿"的结果。当然 TransE 在实际迭代中不会这样，其原因是因为(曹操、欣赏、司马懿)这类的数据大概率会在训练集中占大多数，而(曹操、欣赏、曹操)会被它当作噪声数据，所以对效果的影响较小。

为了解决上述问题，2014 年 TransH 模型被提出，其中心思想是对每个关系定义一个超平面 W_r，而 $h_\perp$ 与 $t_\perp$ 作为 h 和 t 在超平面上的投影，将 $h_\perp$ 与 $t_\perp$ 代替 h 与 t 并满足：

$$\parallel \boldsymbol{h}_{\perp} + \boldsymbol{r} - \boldsymbol{t}_{\perp} \parallel_{2} = 0 \tag{5-5}$$

Trans 示意图如图 5-9 所示。

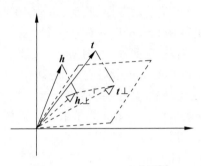

图 5-9　Trans H 示意图[4]

基础知识——超平面与法向量

　　超平面是指将 n 维空间的维度分割为 $n-$ 一维度的子空间。例如一个三维空间可以被一个二维的平面分成不可相交的两部分,一个四维的空间可被一个三维空间分为两部分,所以干脆就可以把负责分割空间的这个子空间统称为"超平面","平面"可视作"二维超平面",线可视作为"一维超平面"。

　　法向量是正交于超平面的向量,通俗点讲是垂直,如图 5-10 所示,所以一个超平面可对应无数个法向量。如果法向量的 L^2 范数等于 1,则称为单位法向量。

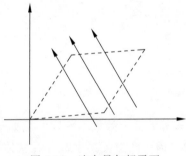

图 5-10　法向量与超平面

　　这么一来,像(司马懿、儿子、司马师),(司马懿、儿子、司马昭)在 TransH 中就不需要"柏灵筠"的向量等于"静姝"的向量了,仅仅需要它们在 $\boldsymbol{W}_r$ 上的投影相同。要知道投影相同不需要它们自身也相同,如图 5-11 所示,$\boldsymbol{a}$ 向量与 $\boldsymbol{b}$ 向量在 $\boldsymbol{x}$ 轴上的投影虽相同,但 $\boldsymbol{a}$ 与 $\boldsymbol{b}$ 可以是两个不同的向量。

　　该如何在数学上完成在超平面投影这个操作呢? 首先需定义一个 w_r,此 w_r 为 $\boldsymbol{W}_r$ 超平面的单位法向量,即 $\parallel w_r \parallel = 1$。根据点积的定义:

$$\boldsymbol{h} \cdot w_r = \parallel \boldsymbol{h} \parallel \times \parallel w_r \parallel \times \cos\theta \tag{5-6}$$

其中，$h \cdot w_r$ 是点乘操作，即求内积，可表示为 $w_r^T h$。且因为 $\|w_r\| = 1$，所以 $w_r^T h = \|h\| \times \cos\theta$，即 h 在 w_r 方向上的长度，用此长度，再乘以单位法向量 w_r，即是图 5-12 中的向量 h_{wr}。

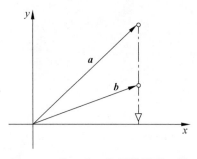

图 5-11　将 a 和 b 向量投影到 x 轴

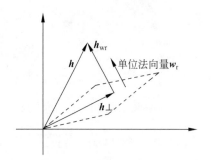

图 5-12　将向量投影到超平面

所以 $h_{wr} = w_r^T h w_r$，从图 5-14 中还可以看出 $h_\perp = h - h_{wr}$。对于 t 向量的投影操作一样，所以最终 h 与 t 在超平面 W_r 上的投影 $h_\perp$ 和 $t_\perp$ 可表示为：

$$h_\perp = h - w_r^T h w_r$$
$$t_\perp = t - w_r^T t w_r \tag{5-7}$$

损失函数其余的部分和 TransE 是一样的，公式如下[4]：

$$\text{hingeloss} = \max(0, \|h_\perp + r - t_\perp\|_2 - \|h'_\perp + r - t'_\perp\|_2 + m) \tag{5-8}$$

本节代码的地址为 recbyhand\chapter5\s22_TransH.py。

TransH 的代码仅仅需要在 TransE 的基础上略微改动，首先在 __init__ 函数中多初始化一个法向量的 Embedding。对于每个关系都会有一个对应的超平面空间，所以法向量 Embedding 的数量是关系的数量，而将维度设置为和实体关系向量的长度一样即可，代码如下：

```
# recbyhand\chapter5\s22_TransH.py
# 随机初始化法向量的 Embedding
self.wr = nn.Embedding( self.n_Relations, dim, max_norm = 1 )
```

将 max_norm 设定为 1 自然就将该法向量规范为单位法向量了。

然后定义一个 Htransfer() 方法，进行式(5-7)的计算过程。传入的 e 和 wr 是一批次的实体 Embedding 与法向量 Embedding，代码如下：

```
# recbyhand\chapter5\s22_TransH.py
def Htransfer( self, e, wr ):
    return e - torch.sum( e * wr, dim = 1, keepdim = True ) * wr
```

此时对 predict() 函数进行修改，即进行式(5-8)的计算过程，代码如下：

```
# recbyhand\chapter5\s22_TransH.py
def predict( self, x ):
    h, r_index, t = x
    h = self.e( h )
    r = self.r( r_index )
    t = self.e( t )
    wr = self.wr( r_index )
    score = self.Htransfer( h, wr ) + r - self.Htransfer( t, wr )
    return torch.sum( score ** 2, dim = 1 ) ** 0.5
```

代码其余的部分和 TransE 一模一样。

5.2.3　翻译距离模型 TransR

TransR 并不是某个名字的简称,它的原论文名字是 Learning Entity and Relation Embeddings for Knowledge Graph Completion[5],2015 年提出。其中 R 代表的是 Relation Space,即关系向量空间的意思。为什么会叫作 TransR? 主要还是为了和 Translation Models 保持队形。可以认为 TransR 的意思是基于关系向量空间的知识图谱嵌入(Knowledge Graph Embedding by Translating on Relation Space)。

TransR 的示意图如图 5-13 所示。

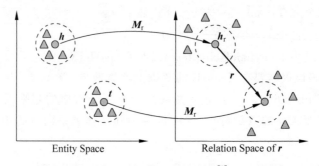

Entity Space　　　　　　Relation Space of **r**

图 5-13　TransR 示意图[5]

Trans R 的中心思想是将 **h** 和 **t** 向量映射到 **r** 向量空间,然后在 **r** 向量空间进行 **h** + **r** − **t** = 0 的操作。可记作:

$$\| \boldsymbol{h}_r + \boldsymbol{r} - \boldsymbol{t}_r \|_2 = 0 \tag{5-9}$$

所谓的将 **h** 和 **t** 向量映射到 **r** 向量空间,其实是将 **h** 和 **t** 做一个线性变换,使它们的维度和 **r** 向量一样,所以这就要求原本的 **h**、**t** 和 **r** 不在同一个向量空间。假设 **h** 和 **t** 的向量维度为 k,**r** 向量的维度为 d,则可将 **h** 和 **t** 点乘一个形状为 $k \times d$ 的矩阵,使其维度变为 d 的 $\boldsymbol{h}_r$ 和 $\boldsymbol{t}_r$ 向量。以上这些操作可由以下的数学语言表示:

$$\boldsymbol{h}_r = \boldsymbol{h} \boldsymbol{M}_r$$

$$\boldsymbol{t}_r = \boldsymbol{t} \boldsymbol{M}_r$$

$$\boldsymbol{h}, \boldsymbol{t} \in \mathbf{R}^k, \quad \boldsymbol{r} \in \mathbf{R}^d, \quad \boldsymbol{M}_r \in \mathbf{R}^{k \times d}, \quad k \neq d \tag{5-10}$$

损失函数其余的部分和 TransE 是一样的,公式如下[5]:

$$hingeloss = max(0, \| \boldsymbol{h}_r + \boldsymbol{r} - \boldsymbol{t}_r \|_2 - \| \boldsymbol{h}'_r + \boldsymbol{r} - \boldsymbol{t}'_r \|_2 + m) \tag{5-11}$$

TransR 的映射操作与 TransH 的投影操作一样具备解决 TransE 在一对多等关系上效果不好的问题,而 TransR 相较 TransH 的优势就在于它假设了实体和关系是不同语义空间的向量。如果实体和关系在同一个语义空间,则训练起来会将语义相似的实体训练成在空间中很相近的向量,这等于没有把知识图谱嵌入的优势体现出来,而如果关系向量在不同的语义空间,就能更好地训练出同一个实体在不同关系中的差异。

当然 TransR 的劣势也很明显,虽然从公式上看 TransR 的操作过程比 TransH 更直接,但其实 TransR 的模型参数比 TransH 多很多。因为 TransH 中法向量的维度是 k,而 TransR 中矩阵的维度是 $k \times d$。

TransR 代码的地址为 recbyhand\chapter5\s23_TransR. py。仍然仅仅需要在 TransE 的基础上略微改动,首先在 __init__() 函数中多初始化一个矩阵 $\boldsymbol{M}_r$ 的 Embedding。对于每个关系都会有一个对应的线性变化矩阵,所以矩阵 Embedding 的数量是关系的数量,而将维度设置为 k_dim×r_dim,所以这次除了需要传入 $\boldsymbol{h}$ 和 $\boldsymbol{t}$ 的向量的维度超参 k_dim,还需要传入超参 r_dim 作为 $\boldsymbol{r}$ 向量的维度,具体的代码如下:

```
# recbyhand\chapter5\s23_TransR.py
class TransR( nn.Module ):
    def __init__( self, n_entitys, n_Relations, k_dim = 128, r_dim = 64 , margin = 1 ):
        super( ).__init__( )
        self.margin = margin                    #hinge_loss 中的差距
        self.n_entitys = n_entitys              #实体的数量
        self.n_Relations = n_Relations          #关系的数量
        self.k_dim = k_dim                      #实体 Embedding 的长度
        self.r_dim = r_dim                      #关系 Embedding 的长度
        #随机初始化实体的 Embedding
        self.e = nn.Embedding( self.n_entitys, k_dim, max_norm = 1 )
        #随机初始化关系的 Embedding
        self.r = nn.Embedding( self.n_Relations, r_dim, max_norm = 1 )
        #随机初始化变换矩阵
        self.Mr = nn.Embedding(self.n_Relations,k_dim * r_dim,max_norm = 1 )
```

然后定义一个 Rtransfer()函数,传入 e(实体的向量),mr(r 对应的矩阵)。前两行是将它们的形状变为正确的形状,torch. matmul()方法在 PyTorch 框架中用于对三维张量的点乘操作。最后将 result 的形状变为(batch_size,r_dim),r_dim 是 $\boldsymbol{r}$ 向量的长度。这就完成了将实体向量映射到 $\boldsymbol{r}$ 向量空间的操作,代码如下:

```
# recbyhand\chapter5\s23_TransR.py
def Rtransfer( self, e, mr ):
    #[ batch_size, 1, e_dim ]
    e = torch.unsqueeze( e, dim = 1 )
```

```
#[ batch_size, e_dim, r_dim ]
mr = mr.reshape( -1, self.k_dim, self.r_dim )
#[ batch_size, 1, r_dim ]
result = torch.matmul( e, mr )
#[ batch_size, r_dim ]
result = torch.squeeze( result )
return result
```

随后将 predict()函数重写,即进行式(5-11)的计算过程,代码如下:

```
#recbyhand\chapter5\s23_TransR.py
def predict( self, x ):
    h, r_index, t = x
    h = self.e( h )
    r = self.r( r_index )
    t = self.e( t )
    mr = self.Mr( r_index )
    score = self.Rtransfer( h, mr ) + r - self.Rtransfer( t, mr )
    return torch.sum( score ** 2, dim = 1 ) ** 0.5
```

代码的其余部分和 TransE 一模一样。

7min

5.2.4 其他翻译距离模型

对于其他翻译距离模型包括 TransE 等接下来用一句话简单介绍一下。

TransE:用$-\|h+r-t\|$作为评分函数,采取负例采样,以正负例的差距作为损失函数,从而学出实体和关系的 Embedding。

TransH:将实体投影到超平面上再进行计算,从而解决 TransE 在多对多等关系上的缺陷。

TransR:与 TransH 不同的是,将实体投影到关系向量空间。

TransD:将 TransR 的映射矩阵分解为两个向量的积,可理解为简化了的 TransR。

TransSparse:在投影矩阵上强化稀疏性来简化 TransR。

TransM:以另一种途径优化 TransE 在一对多等关系中的缺陷,即对每个事实分配权重,一对多和多对多等事实会分配较小的权重,虽不如 TransH 和 TransR 那么彻底,但优势是模型训练性较好。

ManifoldE:通过把 t 近似位于流形上,即以超球体为中心在 $h+r$ 处,半径为 θ_r,而不是接近于 $h+r$ 的点,从而优化一对多等问题。

TransF:通过优化 t 与$(h+r)$的点积相似度与 $h(t-r)$ 的点积相似度来训练Embedding。

TransA:为每个关系 r 引入一个对称的非负矩阵 M_r,并使用马氏距离定义评分函数。

KG2E:实体和关系使用高斯分布来表示。

TransG：实体采用高斯分布，它认为关系具有多重语义，所以采用混合高斯分布来表示。

UM(Unstructured model)非结构化模型：TransE 的极简版，直接将所有关系向量设置为 0。

SE(Structured Embedding)结构化嵌入：通过两个独立的矩阵为每个关系 r 对头尾实体进行投影。

表 5-1 是截取自参考文献[7]的对翻译距离模型总结得非常好的一张表格。其中第四列的评分方程中不少都加了负号。这是因为常识认为一个值往往越高代表它表现越好，这里也不例外，所以为了满足常识的需要在这个表达评分时，诸如 $\|h+r-t\|$ 这样明明越小越好的值前加一个负号就能表述成 $-\|h+r-t\|$ 越大越好了。

表 5-1 翻译距离模型总结[7]

Method	Ent.Embedding	Rel.Embedding	Scoring function $f_r(h,t)$	Constraints/Regularization
TransE[14]	$h, t \in \mathbb{R}^d$	$r \in \mathbb{R}^d$	$-\|h+r-t\|_{1/2}$	$\|h\|_2=1, \|t\|_2=1$
TransH[15]	$h, t \in \mathbb{R}^d$	$r, w_r \in \mathbb{R}^d$	$-\|(h-w_r^{\mathrm{T}}hw_r)+r-(t-w_r^{\mathrm{T}}tw_r)\|_2^2$	$\|h\|_2 \le 1, \|t\|_2 \le 1$
TransR[16]	$h, t \in \mathbb{R}^d$	$r \in \mathbb{R}^k, M_r \in \mathbb{R}^{k\times d}$	$-\|M_r h+r-M_r t\|_2^2$	$|w_r^{\mathrm{T}}r|/\|r\|_2 \le \varepsilon, \|w_r\|_2 \le 1$ $\|h\|_2 \le 1, \|t\|_2 \le 1, \|r\|_2 \le 1$
TransD[50]	$h, w_h \in \mathbb{R}^d$ $t, w_t \in \mathbb{R}^d$	$r, w_r \in \mathbb{R}^k$	$-\|(w_r w_h^{\mathrm{T}}+I)h-(w_r w_t^{\mathrm{T}}+I)t\|_2^2$	$\|M_r h\|_2 \le 1, \|M_r t\|_2 \le 1$ $\|h\|_2 \le 1, \|t\|_2 \le 1, \|r\|_2 \le 1$ $\|(w_r w_h^{\mathrm{T}}+I)h\|_2 \le 1$ $\|(w_r w_t^{\mathrm{T}}+I)t\|_2 \le 1$
TransSparse[51]	$h, t \in \mathbb{R}^d$	$r \in \mathbb{R}^k, M_r(\theta_r) \in \mathbb{R}^{k\times d}$ $M_r^1(\theta_r^1), M_r^2(\theta_r^2) \in \mathbb{R}^{k\times d}$	$-\|M_r(\theta_r)h+r-M_r(\theta_r)t\|_{1/2}^2$ $-\|M_r^1(\theta_r^1)h+r-M_r^2(\theta_r^2)t\|_{1/2}^2$	$\|h\|_2 \le 1, \|t\|_2 \le 1, \|r\|_2 \le 1$ $\|M_r(\theta_r)h\|_2 \le 1, \|M_r(\theta_r)t\|_2 \le 1$ $\|M_r^1(\theta_r^1)h\|_2 \le 1, \|M_r^2(\theta_r^2)t\|_2 \le 1$
TransM[52]	$h, t \in \mathbb{R}^d$	$r \in \mathbb{R}^d$	$-\theta_r\|h+r-t\|_{1/2}$	$\|h\|_2=1, \|t\|_2=1$
ManifoldE[53]	$h, t \in \mathbb{R}^d$	$r \in \mathbb{R}^d$	$-(\|h+r-t\|_2^2-\theta_r^2)^2$	$\|h\|_2 \le 1, \|t\|_2 \le 1, \|r\|_2 \le 1$
TransF[54]	$h, t \in \mathbb{R}^d$	$r \in \mathbb{R}^d$	$(h+r)^{\mathrm{T}}t+(t-r)^{\mathrm{T}}h$	$\|h\|_2 \le 1, \|t\|_2 \le 1, \|r\|_2 \le 1$
TransA[55]	$h, t \in \mathbb{R}^d$	$r \in \mathbb{R}^d, M_r \in \mathbb{R}^{d\times d}$	$-(|h+r-t|)^{\mathrm{T}}M_r(|h+r-t|)$	$\|h\|_2 \le 1, \|t\|_2 \le 1, \|r\|_2 \le 1$
KG2E[45]	$h\sim\mathcal{N}(\mu_h,\Sigma_h)$ $t\sim\mathcal{N}(\mu_t,\Sigma_t)$ $\mu_h, \mu_t \in \mathbb{R}^d$ $\Sigma_h, \Sigma_t \in \mathbb{R}^{d\times d}$	$r\sim\mathcal{N}(\mu_r,\Sigma_r)$ $\mu_r \in \mathbb{R}^d, \Sigma_r \in \mathbb{R}^{d\times d}$	$-\mathrm{tr}(\Sigma_r^{-1}(\Sigma_h-\Sigma_t))-\mu^{\mathrm{T}}\Sigma^{-1}\mu-\ln\frac{\det(\Sigma_r)}{\det(\Sigma_h-\Sigma_t)}$ $-\mu^{\mathrm{T}}\Sigma^{-1}\mu-\ln(\det(\Sigma))$ $\mu=\mu_h+\mu_r-\mu_t$ $\Sigma=\Sigma_h+\Sigma_r-\Sigma_t$	$\|M_r\|_F \le 1, [M_r]_{ij}=[M_r]_{ji}\ge 0$ $\|\mu_h\|_2 \le 1, \|\mu_r\|_2 \le 1, \|\mu_t\|_2 \le 1$ $c_{min}I \le \Sigma_h \le c_{max}I$ $c_{min}I \le \Sigma_t \le c_{max}I$ $c_{min}I \le \Sigma_r \le c_{max}I$
TransG[46]	$h\sim\mathcal{N}(\mu_h,\sigma_h^2 I)$ $t\sim\mathcal{N}(\mu_t,\sigma_t^2 I)$ $\mu_h, \mu_t \in \mathbb{R}^d$	$\mu_r^i\sim\mathcal{N}(\mu_t-\mu_h, (\sigma_h^2+\sigma_t^2)I)$ $r=\sum_i\pi_r^i\mu_r^i \in \mathbb{R}^d$	$\sum_i\pi_r^i\exp\left(-\frac{\|\mu_h+\mu_r-\mu_t\|_2^2}{\sigma_h^2+\sigma_t^2}\right)$	$\|\mu_h\|_2 \le 1, \|\mu_t\|_2 \le 1, \|\mu_r^i\|_2 \le 1$
UM[56]	$h, t \in \mathbb{R}^d$	—	$-\|h-t\|_2^2$	$\|h\|_2=1, \|t\|_2=1$
SE[57]	$h, t \in \mathbb{R}^d$	$M_r^1, M_r^2 \in \mathbb{R}^{d\times d}$	$-\|M_r^1 h-M_r^2 t\|_1$	$\|h\|_2=1, \|t\|_2=1$

5.2.5 语义匹配模型 RESCAL

6min

RESCAL 的原论文名为 A Three-Way Model for Collective Learning on Multi-Relational Data[6]（基于多关系数据的集体学习三方模型），2011 年提出。所谓 Three-Way（三方）指的是 h、r 和 t。具体的评分公式如下：

$$\mathrm{score}(h,r,t)=h^{\mathrm{T}}M_r t$$
$$h,t \in \mathbb{R}^d, \quad M_r \in \mathbb{R}^{d\times d} \tag{5-12}$$

Head 与 Tail 分别作为 h 向量和 t 向量,Relation 作为矩阵维度为 $d \times d$ 的矩阵 $\boldsymbol{M}_r$。对 h、t 和 $\boldsymbol{M}_r$ 都做归一化处理,物理含义是 Head 的向量表示经过 Relation 空间的线性变换后与 Tail 的向量表示计算点积相似度。

与 TransE 等模型一样,也需要进行负例采样,h' 与 t' 代表负的 Head 与 Tail。最终的损失函数如下:

$$\text{Hingeloss} = \max(0, -\boldsymbol{h}^\mathrm{T}\boldsymbol{M}_r\boldsymbol{t} + \boldsymbol{h}'^\mathrm{T}\boldsymbol{M}_r\boldsymbol{t}' + \boldsymbol{m}) \tag{5-13}$$

再次提醒,虽然公式中同时存在 h' 与 t',但负例采样每次只需随机替换一个 h 或者 t,公式这样写是为了避免写两个差不多的公式。

另外,在 RESCAL 及其他语义匹配模型中与绝大多数翻译距离模型不同的是,评分方程得到的值越大越好,并不是越小越好,所以在 RESCAL 损失计算过程中正例伴随的是一个负号,而负例伴随的反而是一个正号。

RESCAL 代码的地址为 recbyhand\chapter5\s25_RESCAL.py。具体的代码如下:

```python
# recbyhand\chapter5\s25_RESCAL.py
class RESCAL( nn.Module ):

    def __init__( self, n_entitys, n_Relations, dim = 128, margin = 1 ):
        super().__init__()
        self.margin = margin #hinge_loss 中的差距
        self.n_entitys = n_entitys #实体的数量
        self.n_Relations = n_Relations #关系的数量
        self.dim = dim #Embedding 的长度

        #随机初始化实体的 Embedding
        self.e = nn.Embedding( self.n_entitys, dim, max_norm = 1 )
        #随机初始化关系的 Embedding
        self.r = nn.Embedding( self.n_Relations, dim * dim, max_norm = 1 )

    def forward( self, X ):
        x_pos, x_neg = X
        y_pos = self.predict( x_pos )
        y_neg = self.predict( x_neg )
        return self.hinge_loss( y_pos, y_neg )

    def predict( self, x ):
        h, r, t = x
        h = self.e( h )
        r = self.r( r )
        t = self.e( t )
        #[ batch_size, dim, 1 ]
        t = torch.unsqueeze( t, dim = 2 )
        #[ batch_size, dim, dim ]
```

```
    r = r.reshape( -1, self.dim, self.dim )
    #[ batch_size, dim, 1 ]
    tr = torch.matmul( r, t )
    #[ batch_size, dim ]
    tr = torch.squeeze(tr)
    #[ batch_size ]
    score = torch.sum( h * tr, -1 )
    return -score


def hinge_loss( self, y_pos, y_neg ):
    dis = y_pos - y_neg + self.margin
    return torch.sum( torch.ReLU( dis ) )
```

5.2.6 其他语义匹配模型

下面简单地用一句话介绍一下其他语义匹配模型,包括 RESCAL。

RESCAL:将头实体向量与关系矩阵点乘后与尾实体向量求点积相似度,用以评分 11min
函数。

DistMult:将关系矩阵简化为对角矩阵,优点是效率极高,但过于简化,只能处理对称关系,不能完全适用于所有场景。

HolE(Holographic Embeddings):使用循环相关操作,将 RESCAL 的表达能力与 DistMult 的效率相结合。

ComplEx(Complex Embeddings):在 DistMult 的基础上引入复数空间,非对称关系三元组中的实体或关系也能在复数空间得到分数。

ANALOGY:基于 RESCAL 的扩展,DistMult、HolE 和 ComplEx 都可归为 ANALOGY 的特例。

图 5-14 展示的是 4 个基于神经网络的语义匹配模型。

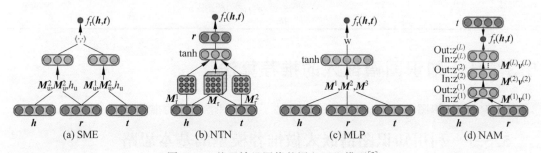

图 5-14 基于神经网络的语义匹配模型[7]

SME:语义匹配能量模型,先在输入层初始化 Head、Tail 和 Relation 的向量表示,然后关系向量与头尾实体向量分别在隐藏层组合,最后输出的是评分函数。

NTN:神经张量网络模型,在输入层初始化 Head 和 Tail 的向量,然后将头尾实体向量在隐藏层与关系张量组合,最后输入评分函数。NTN 是目前最具表达能力的模型之一,但是参数过多,效率较差。

MLP：多层感知机,是最基础的深度学习神经网络 MLP。Head、Tail 和 Relation 都在输入层初始化 Embedding 后经过几个隐藏层,最后输出评分函数。

NAM：神经关联模型,在输入层初始化 Head 和 Relation 的向量,经过一系列的隐藏层最终输出的结果与 Tail 向量建立损失函数。当然 Tail 实体有时也会作为 Head 实体出现在输入层,由此达到迭代学习的效果。

表 5-2 总结了语义匹配模型。

表 5-2　语义匹配模型总结[7]

Method	Ent.Embedding	Rel.Embedding	Scoring function $f_r(h,t)$	Constraints/Regularization
RESCAL[13]	$h,t \in \mathbf{R}^d$	$M_r \in \mathbf{R}^{d \times d}$	$h^T M_r t$	$\|h\|_2 \leq 1, \|t\|_2 \leq 1, \|M_r\|_F \leq 1$ $M_r = \sum_i \pi_r^i u_i v_i^T$(required in[17])
TATEC[64]	$h,t \in \mathbf{R}^d$	$r \in \mathbf{R}^d, M_r \in \mathbf{R}^{d \times d}$	$h^T M_r t + h^T r + t^T r + h^T Dt$	$\|h\|_2 \leq 1, \|t\|_2 \leq 1, \|r\|_2 \leq 1$ $\|M_r\|_F \leq 1$
DistMult[65]	$h,t \in \mathbf{R}^d$	$r \in \mathbf{R}^d$	$h^T \mathrm{diag}(r)t$	$\|h\|_2 = 1, \|t\|_2 = 1, \|r\|_2 \leq 1$
HolE[62]	$h,t \in \mathbf{R}^d$	$r \in \mathbf{R}^d$	$r^T(h*t)$	$\|h\|_2 \leq 1, \|t\|_2 \leq 1, \|r\|_2 \leq 1$
ComplEx[66]	$h,t \in \mathbf{C}^d$	$r \in \mathbf{C}^d$	$\mathrm{Re}(h^T \mathrm{diag}(r)\bar{t})$	$\|h\|_2 \leq 1, \|t\|_2 \leq 1, \|r\|_2 \leq 1$
ANALOGY[68]	$h,t \in \mathbf{R}^d$	$M_r \in \mathbf{R}^{d \times d}$	$h^T M_r t$	$\|h\|_2 \leq 1, \|t\|_2 \leq 1, \|M_r\|_F \leq 1$ $M_r M_r^T = M_r^T M_r$ $M_r M_{r'} = M_{r'} M_r$
SME[18]	$h,t \in \mathbf{R}^d$	$r \in \mathbf{R}^d$	$(M_u^1 h + M_u^2 r + b_u)^T(M_v^1 t + M_v^2 r + b_v)$ $((M_u^1 h) \circ (M_u^2 r) + b_u)^T((M_v^1 t) \circ (M_v^2 r) + b_v)$	$\|h\|_2 = 1, \|t\|_2 = 1$
NTN[19]	$h,t \in \mathbf{R}^d$	$r,b_r \in \mathbf{R}^k, M_r \in \mathbf{R}^{d \times d \times k}$ $M_r^1, M_r^2 \in \mathbf{R}^{k \times d}$	$r^T \tanh(h^T M_r t + M_r^1 h + M_r^2 t + b_r)$	$\|h\|_2 \leq 1, \|t\|_2 \leq 1, \|r\|_2 \leq 1$ $\|b_r\|_2 \leq 1, \|M_r^{[:,:,i]}\|_F \leq 1$ $\|M_r^1\|_F \leq 1, \|M_r^2\|_F \leq 1$
SLM[19]	$h,t \in \mathbf{R}^d$	$r \in \mathbf{R}^k, M_r^1, M_r^2 \in \mathbf{R}^{k \times k}$	$r^T \tanh(M_r^1 h + M_r^2 t)$	$\|h\|_2 \leq 1, \|t\|_2 \leq 1, \|r\|_2 \leq 1$ $\|M_r^1\|_F \leq 1, \|M_r^2\|_F \leq 1$
MLP[69]	$h,t \in \mathbf{R}^d$	$r \in \mathbf{R}^d$	$w^T \tanh(M^1 h + M^2 r + M^3 t)$	$\|h\|_2 \leq 1, \|t\|_2 \leq 1, \|r\|_2 \leq 1$
NAM[63]	$h,t \in \mathbf{R}^d$	$r \in \mathbf{R}^d$	$f_r(h,t) = t^T z^{(L)}$ $z^{(\ell)} = \mathrm{ReLU}(a^{(\ell)}), a^{(\ell)} = M^{(\ell)} z^{(\ell-1)} + b^{(\ell)}$ $z^{(0)} = [h;r]$	—

5.3　基于知识图谱嵌入的推荐算法

了解完毕知识图谱嵌入后,接下来学习基于知识图谱嵌入的推荐算法。

5.3.1　利用知识图谱嵌入做推荐模型的基本思路

首先来讲解最简单的思路,如图 5-15 所示。

图 5-15 中的左半部分,是一个 ALS 的结构。用于随机初始化用户与物品的隐向量,从而求内积后做出评分预测,与真实的评分建立损失函数。图 5-17 中的 $S(u \cdot v)$ 代表对 u 和 v 的内积做 Sigmoid。

8min

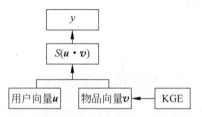

图 5-15　利用 KGE 的推荐算法模型的基本结构

右半部分代表用知识图谱的 Embedding 影响物品向量,因为物品在知识图谱中也是一个实体。具体怎么做大体上有如下 3 种方法。

方法 1:用 KGE 方法事先训练好所有的实体 Embedding,将实体中与用户发生交互的物品 Embedding 去初始化物品隐向量。

方法 2:用 KGE 方法事先训练好所有的实体 Embedding,将实体中与用户发生交互的物品 Embedding 初始化物品隐向量。且固定住物品隐向量不迭代更新,仅更新用户 Embedding 及其他模型参数。

方法 3:一边训练左半边的推荐模型,一边训练知识图谱数据中所有或部分实体,以及关系的 Embedding。

每种方法都有其优势,方法 1 的优势就在于简单直接,物品向量获得了知识图谱的信息,同时在训练迭代的过程中也会学得越来越精准。

方法 2 相较于方法 1 的优势就在于对冷启动的帮助显著,因为推荐模型所用的物品向量并不是和用户发生关系的交互数据所训练出的,而是知识图谱嵌入所得的向量。只要新物品在知识图谱中是一个实体,则直接可以用这个实体的向量作为这个物品的向量。当然缺点在于模型的收敛速率会降低甚至有些情况下学不出来有效的模型,原因就在于物品向量无法更新,仅仅更新的是用户向量,如果物品数量与用户数量的比例很失衡,则会比较难学。

方法 3 看似略微复杂,并且也不具备方法 2 可以解决冷启动问题的能力,但是经实战证明,方法 3 对于获取知识图谱信息这方面要优于方法 1 和方法 2。因为方法 3 当中物品向量同时被用户交互数据与知识图谱数据更新着,有着你中有我,我中有你互相影响的感觉。如果知识图谱的数据远多于用户交互数据,则只需取与用户交互数据中物品相关的知识图谱事实。

方法 3 具体的结构图如图 5-16 所示。

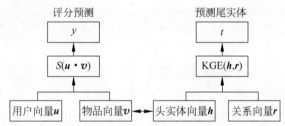

图 5-16　知识图谱嵌入与用户评分预测同时进行的示意图

图 5-16 中右半部分代表的是 KGE 的训练。$\longleftrightarrow$ 这样一个箭头表示的是物品向量 v 和头实体向量 h 在同一个向量空间。当然物品向量 v 与尾实体向量 t 也在同一空间,因为头尾实体的向量在同一个向量空间。

11min

5.3.2　最简单的知识图谱推荐算法 CKE

协同基于知识嵌入的推荐系统(Collaborative Knowledge Base Embedding for Recommender Systems,CKE)[8],由微软大数据研究中心和电子科技大学在 2016 年提出。CKE 严格来讲不能说是一种算法,应该算是一种思想。C 代表 Collaborative 即协同,而 KE 代表 Knowledge Base Embedding,即基于知识的编码。知识包含知识图谱、文字信息、图像信息等。

这些信息分别的编码方式如下:

(1) 文字信息,通过自然语言处理的方式编码。

(2) 图像,通过计算机视觉的方式编码。

(3) 知识图谱的结构化信息,自然是通过知识图谱嵌入(KGE)的方式。

所以 CKE 最初本身囊括的东西很多,但是目前业内提到的 CKE 泛指用知识图谱嵌入的方式进行 Embedding 辅助推荐的算法。5.3.1 节中的 3 种方法均是从 CKE 的思想中提炼而来,所以它们都被称为 CKE 算法。

本节具体实现 5.3.1 节中 3 种方法中的第 3 种方法,即联合训练的 CKE。为什么不实现前两个算法呢? 因为那两个太简单了。

首先由于是推荐预测与知识图谱嵌入的联合训练,所以最终的损失函数会是推荐产生的损失函数与 KGE 产生的损失函数相加,公式如下:

$$loss = rec_{loss} + \alpha \cdot kge_{loss} \tag{5-14}$$

其中,rec_{loss} 是推荐预测产生的损失函数,目前采用最简单的 ALS 推荐算法,所以:

$$rec_{loss} = BCELoss(sigmoid(\boldsymbol{u} \cdot \boldsymbol{v}), y^{true})$$
$$\boldsymbol{u}, \quad \boldsymbol{v} \in \mathbf{R}^k \tag{5-15}$$

其中,$\boldsymbol{u}$ 是用户表示向量,$\boldsymbol{v}$ 是物品表示向量,y^{true} 是用户与物品真实的交互标注。

kge_{loss} 是知识图谱嵌入产生的损失函数,与所有联合训练一样可以设一个超参 α 来调整辅助损失函数的权重。

KGE 的方法有很多,在此仅用一个 kge_loss(*) 函数来代替 KGE 方法所得的损失函数。公式如下:

$$kg_{loss} = kge\_loss(\boldsymbol{h}, \boldsymbol{r}, \boldsymbol{t})$$
$$\boldsymbol{h}, \boldsymbol{r}, \boldsymbol{t} \in \mathbf{R}^k \tag{5-16}$$

其中,$\boldsymbol{r}$ 是关系向量,$\boldsymbol{h}$ 和 $\boldsymbol{t}$ 分别是头实体和尾实体的向量,物品向量 v 在知识图谱中也是一个实体,所以 v、$\boldsymbol{h}$ 和 $\boldsymbol{t}$ 都在同一个向量空间,当初始化 Embedding 时,仅需初始化一个 e(Entity),即以实体的 Embedding 代替所有 v、$\boldsymbol{h}$ 和 $\boldsymbol{t}$ 的 Embedding 即可,它们在数学上可表达为 $v \cong h \cong t \cong e \in \mathbf{R}^k$。

联合训练版 CKE 的示例代码的地址为 recbyhand\chapter5\s32_cke. py。具体的代码如下：

```python
# recbyhand\chapter5\s32_cke.py
class CKE( nn.Module ):

    def __init__( self, n_users, n_entitys, n_Relations, e_dim = 128, margin = 1, alpha = 0.2 ):
        super( ).__init__( )
        self.margin = margin
        self.u_emb = nn.Embedding( n_users, e_dim )        # 用户向量
        self.e_emb = nn.Embedding( n_entitys, e_dim )      # 实体向量
        self.r_emb = nn.Embedding( n_Relations, e_dim )    # 关系向量

        self.BCEloss = nn.BCELoss( )

        self.alpha = alpha                                 # kge 损失函数的计算权重

    def hinge_loss( self, y_pos, y_neg ):
        dis = y_pos - y_neg + self.margin
        return torch.sum( torch.ReLU( dis ) )

    # kge 采用最基础的 TransE 算法
    def kg_predict( self, x ):
        h, r, t = x
        h = self.e_emb( h )
        r = self.r_emb( r )
        t = self.e_emb( t )
        score = h + r - t
        return torch.sum( score ** 2, dim = 1 ) ** 0.5

    # 计算 kge 损失函数
    def calculatingKgeLoss( self, kg_set ):
        x_pos, x_neg = kg_set
        y_pos = self.kg_predict( x_pos )
        y_neg = self.kg_predict( x_neg )
        return self.hinge_loss( y_pos, y_neg )

    # 推荐采取最简单的 ALS 算法
    def rec_predict( self, u, i ):
        u = self.u_emb( u )
        i = self.e_emb( i )
        y = torch.sigmoid( torch.sum( u * i, dim = 1 ) )
        return y

    # 计算推荐损失函数
```

```
def calculatingRecLoss( self, rec_set ):
    u, i ,y = rec_set
    y_pred = self.rec_predict( u, i )
    y = torch.FloatTensor( y.detach().NumPy() )
    return self.BCEloss( y_pred, y )


♯前向传播
def forward( self, rec_set, kg_set ):
    rec_loss = self.calculatingRecLoss( rec_set )
    kg_loss = self.calculatingKgeLoss( kg_set )
    ♯分别得到推荐产生的损失函数与 kge 产生的损失函数加权相加后返回
    return rec_loss + self.alpha * kg_loss
```

其中前向传播时会传入两个参数,分别叫作 rec_set 与 kg_set,rec_set 是批次采样得到的用户、物品、标注三元组数据,而 kg_set 是包含正负例的知识图谱三元组,与 5.2 节中学习 KGE 时的那个知识图谱三元组是一样的。

所以这是一种联合采样的操作,在使用 PyTorch 的 DataLoader 进行批次采样时,会用一个 zip 方法来同时采样 rec_set 与 kg_set,示例代码如下:

```
♯ recbyhand\chapter5\s32_cke.py
from torch.utils.data import DataLoader
♯同时采样用户物品三元组及知识图谱三元组数据,因计算过程中互相独立,所以 batch_size 可设
♯成不一样的值
for rec_set, kg_set in tqdm( zip( DataLoader( train_set, batch_size = rec_batchSize, shuffle =
True ),DataLoader( kgTrainSet, batch_size = kg_batchSize, shuffle = True ) ) ):
    optimizer.zero_grad( )
    loss = net( rec_set, kg_set )
```

值得一提的是,因为推荐预测与知识图谱嵌入用的是同一套 Embedding,而在后续计算过程中其实是相对独立的,所以在批次采样时可设置不一样的 batch_size。

5.3.3 CKE 扩展及演化

3min

目前实现的 CKE 代码实际上处在过拟合状态,因为代码仅仅是最简单地实现一下模型结构而已,并没有加入更多的(例如 Drop Out 等)缓解过拟合的操作,抑或是加几个隐藏层来使模型更具备泛化能力,如图 5-17 所示。

大家也可以尝试其他不同的变化,例如想办法加入某种注意力机制等。也可以尝试用不同的 KGE 方法来试试效果。

其实目前实现的 CKE 是用 KGE 的方法影响 ALS 中物品的隐向量。且前文讲过 CKE 严格来讲不是算法,而是一种思想,这种思想是 CKE 的全称名字"协同基于知识嵌入的推荐系统",所以大家可以基于此思想扩展及演化出各种算法。例如将用户作为一个实体融入知识图谱中,把用户与物品之间的交互当作知识图谱中用户实体与物品实体之间的关系。

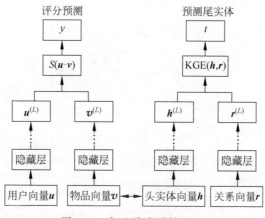

图 5-17 加入隐含层的 CKE

而在 2019 年,上海交通大学与微软亚洲研究中心推出的一个算法是在 CKE 思想的基础上的一种相当好的演化。

5.3.4 加强知识图谱信息的影响:MKR

多任务特征学习知识图谱增强推荐(Multi-Task Feature Learning for Knowledge Graph Enhanced Recommendation,MKR)[9]由上海交通大学与微软亚洲研究中心在 2019 年提出。多任务是说推荐预测和 KGE 两个任务同时进行。

MKR 的模型结构如图 5-18 所示。

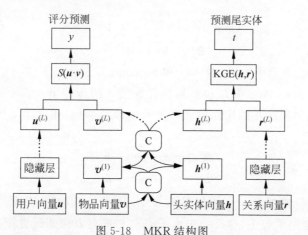

图 5-18 MKR 结构图

其实是在加入隐藏层的 CKE 的基础上,将物品向量和头实体向量用一个 C 单元去更新,而 C 单元的结构如图 5-19 所示。

这个 C 单元被称为 Cross&Compress 单元。意为交叉与压缩,交叉代表物品向量与实体向量全元素相乘。压缩是指将向量做一些映射操作。图 5-19 可理解为第 $L+1$ 层的物品

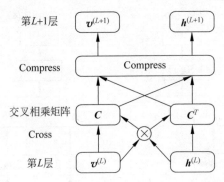

图 5-19　MKR 中的 Cross&Compress 单元

向量和实体向量是由第 L 层的物品向量和实体向量经过交叉与压缩的操作得到。具体的计算过程如下。

设第 L 层的物品向量 $\boldsymbol{v}_l = [v_l^1, v_l^2 \cdots v_l^d]$。头实体向量 $\boldsymbol{h}_l = [h_l^1, h_l^2 \cdots h_l^d]$，则 C 单元中第 L 层的 Cross($\boldsymbol{C}_l$) 的计算公式如下[9]：

$$\boldsymbol{C}_l = \boldsymbol{v}_l \boldsymbol{h}_l^{\mathrm{T}} = \begin{bmatrix} v_l^1 h_l^1 & \cdots & v_l^1 h_l^d \\ \vdots & & \vdots \\ v_l^d h_l^1 & \cdots & v_l^d h_l^d \end{bmatrix} \tag{5-17}$$

$\boldsymbol{C}_l$ 的维度是 $d \times d$，然后进行所谓的压缩操作，其实也是通过一个全连接层将输入向量维度重新恢复至 $d \times 1$。可以暂且用一个更简单的方程来表示，则压缩层，即 Compress 层的计算公式如下：

$$\mathrm{Compress}(\boldsymbol{C}_l) = \sigma(\boldsymbol{C}_l \boldsymbol{w}_l + \boldsymbol{b}_l)$$
$$\boldsymbol{w}_l \in \mathbf{R}^d, \quad \boldsymbol{b}_l \in \mathbf{R}^d \tag{5-18}$$

其中，$\sigma(\cdot)$ 表示任意激活函数，如 ReLU 和 Sigmoid 等。针对不同向量会有不同的权重和偏置项，下面用 $\boldsymbol{w}_l^v$ 和 $\boldsymbol{b}_l^v$ 表示第 L 层针对物品向量 $\boldsymbol{v}$ 的压缩单元权重及偏置项。$\boldsymbol{w}_l^h$ 和 $\boldsymbol{b}_l^h$ 表示第 L 层针对实体向量 $\boldsymbol{h}$ 的压缩单元权重及偏置项，则 C 单元第 $L+1$ 层的输出计算公式如下：

$$\boldsymbol{v}_{l+1} = \sigma(\boldsymbol{C}_l \boldsymbol{w}_l^v + \boldsymbol{b}_l^v)$$
$$\boldsymbol{h}_{l+1} = \sigma(\boldsymbol{C}_l \boldsymbol{w}_l^h + \boldsymbol{b}_l^h) \tag{5-19}$$

作者为了进一步增加知识图谱信息的影响，别出心裁地将 $\boldsymbol{C}_l$ 进行了一个转置，得到 $\boldsymbol{C}_l^T$，然后将 $\boldsymbol{C}_l^T$ 也定制了权重，这么一来水平方向和垂直方向的线性变换就都有了，所以总共有 4 个 $\boldsymbol{w}$ 和 2 个 $\boldsymbol{b}$。公式如下[9]：

$$\boldsymbol{v}_{l+1} = \boldsymbol{C}_l \boldsymbol{w}_l^{vv} + \boldsymbol{C}_l^T \boldsymbol{w}_l^{hv} + \boldsymbol{b}_l^v$$
$$\boldsymbol{h}_{l+1} = \boldsymbol{C}_l \boldsymbol{w}_l^{vh} + \boldsymbol{C}_l^T \boldsymbol{w}_l^{hh} + \boldsymbol{b}_l^h \tag{5-20}$$

可以用一个 $C(\cdot)$ 来代替式(5-17)到式(5-20)的过程，则

$$\boldsymbol{v}_L, \boldsymbol{h}_L = C^L(\boldsymbol{v}, \boldsymbol{h}) \tag{5-21}$$

相比 C 单元，其余位置的迭代就容易多了。假设 $M(\cdot)$ 代表一个全连接层的函数（通常是 $y=\sigma(wx+b)$），模型的层数总共为 L 层，则用户向量 $\boldsymbol{u}$ 和尾实体向量 $\boldsymbol{t}$ 的迭代公式如下：

$$\boldsymbol{u}_L = \boldsymbol{M}_u^L(\boldsymbol{u})$$
$$\boldsymbol{t}_L = \boldsymbol{M}_t^L(\boldsymbol{t}) \tag{5-22}$$

注意：图 5-20 中虽然画的是关系向量 $\boldsymbol{r}$ 经隐藏往上迭代，但如果 KGE 的方法是翻译距离模型，则通常迭代的是尾实体向量 $\boldsymbol{t}$。

之后计算损失函数的公式组如下：

$$\mathrm{rec}_{\mathrm{loss}} = \mathrm{rec\_loss\_function}(\sigma(\boldsymbol{u}_L \cdot \boldsymbol{v}_L), y^{\mathrm{true}})$$
$$\mathrm{kge}_{\mathrm{loss}} = \mathrm{kge\_loss\_function}(\boldsymbol{h}_L, \boldsymbol{r}, \boldsymbol{t}_L)$$
$$\mathrm{loss} = \mathrm{rec}_{\mathrm{loss}} + \alpha \cdot \mathrm{kge}_{\mathrm{loss}}$$
$$\boldsymbol{u}, \boldsymbol{v}, \boldsymbol{h}, \boldsymbol{r}, \boldsymbol{t} \in \mathbf{R}^d \tag{5-23}$$

其中，$\mathrm{rec}_{\mathrm{loss}}$ 是评分预测损失函数，$\mathrm{kge}_{\mathrm{loss}}$ 是知识图谱嵌入（KGE）损失函数，MKR 是一个评分预测与 KGE 的联合训练，而 α 是 KGE 损失函数的计算权重。

公式就写到这里，实际上在代码实现中会有很多技巧，下面就来带大家用最基础的代码实现。

MKR 在配套代码中的地址为 recbyhand\chapter5\s34_MKR.py。

先定义一个类，名称为 CrossCompress()，以此来作为 C 单元，代码如下：

```
# recbyhand\chapter5\s34_MKR.py
class CrossCompress( nn.Module ):

    def __init__( self, dim ):
        super( CrossCompress, self ).__init__()
        self.dim = dim

        self.weight_vv = init.xavier_uniform_( Parameter( torch.empty( dim, 1 ) ) )
        self.weight_ev = init.xavier_uniform_( Parameter( torch.empty( dim, 1 ) ) )
        self.weight_ve = init.xavier_uniform_( Parameter( torch.empty( dim, 1 ) ) )
        self.weight_ee = init.xavier_uniform_( Parameter( torch.empty( dim, 1 ) ) )

        self.bias_v = init.xavier_uniform_(Parameter(torch.empty(1, dim)))
        self.bias_e = init.xavier_uniform_(Parameter(torch.empty(1,dim)))

    def forward( self, v, e ):
        #[ batch_size, dim ]
        #[ batch_size, dim, 1 ]
        v = v.reshape( -1, self.dim, 1 )
        #[ batch_size, 1, dim ]
        e = e.reshape( -1, 1, self.dim )
        #[ batch_size, dim, dim ]
```

```
        c_matrix = torch.matmul( v, e )
        #[ batch_size, dim, dim ]
        c_matrix_transpose = torch.transpose( c_matrix, dim0 = 1, dim1 = 2 )
        #[ batch_size * dim, dim ]
        c_matrix = c_matrix.reshape( ( -1, self.dim ) )
        c_matrix_transpose = c_matrix_transpose.reshape( ( -1, self.dim ))
        #[batch_size, dim]
        v_output = torch.matmul( c_matrix, self.weight_vv ) + torch.matmul( c_matrix_
transpose, self.weight_ev )
        e_output = torch.matmul( c_matrix, self.weight_ve ) + torch.matmul( c_matrix_
transpose, self.weight_ee )
        #[batch_size, dim]
        v_output = v_output.reshape( -1, self.dim ) + self.bias_v
        e_output = e_output.reshape( -1, self.dim ) + self.bias_e
        return v_output, e_output
```

然后定义 MKR 的主类,它的初始化方法如下,为了更好地让大家理解算法的原理,示例代码尽可能会写得直接一点。

```
# recbyhand\chapter5\s34_MKR.py
class MKR( nn.Module ):

    def __init__( self, n_users, n_entitys, n_Relations, dim = 128, margin = 1, alpha = 0.2,
DropOut_prob = 0.5):
        super( ).__init__( )
        self.margin = margin
        self.u_emb = nn.Embedding( n_users, dim )          #用户向量
        self.e_emb = nn.Embedding( n_entitys, dim )        #实体向量
        self.r_emb = nn.Embedding( n_Relations, dim )      #关系向量

        self.user_dense1 = DenseLayer( dim, dim, DropOut_prob )
        self.user_dense2 = DenseLayer( dim, dim, DropOut_prob )
        self.user_dense3 = DenseLayer( dim, dim, DropOut_prob )
        self.Tail_dense1 = DenseLayer( dim, dim, DropOut_prob )
        self.Tail_dense2 = DenseLayer( dim, dim, DropOut_prob )
        self.Tail_dense3 = DenseLayer( dim, dim, DropOut_prob )
        self.cc_unit1 = CrossCompress( dim )
        self.cc_unit2 = CrossCompress( dim )
        self.cc_unit3 = CrossCompress( dim )

        self.BCEloss = nn.BCELoss( )

        self.alpha = alpha #kge 损失函数的计算权重
```

其中除了三层 C 单元外,还包含了三层用户全连接层与三层尾实体全连接层,全连接

层的具体结构如下：

```
# recbyhand\chapter5\s34_MKR.py
# 附加 DropOut 的全连接网络层
class DenseLayer( nn.Module ):

    def __init__( self, in_dim, out_dim, DropOut_prob ):
        super( DenseLayer, self ).__init__( )
        self.liner = nn.Linear( in_dim, out_dim )
        self.drop = nn.DropOut( DropOut_prob )

    def forward( self, x, isTrain ):
        out = torch.ReLU( self.liner( x ) )
        if isTrain:  # 训练时加入 DropOut，防止过拟合
        out = self.drop( out )
        return out
```

加入 DropOut 主要是为了防止过拟合，像 MKR 这种模型参数众多且属于联合训练的神经网络，数据量少时极容易过拟合，所以一些防止过拟合的技巧还是很需要的。

为了突出 MKR 的模型结构，这次 KGE 方法仅采用最简单的 TransE，TransE 部分的代码如下：

```
# recbyhand\chapter5\s34_MKR.py
def hinge_loss( self, y_pos, y_neg ):
    dis = y_pos - y_neg + self.margin
    return torch.sum( torch.ReLU( dis ) )

# kge 采用最基础的 TransE 算法
def TransE( self, h, r, t ):
    score = h + r - t
    return torch.sum( score ** 2, dim = 1 ) ** 0.5
```

重点的前向传播方法的代码如下：

```
# recbyhand\chapter5\s34_MKR.py
# 前向传播
def forward( self, rec_set, kg_set, isTrain = True ):
    # 推荐预测部分的提取，初始 Embedding
    u, v ,y = rec_set
    y = torch.FloatTensor( y.detach().NumPy( ) )
    u = self.u_emb( u )
    v = self.e_emb( v )

    # 分开知识图谱三元组的正负例
```

```
x_pos, x_neg = kg_set

# 提取知识图谱三元组正例 h、r 和 t 的初始 Embedding
h_pos, r_pos, t_pos = x_pos
h_pos = self.e_emb( h_pos )
r_pos = self.r_emb( r_pos )
t_pos = self.e_emb( t_pos )

# 提取知识图谱三元组负例 h、r 和 t 的初始 Embedding
h_neg, r_neg, t_neg = x_neg
h_neg = self.e_emb( h_neg )
r_neg = self.r_emb( r_neg )
t_neg = self.e_emb( t_neg )

# 将用户向量经三层全连接层传递
u = self.user_dense1( u, isTrain )
u = self.user_dense2( u, isTrain )
u = self.user_dense3( u, isTrain )
# 将 KG 正例的尾实体向量经三层全连接层传递
t_pos = self.Tail_dense1( t_pos, isTrain )
t_pos = self.Tail_dense2( t_pos, isTrain )
t_pos = self.Tail_dense3( t_pos, isTrain )

# 将物品与 KG 正例头实体一同经三层 C 单元传递
v, h_pos = self.cc_unit1( v, h_pos )
v, h_pos = self.cc_unit2( v, h_pos )
v, h_pos = self.cc_unit3( v, h_pos )

# 计算推荐预测的预测值及损失函数
rec_pred = torch.sigmoid( torch.sum( u * v, dim = 1 ) )
rec_loss = self.BCEloss( rec_pred, y )

# 计算 KG 正例的 TransE 评分
kg_pos = self.TransE( h_pos, r_pos, t_pos )
# 计算 KG 负例的 TransE 评分,注意负例的实体不要与物品向量一同经 C 单元
kg_neg = self.TransE( h_neg, r_neg, t_neg )
# 计算 KGE 的 hing loss
kge_loss = self.hinge_loss( kg_pos, kg_neg )

# 将推荐产生的损失函数与 KGE 产生的损失函数加权相加后返回
return rec_loss + self.alpha * kge_loss
```

相信这个完全按顺序结构编写的代码的可读性应该是不错的,并且注释也很详细,这里就不做过多的解释了。另外要讲的是 MKR 在预测时有一点麻烦,因为 MKR 中的 C 单元同时输入物品向量和那一批次的知识图谱头实体向量迭代更新。假设要预测一个用户与一

个给定物品间的评分,则也得寻找一个头实体一同输入模型中才能有效预测出结果。解决方案是用该物品同时作为头实体输进去,所以如果需要预测,需要在 MKR 的类中再定义一个预测的方法,代码如下:

```python
# recbyhand\chapter5\s34_MKR.py
# 测试时用
def predict( self, u, v, isTrain = False ):
    u = self.u_emb( u )
    v = self.e_emb( v )
    u = self.user_dense1( u, isTrain )
    u = self.user_dense2( u, isTrain )
    u = self.user_dense3( u, isTrain )
    # 第一层输入 C 单元的 KG 头实体,即物品自身
    v, h = self.cc_unit1( v, v )
    v, h = self.cc_unit2( v, h )
    v, h = self.cc_unit3( v, h )
    return torch.sigmoid( torch.sum( u * v, dim = 1 ) )
```

最后还有值得一提的是在同时采样知识图谱数据和推荐三元组数据时 batch_size 必须一致,因为 C 单元中物品与头实体的计算过程是相互干涉的,所以要求张量维度一致。

代码的其余部分是些常规操作,大家可自行查看配套代码。

5.3.5　MKR 扩展

实际工作中的调参自然会把原型变得五花八门,这里介绍一个针对 MKR 比较有效且也比较实用的扩展,如图 5-20 所示。

8min

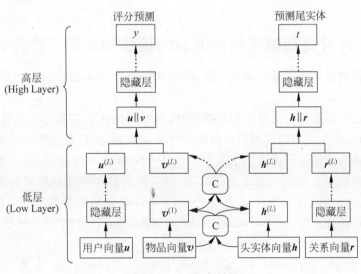

图 5-20　MKR 高低层

将模型结构分为高低两层,低层与原型一样具有若干个(可自由设置个数)的隐藏层,即全连接层及 C 单元,不同的是引入了高层的概念。

先看左半边,高层中的第一层是将低层输出的用户向量和物品向量拼接(‖ 是向量拼接的符号)起来,然后又经一个多层感知机的网络,当然层数可自由设置,这里最后一个全连接层输入的维度可以是 1,也是直接取那个值与真实的评分建立损失函数。当然这么做的好处无非是进一步提高模型的泛化能力。

右半边的知识图谱如果感觉翻译距离系列的算法不太方便,则可以采取语义匹配模型的算法思想。例如将低层的头实体向量与关系向量都输出到高层,然后将它们拼接起来,同样经一套多层感知机的网络,而此时最后一个全连接层的输出向量应该等于尾实体向量,然后将最后一层的输出向量作为尾实体的预测归一化后与真实的尾实体求单击相似度,从而建立损失函数。

当然并不存在什么真实的尾实体向量,所谓真实的尾实体向量也许是前几轮迭代过的头实体向量或者从没迭代过的实体向量,所以为了使模型的效果更好,务必注意知识图谱不可以被做成有向无环图,或者有向无环的节点要尽可能少,因为这种节点如果只作为尾实体,则无法迭代更新。

另外还要强调的是,不管采取什么知识图谱嵌入的方法,都要采取负例采样。这是新手甚至有的老手也常会忽略的事情。其实左半边的用户物品评分预测也有负例采样,在训练集中一定有某个用户与某个物品的评分是 0,如果全部都是正例,则该模型预测所有用户物品评分时都会输出 1。知识图谱嵌入训练也是一样的道理,如果全部都是正例,则最后预测实体向量与真实实体向量的点积相似度就只会为 1,而用户物品交互数据集中天生具备着负例样本,所以大家不太需要去手动地人造负例样本,但知识图谱训练集中并不存在负例,所以必须人造一些负例样本,当遇到负例时,让它们的点积相似度为 0,这样模型才可以训练起来。

5.3.6 针对更新频率很快的新闻场景知识图谱推荐算法:DKN

▶ 12min

如果被推荐物品来不及建立知识图谱,例如实时更新速度很快的新闻那该怎么利用知识图谱信息呢?

虽然这样的物品无法及时建立知识图谱,但是新闻所包含的内容可以事先建立知识图谱,所以处理的思路是先对新闻内容或标题进行实体识别,然后将这些实体用 KGE 的方式基于事先建立好的实体知识图谱学出向量表示(Embedding),将这些 Embedding 做拼接等操作代替被推荐新闻的 Embedding 进行后道计算,图 5-21 展现了这段话的思路。

上海交通大学与微软亚洲研究中心在 2018 年针对新闻场景提出了专门的推荐算法,DKN: Deep Knowledge-Aware Network for News Recommendation[10],其网络结构如图 5-22 所示。

每条新闻都用一个名为 KCNN 的单元做 Embedding 处理,KCNN 的全称为 Knowledge-aware CNN。一个单层的 KCNN 是将新闻内容中包含的每个实体的向量拼接成实体数量×向量维度形状的矩阵之后,进行卷积和池化得到一个向量的操作,如图 5-23 所示。

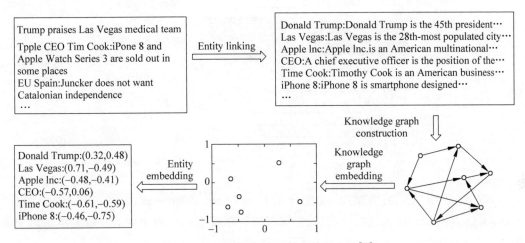

图 5-21 提取新闻标题关键字特征向量[10]

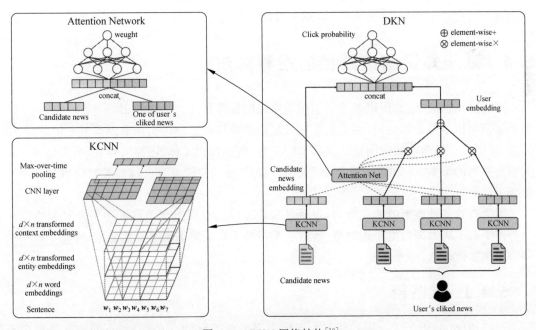

图 5-22 DKN 网络结构[10]

代表实体的 Embedding 可以用不同的 KGE 方式计算组成多通道的三维张量再进行卷积,就像图 5-22 的左下模块所示。且不仅是知识图谱嵌入得到的 Embedding,用其他手段,例如基础 Graph Embedding 甚至是自然语言处理(NLP) Embedding 的方式得到的多种 Embedding 都可以拼接成多通道的张量,然后进行 CNN 的消息传递。

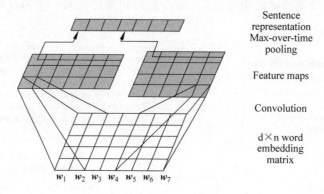

Sentence
representation
Max-over-time
pooling

Feature maps

Convolution

d×n word
embedding
matrix

w_1　w_2　w_3　w_4　w_5　w_6　w_7

图 5-23　单层 KCNN 示意图[10]

所以通过 KCNN 的方式可以聚合出目标物品,即那个新闻的 Embedding,用户 Embedding 是由用户单击过的新闻经过 KCNN 处理后加权求和得到。权重是单击历史新闻各自与目标新闻经注意力机制计算得到的注意力。

最后目标新闻 Embedding 与用户 Embedding 拼接后经过几轮全连接层最终得到该用户对该新闻的单击预测,这是全部的 DKN 算法的过程。

5.4　基于知识图谱路径的推荐算法

路径是图论的概念,所以基于知识图谱路径的推荐算法是将知识图谱当作图来对待了,但是知识图谱不是简单的图,而是属于比较复杂的异构图。异构图指节点类型+边类型>2 的图,所谓节点类型在知识图谱中是实体的类型,例如用户实体、电影实体、演员实体等。边类型指关系的类型,例如"用户—电影"关系,"演员 — 电影"关系。这些类型的数量自然非常繁多。

因为有着各种类型的节点及边,也就意味着连接着不同类型节点和边的路径似乎也可以当作所谓不同类型的路径来对待,所以在学习基于知识图谱推荐算法之前,得先了解一个异构图的基础概念,即元路径。

5.4.1　元路径

8min

元路径(Meta-Path)[12] 可以理解为连接不同类型节点的一条路径,不同的元路径会有不同的路径类型,而所谓路径类型通常是用节点类型路径来表示的。节点类型路径是指由节点类型作为节点的普通同构图路径。例如"用户→电影→演员"是指连接用户节点、电影节点和演员节点的元路径类型。

下面结合图 5-24 来说明源路径。

如图 5-24 所示,假如要给用户推荐电影,则元路径类型可以分为以下几种。

电影→题材→电影：给用户推荐同题材的电影。

电影→导演→电影：给用户推荐同导演的电影。

电影→演员→电影：给用户推荐同演员的电影。

电影→角色→电影：给用户推荐同角色的电影，例如两部电影中都有孙悟空这样的角色。

电影→用户→电影：给用户推荐相似用户看过的电影，相当于协同过滤。

其至还可以包括以下这些更长的路径。

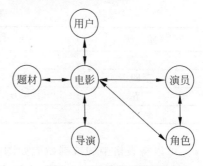

图 5-24　元路径示意图

电影→角色→演员→电影：例如该用户看过的电影《大话西游》中有个角色是孙悟空，演过该角色的演员还有六小龄童，于是给用户推荐六小龄童出演的《财迷》电影。

电影→演员→角色→演员→电影：例如该用户看过的电影《大话西游》中有个演员是周星驰，周星驰还演过角色唐伯虎，演过唐伯虎的还有演员黄晓明，于是给用户推荐黄晓明主演的电影《风声》。

当然元路径越长推荐影响的比重一定会越低，有的模型可以学习出用户更偏爱哪条元路径的推荐，但不会设置较长的元路径去影响模型的效率，一般情况下，选择长度为 3 的对称元路径即可。

对称元路径指的是例如电影→题材→电影和电影→演员→角色→演员→电影这种按中间节点对称的路径。非对称情况则例如电影→演员→角色和电影→角色→演员。

5.4.2　路径相似度（PathSim）

在对称元路径的前提下，可以求出头尾节点的路径相似度（PathSim）。该任务可被描述为例如求《功夫》和《功夫熊猫》在元路径"电影→演员→电影"下的路径相似度。

路径相似度的公式如下[13]：

$$s(x,y) = \frac{2 \times |\{p_{x \to y} : p_{x \to y} \in P\}|}{|\{p_{x \to x} : p_{x \to x} \in P\}| + |\{p_{y \to y} : p_{y \to y} \in P\}|} \tag{5-24}$$

其中，$s(x,y)$ 指节点 x 与节点 y 之间的路径相似度。分子上的 $|\{p_{x \to y} : p_{x \to y} \in P\}|$ 代表在元路径 P 的情况下，节点 x 与节点 y 之间的路径数量，所以也就是说节点间路径数量越多，代表它们越相似，而分母上的那两项，是节点 x 和节点 y 在元路径 P 的情况下回到自身的总路径数量，将这两项放在分母的位置相当于是在做归一约束。

以元路径"导演→电影→题材→电影→导演"来举个例子，目标是求取导演间的相似度。假设有导演张三、李四、王五、赵六。题材有悬疑、喜剧、爱情。电影是什么不重要，只需记录导演在某个题材上拍过的电影数量，假设每个导演与每个题材间的电影数量如表 5-3 所示。

表 5-3 路径相似度说明表

导 演	悬 疑	喜 剧	爱 情
张三	5	2	0
李四	2	3	5
王五	0	0	10
赵六	5	2	0

可以将表格中的数据做成如图 5-25 所示的图谱。

由图 5-25 可以很方便地看到,张三有 5 条路径通往悬疑,李四有 2 条路径通往悬疑,所以张三和李四之间的有关悬疑的总路径数是 $5 \times 2 = 10$ 条。以此类推,张三与李四有关喜剧的路径数有 $2 \times 3 = 6$ 条,有关爱情的路径数为 $0 \times 5 = 0$ 条,则分子上的 $|\{p_{x \to y} : p_{x \to y} \in P\}|$ 这一栏是 $10 + 6 + 0 = 16$。

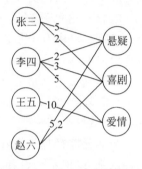

图 5-25 路径相似度图例

张三回到张三自身的路径数共 $5 \times 5 + 2 \times 2 = 29$ 条。李四同理。把所有的计算写下来,张三和李四间的相似度是:

$$s(张三, 李四) = \frac{2 \times (5 \times 2 + 2 \times 3 + 0 \times 5)}{(5 \times 5 + 2 \times 2) + (2 \times 2 + 3 \times 3 + 5 \times 5)}$$
$$\approx 0.478$$

代入公式可以将所有导演间的两两相似度求出来。

如果这样一个一个算嫌麻烦,则可将张三看作向量 $[5,2,0]$。将李四看作向量 $[2,3,5]$,则 $p_{张三 \to 李四}$ 就是两个向量间的点乘。$p_{张三 \to 张三}$ 也可以视为是张三向量自己与自己的点乘。

所以导演和题材之间的共现表格可以看作一个矩阵。记作:

$$M = \begin{bmatrix} 5 & 2 & 0 \\ 2 & 3 & 5 \\ 0 & 0 & 10 \\ 5 & 2 & 0 \end{bmatrix}$$

用这个矩阵点乘它的转置可以得到一个交换矩阵(Commuting Matrix)记作:

$$\mathbf{CM} = M \cdot M^{\mathrm{T}} = \begin{bmatrix} 5 & 2 & 0 \\ 2 & 3 & 5 \\ 0 & 0 & 10 \\ 5 & 2 & 0 \end{bmatrix} \cdot \begin{bmatrix} 5 & 2 & 0 & 5 \\ 2 & 3 & 0 & 2 \\ 0 & 5 & 10 & 0 \end{bmatrix} = \begin{bmatrix} 29 & 16 & 0 & 29 \\ 16 & 38 & 50 & 16 \\ 0 & 50 & 100 & 0 \\ 29 & 16 & 0 & 29 \end{bmatrix} \quad (5\text{-}25)$$

有了这个交换矩阵 $\mathbf{CM}$,计算路径相似度就会变得相当方便,实体 x 和实体 y 之间的路径相似度的公式可以用另一种形式表达,公式如下:

$$s(x, y) = \frac{2 \times \mathbf{CM}_{xy}}{\mathbf{CM}_{xx} + \mathbf{CM}_{yy}} \quad (5\text{-}26)$$

本节代码的地址为 recbyhand\chapter5\s42_pathSim.py

利用交换矩阵得到两个实体 e1 和 e2 之间的相似度的代码如下:

```
# recbyhand\chapter5\s42_pathSim.py
import numpy as np

M = np.mat([[5,2,0],
          [2,3,5],
          [0,0,10],
          [5,2,0]])
# 根据共现矩阵求两个实体间的路径相似度
def getPathSimFromCoMatrix(e1,e2,M):
    CM = np.array(M.dot(M.T)) # 得到交换矩阵
    return 2 * CM[e1][e2]/(CM[e1][e1] + CM[e2][e2])
```

若需要节省内存而不需要使用交换矩阵的计算形式,则代码如下:

```
# recbyhand\chapter5\s42_pathSim.py
# 根据点乘的方法求两个实体间的路径相似度
def getPathSimFromMatrix(e1,e2,M):
    up = 2 * M[e1].dot(M[e2].T)
    down = M[e1].dot(M[e1].T) + M[e2].dot(M[e2].T)
    return float(up/down)
```

得到所有实体间的两两相似度矩阵的代码如下:

```
# recbyhand\chapter5\s42_pathSim.py
# 根据共现矩阵得到所有实体的相似度矩阵
def getSimMatrixFromCoMatrix(M):
    CM = M.dot(M.T)
    a = np.diagonal(CM)
    nm = np.array([a + i for i in a])
    return 2 * CM/nm
```

当然如果硬件条件不好,别说交换矩阵了,共现矩阵也没有办法加载进内存里,则只能先得到邻接表(共现矩阵也可视为邻接矩阵),假设有三元组数据如下:

```
triples = [[0,5,0],
        [0,2,1],
        [1,2,0],
        [1,3,1],
        [1,5,2],
        [2,10,2],
        [3,5,0],
        [3,2,1]]
```

则得到邻接表的代码如下:

```
# recbyhand\chapter5\s42_pathSim.py
import collections
# 根据三元组得到邻接表
def getAdjacencyListByTriples( triples ):
    al = collections.defaultdict( dict )
    for h,r,t in triples:
        al[h][t] = r
    return al
```

邻接表如下:

```
{0: {0: 5, 1: 2}, 1: {0: 2, 1: 3, 2: 5}, 2: {2: 10}, 3: {0: 5, 1: 2}}
```

此邻接表是{实体id,{实体id,关系权重}}这样的形式。

通过邻接表得到两个实体间路径相似度的代码如下:

```
# recbyhand\chapter5\s42_pathSim.py
# 得到自元路径数量
def getSelfMetaPathCount(e,al):
    return sum(al[e][i] ** 2 for i in al[e])


# 得到两个实体间的元路径数
def getMetaPathCountBetween(e1,e2,al):
    return sum([al[e1][i] * al[e2][i] for i in set(al[e1]) & set(al[e2])])


# 求两个实体间的路径相似度
def getPathSimFromAl(e1,e2,al):
    up = getMetaPathCountBetween(e1,e2,al)
    s1 = getSelfMetaPathCount(e1,al)
    s2 = getSelfMetaPathCount(e2,al)
    down = s1 + s2
    return 2 * up/down
```

通过邻接表得到所有实体路径相似度矩阵的代码如下:

```
# recbyhand\chapter5\s42_pathSim.py
# 根据邻接表求所有实体间的路径相似度
def getSimMatrixFromAl(al,n_e):
    selfMPC = {}
    for e in al:
        selfMPC[e] = getSelfMetaPathCount(e,al)
    simMatrix = np.zeros((n_e,n_e))
    for e1 in al:
        for e2 in al:
```

```
simMatrix[e1][e2] = 2 * getMetaPathCountBetween(e1,e2,al)\
                    /(selfMPC[e1] + selfMPC[e2])
    return simMatrix
```

5.4.3　学习元路径的权重：PER

▶ 18min

▶ 23min

PER 全称为 Personalized Entity Recommendation[14]，又名 HeteRec，是最基础的基于元路径的推荐方式，提出于 2014 年。

首先作者定义了一个名为用户偏好扩散（User Preference Diffusion）的概念，设推荐基于元路径的格式为用户→物品→ * →物品，前半部分的用户→物品是用户与物品的历史交互数据，可被理解为用户偏好。后半部分物品→ * →物品表示物品与其他物品间的路径相似度，可被理解为用户交互过的物品在知识图谱中沿着某条元路径的偏好扩散。

假设要得到用户 u，与物品 v 基于某条元路径 P 情况下的偏好扩散分数，则基础的公式如下[14]：

$$s(u,v \mid P) = \sum_{i}^{I\mid u} r(u,v_i) \times \text{PathSim}(v_i,v) \tag{5-27}$$

其中，$\text{PathSim}(v_i,v)$ 是物品 v_i 和 v 之间的路径相似度。$I\mid u$ 表示用户 u 交互过的数据。$r(u,v_i)$ 表示用户与该物品的交互情况，如果能判断为喜爱，则 $r(u,v_i)=1$，如果不喜爱，则 $r(u,v_i)=0$。

例如在元路径为用户→电影→演员→电影的情况下，如图 5-26 所示。

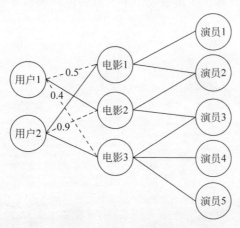

图 5-26　用户→电影→演员元路径示意图

图 5-26 中的虚线代表用户与电影间的偏好扩散预测。例如在预测用户 1 与电影 1 的偏好扩散分数时，可以观察到在三部电影中，用户 1 只有与电影 2 有正向交互，而电影 2 与电影 1 通过演员 2 互通。电影 1 通过演员有 2 条自回路径，电影 2 也有 2 条自回路径，所以电影 1 与电影 2 的路径相似度是：

$$\text{PathSim}(\text{电影 }1,\text{电影 }2)=\frac{2\times 1}{2+2}=0.5$$

再将用户与电影的交互数据代入式(5-27)，最终可得用户 1 与电影 1 基于元路径用户→电影→演员→电影的偏好扩散分数等于 0.5。

由于已经有方式得到某一条元路径下的用户偏好分数，所以之后可用标注数据将用户针对某条元路径的偏好权重学出来，公式如下[14]：

$$r^{\text{pred}}(u,v)=\sum_{P}^{L}w_{P}s(u,v\mid P) \tag{5-28}$$

其中 L 代表所有元路径，w_{P} 是元路径 P 对应的权重。

值得一提的是，作者在论文中还提到可用矩阵分解的方法来分解每条元路径下的用户偏好扩散矩阵。所谓用户偏好扩散矩阵指遍历所有用户用式(5-27)计算得到在元路径 P 下，它们对每个物品的偏好扩散分数。所有的扩散分数可形成一个用户数量×物品数量维度的用户偏好扩散矩阵，记作 $\boldsymbol{M}_P$。

对 $\boldsymbol{M}_P$ 进行矩阵分解后，得到用户隐向量矩阵 $\boldsymbol{U}^P\in\mathbf{R}^{m\times d}$ 与物品隐向量矩阵 $\boldsymbol{V}^P\in\mathbf{R}^{n\times d}$。其中 m 是用户数量，n 是物品数量，d 是隐向量维度，则式(5-28)可修改为[14]

$$r^{\text{pred}}(u,v)=\sum_{P}^{L}w_{P}\boldsymbol{U}_{u}^{P}\cdot\boldsymbol{V}_{v}^{P} \tag{5-29}$$

这么做的好处是提高了模型的泛化能力。

接下来查看 PER 的代码，代码的地址为 recbyhand\chapter5\s43_per.py。

首先定义一种方法，将知识图谱三元组事实数据按照关系分开，每种关系代表不同的元路径类型，代码如下：

```
# recbyhand\chapter5\s43_per.py
# 将事实按照关系分开,代表不同的元路径
def splitTriples( kgTriples, movie_set ):
    '''
    :param kgTriples: 知识图谱三元组
    :param movie_set: 包含所有电影的
    '''
    metapath_triples = {}
    for h, r, t in tqdm( kgTriples ):
        if h in movie_set:
            h, r, t = int( h ), int( r ), int( t )
            if r not in metapath_triples:
                metapath_triples[ r ] = [ ]
            metapath_triples[ r ].append( [ h, 1, t ] )
    return metapath_triples
```

因为 PER 需要实体间的路径相似度，为了避免内存溢出，所以可以用邻接表代替实体邻接矩阵，所以先用三元组数据组合成邻接表，然后用邻接表取得相似度矩阵。代码中的

s42_pathsim 是 5.4.3 节中路径相似度的代码,具体的代码如下:

```python
# recbyhand\chapter5\s43_per.py
from chapter5 import s42_pathSim
# 得到所有元路径下的实体邻接表
def getAdjacencyListOfAllRelations( metapath_triples ):
    print('得到所有元路径下的实体邻接表...')
    r_al = {}
    for r in tqdm(metapath_triples):
        r_al[ r ] = s42_pathSim.getAdjacencyListByTriples( metapath_triples[ r ] )
    return r_al


# 得到所有元路径下的电影实体相似度矩阵
def getSimMatrixOfAllRelations( metapath_al, movie_set ):
    print( '计算实体相似度矩阵...' )
    metapath_simMatrixs = { }
    for r in tqdm(metapath_al):
        metapath_simMatrixs[r] = \
            s42_pathSim.getSimMatrixFromAl( metapath_al[r], max(movie_set) + 1 )
    return metapath_simMatrixs
```

有了实体间的路径相似度矩阵,就可以按照 PER 的方法计算用户偏好扩散矩阵了。首先定义一个 PER 的类,在 init()方法中的代码如下:

```python
# recbyhand\chapter5\s43_per.py
class PER(nn.Module):

    def __init__(self,kgTriples, user_set, movie_set, recTriples, dim = 8):
        super( PER, self ).__init__( )
        # 以不同关系作为不同的元路径切分知识图谱三元组事实
        metapath_triples = splitTriples( kgTriples, movie_set )
        # 根据切分好的三元组数据得到各个元路径下的邻接表
        metapath_al = getAdjacencyListOfAllRelations( metapath_triples )
        # 根据邻接表得到各个元路径下的路径相似度矩阵
        metapath_simMatrixs = getSimMatrixOfAllRelations( metapath_al, movie_set )

        print("计算用户偏好扩散矩阵...")
        sortedUserItemSims, self.metapath_map = self.init_userItemSims( user_set, recTriples,
metapath_simMatrixs )

        print( '初始化用户物品在每个元路径下的 Embedding...' )
        self.Embeddings = self.init_Embedding( dim, sortedUserItemSims, self.metapath_map )

        # 用一个线性层加载每个 metapath 所带的权重
        self.metapath_linear = nn.Linear( len( self.metapath_map ), 1 )
```

其中,计算用户偏好扩散矩阵的 init_userItemSims() 方法传入的是用户集、推荐三元组数据及物品在每个元路径下的路径相似度矩阵。该方法除了可以得到用户偏好扩散矩阵外,还可以顺便得到元路径索引的映射 map,具体的代码如下:

```python
# recbyhand\chapter5\s43_per.py
# 初始化用户偏好扩散矩阵
def init_userItemSims( self, user_set, recTriples, metapath_simMatrixs ):
    # 根据推荐三元组数据得到用户物品邻接表
    userItemAl = s42_pathSim.getAdjacencyList( recTriples, r_col = 2 )

    userItemSims = collections.defaultdict(dict)
    for metapath in metapath_simMatrixs:
        for u in userItemAl:
            userItemSims[metapath][u] = \
                np.sum( metapath_simMatrixs[metapath][[ i for i in userItemAl[u] if
userItemAl[u][i] == 1]], axis = 0 )

    userItemSimMatrixs = { }
    for metapath in tqdm( userItemSims ):
        userItemSimMatrix = []
        for u in user_set:
            userItemSimMatrix.append( userItemSims[metapath][int(u)].tolist() )
        userItemSimMatrixs[metapath] = np.mat( userItemSimMatrix )

    metapath_map = { k: v for k, v in enumerate( sorted([ metapath for metapath in
userItemSims])) }
    return userItemSimMatrixs, metapath_map
```

初始化用户物品 Embedding 的方法的代码如下:

```python
# recbyhand\chapter5\s43_per.py
# 初始化用户物品在每个元路径下的 Embedding
def init_Embedding( self, dim, sortedUserItemSims, metapath_map ):
    Embeddings = collections.defaultdict( dict )
    for metapath in metapath_map:
        # 根据 NFM 矩阵分解的方式得到用户特征表示及物品特征表示
        user_vectors, item_vectors = \
            self.__init_one_pre_emd( sortedUserItemSims[metapath_map[metapath]], dim )
        # 分别用先验的用户与物品的向量初始化每个元路径下代表表示用户及表示物品的
# Embedding 层
        Embeddings[ metapath ]['user'] = \
            nn.Embedding.from_pretrained( user_vectors, max_norm = 1 )
        Embeddings[ metapath ]['item'] = \
            nn.Embedding.from_pretrained( item_vectors, max_norm = 1 )
    return Embeddings
```

```
# 根据 NFM 矩阵分解的方式得到用户特征表示及物品特征表示
def __init_one_pre_emd( self, mat, dim ):
u_vectors, i_vectors = getNFM( mat, dim )
    returntorch.FloatTensor(u_vectors),torch.FloatTensor(i_vectors)
```

其中 getNFM() 方法利用 Sklearn 库中的 NFM() 方法做非负矩阵分解，代码如下：

```
# recbyhand\chapter5\s43_per.py
from sklearn.decomposition import NMF

# NFM 矩阵分解
def getNFM( m, dim ):
nmf = NMF( n_components = dim )
user_vectors = nmf.fit_transform( m )
item_vectors = nmf.components_
    return user_vectors,item_vectors.T
```

前向传播 forward 的方法定义如下：

```
# recbyhand\chapter5\s43_per.py
def forward( self, u, v ):
metapath_preds = [ ]
    for metapath in self.metapath_map:
        # [ batch_size, dim ]
        metapath_embs = self.Embeddings[ metapath ]
        # [ batch_size, 1 ]
        metapath_pred = \
            torch.sum( metapath_embs['user'](u) *
                        metapath_embs['item'](v),
                        dim = 1, keepdim = True )
        metapath_preds.append( metapath_pred )
    # [ batch_size, metapath_number ]
    metapath_preds = torch.cat( metapath_preds, 1 )
    # [ batch_size, 1 ]
    metapath_preds = self.metapath_linear( metapath_preds )
    # [ batch_size ]
    logit = torch.sigmoid( metapath_preds ).squeeze( )
    return logit
```

其余外部调用该模型类如何训练的代码在此就不列出了，是常规的 PyTorch 操作。若有兴趣，则可到配套代码中详查。

可以发现主要训练 Linear 层中的那几个权重，而那几个权重对应的便是每条元路径的权重。其余一大堆的操作全是为了利用知识图谱数据生成用户偏好矩阵作为 PER 模型先验知识。

但是目前代码只训练了元路径在综合情况下的权重，也就是说按现在的做法假设了每个用户对所有元路径的偏好权重都是一样的,这显然并不准确,所以需要给每个用户分配一个不同的权重 w_P^u,但是在实际可统计的数据中,用户与物品的交互数据呈幂律分布,所以大部分用户没有足够的数据去学习权重参数。为此需要先将用户聚类,所以作者提出用矩阵分解得到用户物品隐向量的真正用意其实是为了方便聚类。

对所有元路径下的用户隐向量利用余弦相似度作为度量的 K-Means 算法进行聚类。最终的推荐预估函数的公式如下[14]:

$$r^{\text{pred}}(u,v) = \sum_P^L \sum_k^C \cos(C_k^P, u) w_k^P U_u^P \cdot V_u^P \tag{5-30}$$

其中,$\cos(C_k^P, u)$ 表示用户 u 与该簇中心的余弦相似度,这样做的好处是不只考虑了用户属于的那个簇,而是整合了多个相关簇的信息。

所以最终要学习的权重数量是聚类数量×路径个数。比原来多出了聚类数量倍数的权重个数。这样便具备了个性化推荐的效果,聚类的数量需要大家在实际工作中调参。

鉴于本节主要为了利用 PER 这个比较初级的基于图路径的知识图谱推荐算法,来让大家对利用知识图谱路径做推荐算法有个初步的了解,所以本节代码没有加入聚类之后的内容,否则会更复杂。大家有兴趣可以自己实现一下。

5.4.4 异构图的图游走算法:MetaPath2Vec

在第 4 章中学习过同构图的图游走算法 DeepWalk 与 Node2vec,图游走算法的任务是得到节点的向量表示,所以如果能够对知识图谱使用图游走算法,则路径提供的信息处理起来就没有那么麻烦了,但是知识图谱属于异构图,如果直接采用 DeepWalk,则在随机游走生成序列时,组成元路径数量多的节点会被高概率提取出来,这会导致组成出现频率低的元路径节点没有办法充分学到,所以 MetaPath2Vec[15] 的算法被提出。

MetaPath2Vec 是微软研究中心在 2017 年提出的算法,具体怎么做呢?首先假设有一张图数据,如图 5-27 所示。

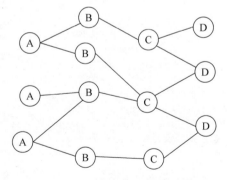

图 5-27 中有 4 个节点类型,分别为 A、B、C、D,所以元路径的类型可以定义为 ABA、ABCBA、CDC 等。与 DeepWalk 或者 Node2vec 不同的是 MetaPath2Vec 需要限定游走的序列在指定的元路径类型内。

例如将元路径指定为 ABA。则生成的序列可以是:[A1,B2,A3,B1,A2,B6]。因为 ABA 是对称元路径,所以在生成序列时可以无限循环下去。

图 5-27 MetaPath2Vec 演示图

如果要指定非对称元路径,则该元路径最好较长,因为非对称元路径无法首尾循环游走,所以生成序列的最大长度是指定的元路径长度,如果序列长度不够长,则会影响后续 Word2Vec 生成的 Embedding 效果。

原理很简单,但是一条元路径的 MetaPath2Vec 的效果反而不如 DeepWalk,这里需要指定多种元路径生成不同的序列再将这些序列一起输入 Word2Vec，以便生成 Embedding，这个操作被称为 Multi-MetaPath2Vec。

下面来看代码，代码的地址为 recbyhand\chapter5\s44_MetaPath2Vec.py。在实战中根据指定元路径生成序列这一操作写起来可能有点麻烦，本次代码会采用一种简便方法，即根据元路径生成不同的子图，而某个子图中只包含某种元路径的节点，所以这样一来后续的操作就跟 DeepWalk 一样了，代码如下：

```python
# recbyhand\chapter5\s44_MetaPath2Vec.py
import networkx as nx

#将事实按照关系分开,代表不同的元路径
def splitTriples( kgTriples ):
    '''
    :param kgTriples: 知识图谱三元组
    '''
    metapath_pairs = {}
    for h, r, t in tqdm( kgTriples ):
        if r not in metapath_pairs:
            metapath_pairs[ r ] = [ ]
        metapath_pairs[ r ].append( [ h, t ] )
    return metapath_pairs

#根据边集生成 networkx 的有向图图
def get_graph( pairs ):
    G = nx.Graph( )
    G.add_edges_from( pairs ) #通过边集加载数据
    return G

def fromTriplesGeneralSubGraphSepByMetaPath( triples ):
    '''
    :param triples: 知识图谱三元组信息
    :return: 各个元路径的 networkx 子图
    '''
    metapath_pairs = splitTriples( triples )
    graphs = []
    for metapath in metapath_pairs:
        graphs.append( get_graph( metapath_pairs[metapath] ) )
    return graphs
```

然后将 graphs 传入 multi_metaPath2vec( )的函数中进行不同元路径下的随机游走，代码如下：

```python
# recbyhand\chapter5\s44_MetaPath2Vec.py
def multi_metaPath2vec( graphs ,dim = 16, walk_length = 12, num_walks = 256, min_count = 3 ):
    seqs = []
    for g in graphs:
```

```
            #将不同元路径随机游走生成的序列合并起来
            seqs.extend( getDeepwalkSeqs( g, walk_length, num_walks ) )
    model = word2vec.Word2Vec( seqs, size = dim, min_count = min_count )
    return model
```

其中 getDeepwalkSeqs()函数是随机游走生成序列的函数,具体的代码如下:

```
#recbyhand\chapter5\s44_MetaPath2Vec.py
#随机游走生成序列
def getDeepwalkSeqs( g, walk_length, num_walks ):
    seqs = [ ]
    for _ in tqdm(range(num_walks)):
        start_node = np.random.choice(g.nodes)
        w = walkOneTime(g,start_node, walk_length)
        seqs.append(w)
    return seqs

#一次随机游走
def walkOneTime( g, start_node, walk_length ):
    walk = [ str( start_node ) ]        #初始化游走序列
    for _ in range( walk_length ):        #最大长度范围内进行采样
        current_node = int( walk[ -1 ] )
        neighbors = list( g.neighbors( current_node ) ) #获取当前节点的邻居
        if len( neighbors ) > 0:
            next_node = np.random.choice( neighbors, 1 )
            walk.extend( [ str(n) for n in next_node ] )
    return walk
```

外部调用的代码如下:

```
#recbyhand\chapter5\s44_MetaPath2Vec.py
if __name__ == '__main__':
    #读取知识图谱数据
    _, _, triples = dataloader4kge.readKGData()
    graphs = fromTriplesGeneralSubGraphSepByMetaPath( triples )
    model = multi_metaPath2vec( graphs )
    print( model.wv.most_similar( '259', topn = 3 ) ) #观察与节点259最相近的3个节点
    model.wv.save_Word2Vec_format( 'e.emd' ) #可以把emd储存下来,以便下游任务使用
    model.save( 'm.model' ) #可以把模型储存下来,以便下游任务使用
```

本次代码写到生成 Embedding 为止,利用这些 Embedding 可以进行多种多样的后续任务。这些 Embedding 包含了知识图谱路径信息,相比 PER 算法,MetaPath2Vec 显然更简单。相比 KGE 系列的算法,MetaPath2Vec 的劣势是没有学到边或者说关系的 Embedding,而优势是对于实体 Embedding 生成的效果,MetaPath2Vec 的效果普遍来讲高于简单的 KGE。这是因为 MetaPath2Vec 是将知识图谱当成异构图来对待,具备了图的优势。一些复杂的 KGE 也许在某些场景效果会高于 MetaPath2Vec,但是相对复杂 KGE 来讲 MetaPath2Vec 的优势又是简单。

5.4.5　MetaPath2Vec 的扩展

MetaPath2Vec 会有一个很好的优化点,即在 Word2Vec 的负例采样环节限定仅采取指定元路径下的节点。因为默认的负例采样会在全部的节点中采集,这样同样会有不同元路径节点出现频率不平衡等问题。

将 Word2Vec 部分中负例采样环节也限定在指定或者与正例相匹配的元路径下的做法被称为 MetaPath2Vec++。这种做法的缺点是无法用现成的 Word2Vec 方法,必须自己实现,所以在实际工作中如果在技术可行性评估或者模型选型等探索阶段,则没必要用 MetaPath2Vec++,MetaPath2Vec++ 可作为后续优化时的一个优化点。

5.5　知识图谱嵌入结合图路径的推荐 RippLeNet

本节介绍 KGE 与图路径结合的知识图谱推荐算法,而 RippLeNet[16] 在这一类的推荐算法中是最为典型且效果也非常优秀的。

5.5.1　RippLeNet 基础思想

水波网络(RippLeNet)由上海交通大学和微软亚洲在 2018 年提出。RippLeNet 有效地结合了知识图谱嵌入与知识图谱图路径提供的信息。效果很好,模型可解释性也很便于理解。该算法现在是最热门的知识图谱推荐算法之一。

它的基础思想是利用物品的知识图谱数据一层一层地往外扩散后提取节点,然后聚合 Embedding,每一层的物品会影响到在它之后的所有层,并且越往外对结果的影响就越小,就像水波一样,如图 5-28 所示。

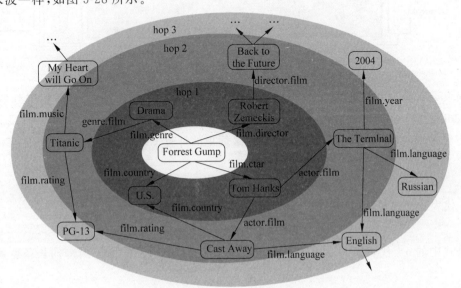

图 5-28　RippLeNet 水波扩散示意图[16]

这听起来很像是一种图采样。虽然说 RippLeNet 的提出年份在 GCN 与 GraphSAGE 之后,但是从 RippLeNet 的论文中可以推理出,作者当时似乎并不是从图神经网络的思想出发,所以 RippLeNet 相当于从侧面碰撞到了图神经网络。

5.5.2 RippLeNet 计算过程

首先参看 RippLeNet 模型的计算总览图,如图 5-29 所示。

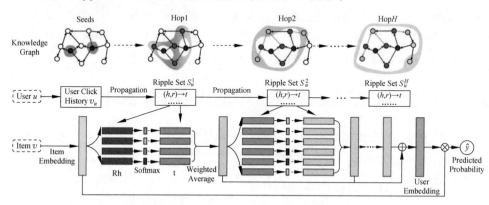

图 5-29 RippLeNet 计算总览图[16]

这张图初看之下有点复杂,为了方便理解,先把注意力集中在 Item Embedding User Embedding 和 Predicted Probability 这三项中,所以先把其余部分遮盖掉,如图 5-30 所示。

图 5-30 RippLeNet 图解(1)[16]

将其余部分先视作黑匣子。这样一来可以理解为,经过一通操作,最后将得到的 User Embedding 与 Item Embedding 做某种计算后预测出该 User 对该 Item 的喜爱程度。如何计算有很多方法,这里就先用论文中给出的最简单的计算方式,其实是在最常用的求内积之后套个 Sigmoid,公式如下:

$$y = \sigma(\boldsymbol{U}^{\mathrm{T}}\boldsymbol{V}) \tag{5-31}$$

$\boldsymbol{V}$ 代表物品向量,随机初始化即可,而用户向量 $\boldsymbol{U}$ 的计算方式如下[16]:

$$\boldsymbol{U} = \boldsymbol{o}_u^1 + \boldsymbol{o}_u^2 + \cdots + \boldsymbol{o}_u^H \tag{5-32}$$

公式中的 $\boldsymbol{o}_u^H$ 代表第 H 波的输出向量。即图 5-31 中用方框标记出来的长条所代表的向量。

所以关键是如何得到 $\boldsymbol{o}$ 向量,先说第 1 个 $\boldsymbol{o}$ 向量,参看以下公式组[16]:

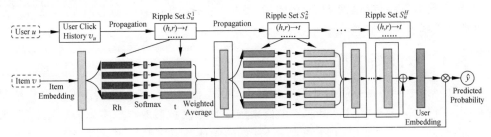

图 5-31　RippLeNet 图解(2)[16]

$$\boldsymbol{o}_u^1 = \sum_{(\boldsymbol{h}_i,\boldsymbol{R}_i,\boldsymbol{t}_i)\in S_u^1} p_i \boldsymbol{t}_i$$

$$p_i = \mathrm{Softmax}(\boldsymbol{V}^T\boldsymbol{R}_i\boldsymbol{h}_i) = \frac{\exp(\boldsymbol{V}^T\boldsymbol{R}_i\boldsymbol{h}_i)}{\displaystyle\sum_{(\boldsymbol{h}_j,\boldsymbol{R}_j,\boldsymbol{t}_j)\in S_u^1}\exp(\boldsymbol{V}^T\boldsymbol{R}_j\boldsymbol{h}_j)}$$

$$\boldsymbol{V},\boldsymbol{h},\boldsymbol{t}\in\mathbf{R}^d\quad \boldsymbol{R}\in\mathbf{R}^{d\times d} \tag{5-33}$$

$\boldsymbol{V}$ 是 Item 向量,$\boldsymbol{t}$ 是 Tail 向量,$\boldsymbol{h}$ 是 Head 向量,r 是 Relation 映射矩阵,这些都是模型要学的 Embedding。式(5-33)表示的计算过程如图 5-32 所示。

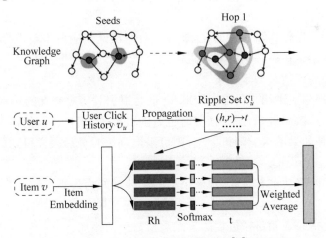

图 5-32　RippLeNet 图解(3)[16]

式(5-33)中的 S_u^1 代表 User 的第一层 Ripple Set(第一层水波集,在图 5-32 中表示为 Hop 1)。首先取一定数量的用户历史交互 Item,然后由这些 Item 作为 Head 实体通过它们的关系 r 找到 Tail 实体,记作 $(h,r)\rightarrow t$,所以第二层水波(在图 5-29 中表示为 Hop 2)是将第一层水波得到的 Tail 实体作为这一层的 Head 实体从而找到本层对应的 Tail 实体,以此类推。

公式所表达的含义相当于是对每个 Hop 的 Tail 做一个注意力操作,而权重由 Head 和 Relation 得到。

之后将上述步骤得到的 $\boldsymbol{o}$ 向量作为下一层水波的 $\boldsymbol{V}$ 向量,然后重复进行式(5-33)的计算。重复 H 次后,就可以得到 H 个 o 向量,然后代入式(5-32)得到用户向量,最后通过与物品向量点积得到预测值。

5.5.3 水波图采样

在水波网络中所谓每一层向外扩散的操作,实际上每一次都会产生笛卡儿乘积数量级的新实体,所以实际操作时需要设定一个值来限定每一次扩散取得新实体的数量上限,假设这个值为 n_memory,若某层中(尤其是初始层)的实体数量不足 n_memory,则在候选实体中进行有返回地重复采样,以此补足 n_memory 个新实体。

14min

水波采样与 GraphSage 略有不同。最普通的 GraphSage 通常会限定每个节点采样的邻居数量,假设这个值为 n,则经过 3 层采样,则总共采集到的节点数量为 n^3,而水波网络限定的是每一层采样的邻居总数量为 n,即经过 3 层采样后采集到的节点数量为 $3 \times n$。对于利用物品图谱作推荐的模型,水波采样的方式有下几点优势:

(1) 统一了每一层中实体的数量,便于模型训练时的 batch 计算。

(2) 在物品图谱中不需要对每个节点平等对待,位于中心的物品节点及周围的一阶邻居采样被采集的概率较高,而越外层的节点被采集到的概率越低,这反而更合理。水波模型中心节点是该用户历史最近交互的物品实体,而越往外扩散自然应该像水波一般慢慢稀释后续实体的权重。

水波采样的实际操作还需注意的是,训练时每一次迭代应该重新进行一次随机采样,增加训练数据的覆盖率。在做评估时同样也需重新进行一次随机采样,而不是用训练时已经采样好的水波集作为评估时的水波集。

在做预测时,理论上讲用户的 Embedding 也会根据其历史交互的正例物品通过随机采样的方式进行水波扩散而得到,所以预测时也有随机因子,用户相同的请求也会得到略有不同的推荐列表,但是如果不想有随机因子,则可采取训练时最后采样得到的水波集聚合出的用户 Embedding 直接用作后续计算。

另外水波采样的层数也有讲究,水波采样的层数最好为最小对称元路径阶数的倍数,下面来慢慢讲解这句话。

元路径的阶数指的是元路径包含的节点类型数量。例如:

元路径为电影→演员→电影,则阶数为 3。

元路径为电影→角色→演员→角色→电影,则阶数为 5。

水波采样最好通过候选物品的知识图谱扩散出去找到相关的其他目标物品,从而挖掘出推荐物品。假设目前知识图谱的最小对称元路径是电影→演员→电影,即路径阶数为 3。如果水波采样层数仅为 2,则代表每次迭代根本就没有挖掘出其他电影,而仅采集到演员,所以采样的水波层数需要不小于最小对称元路径阶数。

至于为什么最好是最小对称元路径路径阶数的倍数倒并不是很关键,为倍数的优势是因为这样大概率能在最终一层的水波集节点停留在与候选物品同样实体类型的实体上,实测后得知这对模型的训练有正向影响,但更关键的是要保证水波采样的层数要大于或等于最小对称元路径阶数。

5.5.4 RippLeNet 实际操作时的注意事项与代码范例

本次代码的地址为 recbyhand\chapter5\dataloader4KGNN.py（负责与读取数据相关的操作）与 recbyhand\chapter5\s54_rippLeNet.py（RippLeNet 主脚本）。代码量有点多，所以此处就不全列出来了，大家去配套代码中查看即可。在此介绍一下实际操作 RippLeNet 时应注意的事项及一些关键的代码。

（1）用户向量的得到除了计算过程式(5-32)的方式外，还有另一种方法，即直接取最后一层的输出 *o*。后者的优势是模型收敛得会更快，但是稳健性不如前者。

43min

在代码中的体现如下：

```
# recbyhand\chapter5\s54_rippLeNet.py
def _get_user_Embeddings( self, o_list ):
    '''
    :param o_list: 每个 hop 得到的 o 向量集
    :return: 用户向量
    '''
    user_embs = o_list[ -1 ]
    # 选择是否使用全部的 o 向量相加作为用户向量,否则仅用最后一层的 o 向量
    if self.using_all_hops:
        for i in range(self.n_hop - 1):
            user_embs += o_list[i]
    return user_embs
```

（2）在实际操作中最后与用户向量计算的 Item 向量也可以经过一些迭代更新，作者提出了如下 4 种更新方式。

replace：直接用新一波预测的物品向量（*o* 向量）替代，如果用户向量获取策略采取的是最后一层 *o* 向量，则此方法不适用。

plus：与 *t* − 1 波次的物品向量对应位相加，如果用户向量获取策略采取的是将所有 *o* 向量相加，则此方法不适用。

replace_transform：用一个映射矩阵将预测的物品向量映射一下。

plus_transform：用一个映射矩阵将预测的物品向量映射一下后与 *t* − 1 波次的物品向量对应位相加。

在代码中的体现如下：

```
$ recbyhand\chapter5\s54_rippLeNet.py
# 迭代物品的向量
def _update_item_Embedding( self, item_Embeddings, o ):
    '''
    :param item_Embeddings: 上一个 hop 的物品向量 # [ batch_size, dim ]
```

```
        :param o: 当前 hop 的 o 向量 #[ batch_size, dim ]
        :return: 当前 hop 的物品向量 #[ batch_size, dim ]
        '''
        if self.item_update_mode == "replace":
            item_Embeddings = o
        elif self.item_update_mode == "plus":
            item_Embeddings = item_Embeddings + o
        elif self.item_update_mode == "replace_transform":
            item_Embeddings = self.transform_matrix( o )
        elif self.item_update_mode == "plus_transform":
            item_Embeddings = self.transform_matrix( item_Embeddings + o )
        else:
            raise Exception( "位置物品更新 mode: " + self.item_update_mode )
        return item_Embeddings
```

（3）因为每一层水波中都包含(h,r)→t 的映射关系,所以训练过程中可利用这些数据使用一些知识图谱嵌入(KGE)的方式产生一个额外的损失函数与主模型中的损失函数相加后一起优化。

在代码中的体现如下:

```
$ recbyhand\chapter5\s54_rippLeNet.py
# 生成 kge loss 来联合训练
def _get_kg_loss( self, h_emb_list, r_emb_list, t_emb_list):
    '''
    h_emb_list,r_emb_list,t_emb_list 是水波采样的实体与关系集,三者间位置对应
    '''
    kge_loss = 0
    for hop in range( self.n_hop ):
        #[batch size, n_memory, 1, dim]
        h_expanded = torch.unsqueeze( h_emb_list[hop], dim = 2 )
        #[batch size, n_memory, dim, 1]
        t_expanded = torch.unsqueeze( t_emb_list[hop], dim = 3 )
        #[batch size, n_memory, dim, dim]
        hRt = torch.squeeze(
            torch.matmul( torch.matmul( h_expanded, r_emb_list[ hop ] ), t_expanded ))
        kge_loss += torch.sigmoid( hRt ).mean( )
    kge_loss = - self.kge_weight * kge_loss
    return kge_loss
```

本次代码中采用的 KGE 方法是 RESCAL,在上面倒数第二行的代码中之所以加入负号实际上是一种技巧。因为省略掉了负例采样,而单用点乘后 Sigmoid 的值做评分是越高越好的,所以在联合训练时将点乘后的结果减去自然意味着点乘得到的值越高则损失函数会越低。为什么说这是一种技巧? 因为如果推荐预测的损失函数的绝对值小于 KGE 损失函数的绝对值,则整体的损失函数就会呈现负数,模型就无法收敛,所以为了避免整体损失

函数出现负数,kge_weight 实际上要设得足够小,例如 0.01。

综合来讲,在联合训练中 KGE 的确可以省略负例采样,而省略后的注意事项是前段话中的那些内容。

如果大家已经具备图神经网络的知识,则一定会发现本次 RippLeNet 的代码有很多可优化的部分,而示例代码之所以没有写得像图神经网络那样是为了尽可能与 RippLeNet 作者发表的源码相似,其实仅仅在源码的基础上做了略微改进。这么做的原因是因为一来比较原汁原味的 RippLeNet 能更加有助于大家理解知识图谱的发展路线,从而能够更好地往下理解后续知识图谱与图神经网络相结合的算法。二来可以让大家在自行搜索源码比对学习时不至于太混乱。

5.6　图神经网络与知识图谱

终于到了讲解图神经网络结合知识图谱的算法了,图神经网络的算法用到知识图谱推荐领域要注意的重点是要将知识图谱的头实体(Head)、关系(Relation)和尾实体(Tail)一同考虑进去。尤其是 Relation,在图论中是边,在普通 GNN 算法中不会给边附加一个特征向量,而如果忽略知识图谱中边对整个数据的影响,则知识图谱也就退化成了一个普通图,所以既然说要利用知识图谱做推荐模型,则设计算法时对于边不容忽视。

5.6.1　最基础的基于图神经网络的知识图谱推荐算法 KGCN

13min

首先介绍 KGCN[17],KGCN 是知识图谱与图神经网络结合的典型案例,也是最基础的案例。提出于 2019 年,KGCN 的作者也是 RippLeNet 的作者。其中心思想是利用图神经网络的消息传递机制与基本推荐思想结合训练。

14min

虽然名字中有 GCN,但其实主要还是以计算注意力的方式进行消息传递。这个注意力可被理解为该关系影响用户行为的偏好程度。例如用户是更喜欢通过相似演员还是更喜欢通过相似题材寻找喜欢的电影。

首先设用户是 U,用户向量表示为 u,物品为 V,物品向量表示为 v。若要计算用户 U 对物品 V 的评分预测,最基础的公式如下:

$$\hat{y}_{\text{UV}} = f(u, v) \tag{5-34}$$

其中,$f(\cdot)$ 是任意函数,例如求内积,即点乘,$\hat{y}$ 是预测的值。

假设图 5-33 所示的是一次图采样得到的子图。中间的节点指的是要预测的目标物品 V。N_i 表示 V 的邻居。R_i 则表示关系。直接将关系向量 r_i 用作消息传递的权重可以吗?可以是可以,但效果不如以下做法,详见图 5-34。

如图 5-34 所示,每条边用一个权重 w 来表示,并令

$$w_{R_i}^{U} = g(u, r_i) \tag{5-35}$$

其中,u 是用户的向量,r_i 是连接第 i 个邻居的关系向量。$g(\cdot)$ 是任意函数,例如求内积。

$w_{R_i}^U$ 表示目标用户 U 对关系 R_i 的偏好程度,即经过 R_i 边时消息传递的权重。因为每次消息传递都加入了用户向量,所以结果自然比直接取关系向量 $\boldsymbol{r}_i$ 更能体现出用户 U 的注意力。

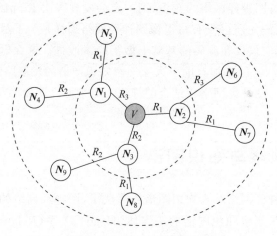

图 5-33 KGCN 流程图(1)

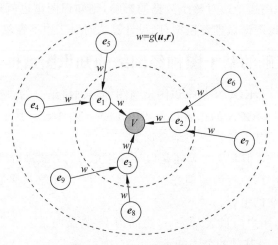

图 5-34 KGCN 流程图(2)

与所有注意力机制一样,接下来对 $w_{R_i}^U$ 做一次 Softmax 操作来归一化。

$$\tilde{\boldsymbol{w}}_{R_i}^U = \text{Softmax}_j(w_{R_i}^U) = \frac{\exp(w_{R_i}^U)}{\sum\limits_{j \in N_{(V)}} \exp(w_{R_j}^U)} \tag{5-36}$$

其中,$N_{(V)}$ 代表节点 V 的一阶邻居集,然后进行一次加权求和操作得到特征向量 $\tilde{\boldsymbol{v}}$,公式如下[17]:

$$\tilde{\boldsymbol{v}} = \sum_{i \in N_{(V)}} \tilde{\boldsymbol{w}}_{R_i}^U \cdot \boldsymbol{e}_i \tag{5-37}$$

其中，e_i 代表第 i 个邻居的特征向量。根据图采样的思想，消息传递是由外而内进行的，所以在将图中的节点 e_4 和 e_5 传递到 e_1 时。则此时表示 e_1 的向量就相当于式(5-37)中的 $\tilde{v}$。计算得到 e_1 消息聚合后的特征向量后。再将 e_1 代入式(5-37)中 e_i 的位置，以此类推，最终传递给中心位置 V，得到中心节点 V 的特征向量 $\tilde{v}$。

细心的读者一定会发现，v 的头上有一个波浪线。也就是说 $\tilde{v}$ 还不是最终代表目标物品 V 的特征向量 v。因为 $\tilde{v}$ 到 v 其实还可以进行另一次消息聚合，以及经一次或多次全连接层的操作。该过程的公式如下[17]：

$$v = \sigma(\boldsymbol{W} \cdot \text{agg}(\tilde{v}, e) + \boldsymbol{b}) \tag{5-38}$$

其中，$\sigma(\cdot)$ 是非线性激活函数，如 ReLU、Sigmoid 等。$\boldsymbol{W}$ 是线性变换矩阵，$\boldsymbol{b}$ 是偏置项。这些都是一个全连接层的基本元素，而 $\text{agg}(\tilde{v}, e)$ 表示对物品 V 再做一次消息聚合 (Aggregator)，不带下标的字母 e 表示物品 V 初始的特征向量，抑或是物品 V 在前一轮迭代更新产生的向量。作者在论文中提到了 3 种聚合方式。

(1) 求和聚合(Sum)：即将 $\tilde{v}$ 与 e 对应的元素位相加，公式如下[17]：

$$\text{agg}_{\text{sum}}(\tilde{v}, e) = \tilde{v} + e \tag{5-39}$$

(2) 拼接聚合(Concat)：即将向量 $\tilde{v}$ 与向量 e 拼接起来，如果原本它们的维度都为 F，则拼接后的向量维度是 2F，所以使用拼接聚合时要注意式(5-38)中的线性变化矩阵 $\boldsymbol{W}$ 和偏置项 $\boldsymbol{b}$ 的维度也需相应地变化。拼接聚合的公式如下[17]：

$$\text{agg}_{\text{concat}}(\tilde{v}, e) = \tilde{v} \parallel e \tag{5-40}$$

(3) 邻居聚合(Neighbor)：所谓邻居聚合是直接采用 $\tilde{v}$ 当作本层输出向量，之所以取名为邻居聚合，是因为得到的 $\tilde{v}$ 的计算过程本身也能称为邻居聚合，具体公式如下[17]：

$$\text{agg}_{\text{neighbor}}(\tilde{v}, e) = \tilde{v} \tag{5-41}$$

至此，将聚合好的向量代入式(5-38)，即可得到这一轮表示物品 V 的向量 v，然后代入式(5-34)，即可得到预测值 $\hat{y}_{\text{UV}}$，然后与真实值 y_{UV} 建立损失函数，公式如下：

$$\text{loss} = L(y_{\text{UV}}, \hat{y}_{\text{UV}}) \tag{5-42}$$

$L(\cdot)$ 表示一个损失函数，例如如果是 CTR 预估，则是 BCE 损失函数，如果是评分预测，则可以是平方差损失函数。

接下来看代码，本次代码的地址为 recbyhand\chapter5\s61_KGCN.py。书中直接从前向传播方法切入，代码如下：

```
# recbyhand\chapter5\s61_KGCN.py
def forward( self, users, items, is_evaluate = False ):
    user_Embeddings = self.user_Embedding( users)
    item_Embeddings = self.entity_Embedding( items )
    # 得到邻居实体和连接它们关系的 Embedding
    neighbor_entitys, neighbor_Relations = self.get_neighbors( items )
    # 得到 v 波浪线
```

```
    neighbor_vectors = self.__get_neighbor_vectors( neighbor_entitys, neighbor_Relations,
    user_Embeddings )
    #聚合得到物品向量
    out_item_Embeddings = self.aggregator( item_Embeddings, neighbor_vectors, is_evaluate )

    out = torch.sigmoid( torch.sum( user_Embeddings * out_item_Embeddings, dim = -1 ) )

    return out
```

传入的 users 和 items 自然是一批次采样的用户与物品索引。is_evaluate 用于判断是否是评估的 flag,主要是为了在训练时某些位置采取 DropOut,而评估时则可取消 DropOut 的操作。前向传播中的一些方法如__get_neighbor_vectors() 是实现式(5-35)到式(5-37)的计算过程,aggregator()方法是实现式(5-38)到式(5-41)的计算过程,这些就不在书中展开讲解了。这里重点要讲解 get_neighbors()方法,详细代码如下:

```
# recbyhand\chapter5\s61_KGCN.py
#得到邻居的节点 Embedding 和关系 Embedding
    def get_neighbors( self, items ):
    e_ids = [self.adj_entity[ item ] for item in items]
    r_ids = [ self.adj_Relation[ item ] for item in items ]
    e_ids = torch.LongTensor( e_ids )
    r_ids = torch.LongTensor( r_ids )
    neighbor_entities_embs = self.entity_Embedding( e_ids )
    neighbor_Relations_embs = self.Relation_Embedding( r_ids )
    return neighbor_entities_embs, neighbor_Relations_embs
```

这是一个通过物品 id 得到其邻居及连接它们的关系的 id,然后通过邻居和关系 id 得到邻居实体与关系的 Embedding 的方法,而中间的 adj_entity 与 adj_Relation 分别是图采样后得到的指定度数的邻接列表。数据的形式是二维列表,例如:$[[1,2,3,4,5],[2,3,4,5,6]\cdots]$,外层列表的索引对应的是实体索引。因为数据经处理后实体的所有索引是按从 0 到"实体数量−1"的顺序排列的整数,所以可直接用列表索引指代实体的索引。adj_Relation 是关系的邻接列表,外层列表的索引同样对应的是实体索引。假设 adj_entity=$[[1,2,3]]$,adj_relation=$[[1,0,2]]$,则实体与关系的排列如图 5-35 所示。

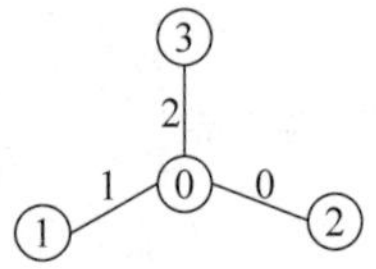

图 5-35 KGCN 图采样说明图

生成它们的方式的代码如下:

```
# recbyhand\chapter5\dataloader4KGNN.py
#根据 kg 邻接列表,得到实体邻接列表和关系邻接列表
def construct_adj( neighbor_sample_size, kg_indexes, entity_num ):
    print('生成实体邻接列表和关系邻接列表')
    adj_entity = np.zeros([ entity_num, neighbor_sample_size ], dtype = np.int64 )
```

```
adj_Relation = np.zeros([ entity_num, neighbor_sample_size ], dtype = np.int64 )
for entity in range( entity_num ):
    neighbors = kg_indexes[ str( entity ) ]
    n_neighbors = len( neighbors )
    if n_neighbors >= neighbor_sample_size:
        sampled_indices = np.random.choice( list(range(n_neighbors ) ),
                                    size = neighbor_sample_size, replace = False )
    else:
        sampled_indices = np.random.choice( list(range(n_neighbors ) ),
                                    size = neighbor_sample_size, replace = True )
    adj_entity[ entity ] = np.array( [ neighbors[i][0] for i in sampled_indices ] )
    adj_Relation[ entity ] = np.array( [ neighbors[i][1] for i in sampled_indices ] )
return adj_entity, adj_Relation
```

其中 kg_indexes 的数据形式是一个字典,生成的代码如下:

```
# recbyhand\chapter5\dataloader4KGNN.py
def getKgIndexsFromKgTriples( kg_triples ):
    kg_indexs = collections.defaultdict( list )
    for h, r, t in kg_triples:
        kg_indexs[ str( h ) ].append([ int( t ), int( r ) ])
    return kg_indexs
```

其中 kg_triples 是知识图谱三元组数据,到这应该没问题了,所以这一整串事情其实也是图采样的一种实现方式。代码的其余部分相对来讲比较简单,大家可自行列配套代码中对应的位置查看。

5.6.2　KGCN 的扩展 KGNN-LS

8min

KGNN-LS[18] 是 KGCN 的作者在同年提出的一个对 KGCN 有效优化的方式。其中的 LS 表示标签平滑正则化(Label Smoothness Regularization),主要是为了防止过拟合。

首先在数据预处理的时候,用无监督的方式计算出原本无标注节点的标注,公式如下[18]:

$$\hat{y}_{UV}^{LS} = \frac{1}{\mid N_{(V)} \mid U \mid} \sum_{i \in N_{(V)} \mid U} \tilde{w}_{R_{Vi}}^{U} y_{Ui} \tag{5-43}$$

其中,y_{Ui} 代表用户 U 对节点 i 原来的标注。例如在一个电影推荐场景,节点 i 是一部电影,若用户喜欢该电影,则 y_{Ui} 为 1,如果不喜欢,则为 0。$\hat{y}_{UV}^{LS}$ 是要预测的节点 V 的标注,可能节点 V 是用户没看过的一部电影,也可能是导演或演员等实体;上标 LS 代表是 LS 部分的预测标注,用以区分 KGCN 的预测。$N_{(V)} \mid U$ 代表与用户 U 有交互的节点 V 的一阶邻居集,$\mid N_{(V)} \mid U \mid$ 代表节点 V 在这种情况下的邻居数量,即度。$\tilde{w}_{R_{Vi}}^{U}$ 是连接节点 V 与节点 i 那条边的权重,由式(5-36)得到。

在训练过程中,遍历所有标注的节点,遮盖住目标节点的标注,用它邻居的标注预测出目标节点的标注,预测的方式如式(5-43)所示,然后与它真实的节点建立损失函数。该过程的公式可描述为

$$\text{loss}_{\text{LS}} = L(y_{\text{UV}}, \hat{y}_{\text{UV}}^{\text{LS}}) \tag{5-44}$$

其中,$L(\cdot)$表示一个损失函数,目标节点的邻居节点标注是上文提到的在数据预处理时无监督计算得到的标注,也有原本是真实的标注,注意计算$\hat{y}_{\text{UV}}^{\text{LS}}$时仅需遮盖目标节点自身的真实标注,无须遮盖目标节点的邻居节点的真实标注。

这是 LS 正则化部分损失函数的计算过程。如果用$\text{loss}_{\text{KGCN}}$代表 KGCN 部分的损失函数,则整个 KGNN − LS 的损失函数的公式如下[18]:

$$\text{loss} = \text{loss}_{\text{KGCN}} + \gamma \text{loss}_{\text{LS}} = L(y_{\text{UV}}, \hat{y}_{\text{UV}}) + \gamma \cdot L(y_{\text{UV}}, \hat{y}_{\text{UV}}^{\text{LS}}) \tag{5-45}$$

其中,γ是 LS 正则项的系数,加入 LS 正则项后,训练的时间复杂度会提高很多,但是的确能提高 KGCN 的效果,虽然提高的效果相较提高的训练时间而言显得不是很划算,但是在实际工作中 KGNN-LS 也可作为需要精益求精场景的优化手段之一。

5.6.3　图注意力网络在知识图谱推荐算法中的应用 KGAT

知识图谱注意力网络(Knowledge Graph Attention Network,KGAT)[19]是由新加坡国立大学与中国科学技术大学于 2019 年提出。中心思想是利用图注意力网络进行消息传递,从而聚合出物品向量之后与用户向量进行计算得到预测值。

这个算法中注意力是由头实体h、关系r与尾实体t的 3 个向量计算而来,公式如下[19]:

$$a(h, r, t) = \text{Softmax}((W_r e_t)^{\text{T}} \tanh(W_r e_h + e_r)) \tag{5-46}$$

其中,e_h和e_t是头尾实体向量,假设维度是 e_dim,e_r是关系向量,另一维度假设为 r_dim,W_r是关系变换矩阵,则维度相应为 e_dim×r_dim。关系变换矩阵的意义与 TransR 中的关系变换矩阵一样,也是将头尾实体向量映射到r向量空间后进行运算。其优势是 TransH 中提到的优势(TransR 可视为 TransH 的简化)。

然后在头实体的位置初步聚合,公式如下[19]:

$$e_{\text{Nh}} = \sum_{(h, r, t) \in \text{Nh}} a(h, r, t) \times e_t \tag{5-47}$$

11min

其中,$(h, r, t) \in \text{Nh}$指遍历h实体的邻居尾实体和连接它们的关系,而h在计算过程中将被广播。

式(5-46)与式(5-47)的消息传递过程如图 5-36 所示。

得到初步的聚合向量e_{Nh}后,有 3 种进一步聚合的方式,主要是e_{Nh}与原始头实体的向量e_h以不同方式进行消息聚合,分别如下[19]。

(1) 求和聚合(Sum):

$$\text{agg}_{\text{sum}} = \text{LeakyReLU}(W(e_h + e_{\text{Nh}})) \tag{5-48}$$

(2) 拼接聚合(Concat):

$$\text{agg}_{\text{concat}} = \text{LeakyReLU}(W(e_h \parallel e_{\text{Nh}})) \tag{5-49}$$

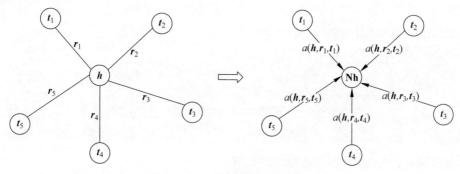

图 5-36　KGAT 消息传递示意图

（3）双相互作用聚合（Bi-Interaction）：

$$\text{agg}_{\text{bi-interaction}} = \text{LeakyReLU}(W_1(e_h + e_{\text{Nh}})) + \text{LeakyReLU}(W_2(e_h \odot e_{\text{Nh}})) \qquad (5\text{-}50)$$

其中，W 是线性变换矩阵，在代码中可以直接声明一个线性层来代替。注意输入和输出即可，输入是根据头实体向量与聚合向量相应的维度而来，输出则要与用户向量对应。因为下一步是与用户向量进行计算得到预测值，物理意义是该用户对该头实体或者某个物品的兴趣程度，当然一般的计算方式是一个点乘套 Sigmoid 即可，最后再与真实的标注建立损失函数。

本节示例代码的地址为 recbyhand\chapter5\s63_KGAT. py。

下面拆解来看 KGAT 的主要核心代码，首先初始化 KGAT 类的代码如下：

```python
# recbyhand\chapter5\s63_KGAT.py
class KGAT( nn.Module ):

    def __init__( self, n_users, n_entitys, n_Relations, e_dim, r_dim,
adj_entity, adj_Relation ,agg_method = 'Bi-Interaction'):
        super( KGAT, self ).__init__( )

        self.user_embs = nn.Embedding( n_users, e_dim, max_norm = 1 )
        self.entity_embs = nn.Embedding( n_entitys, e_dim, max_norm = 1 )
        self.Relation_embs = nn.Embedding( n_Relations, r_dim, max_norm = 1 )

        self.adj_entity = adj_entity              # 节点的邻接列表
        self.adj_Relation = adj_Relation          # 关系的邻接列表

        self.agg_method = agg_method              # 聚合方法

        # 初始化计算注意力时的关系变换线性层
        self.Wr = nn.Linear( e_dim, r_dim )

        # 初始化最终聚合时所用的激活函数
        self.leakyReLU = nn.LeakyReLU( negative_slope = 0.2 )
```

```
#初始化各种聚合时所用的线性层
if agg_method == 'concat':
    self.W_concat = nn.Linear( e_dim * 2, e_dim )
else:
    self.W1 = nn.Linear( e_dim, e_dim )
    if agg_method == 'Bi - Interaction':
        self.W2 = nn.Linear( e_dim, e_dim )
```

消息传递后,初步聚合的函数的代码如下:

```
# recbyhand\chapter5\s63_KGAT.py
# GAT 消息传递
def GATMessagePass( self, h_embs, r_embs, t_embs ):
    '''
    :param h_embs: 头实体向量[ batch_size, e_dim ]
    :param r_embs: 关系向量[ batch_size, n_neibours, r_dim ]
    :param t_embs: 尾实体向量[ batch_size, n_neibours, e_dim ]
    '''
    #将 h 张量广播,维度扩散为 [ batch_size, n_neibours, e_dim ]
    h_broadcast_embs = torch.cat( [ torch.unsqueeze( h_embs, 1 ) for _ in range( t_embs.shape
[ 1 ] ) ], dim = 1 )
    # [ batch_size, n_neibours, r_dim ]
    tr_embs = self.Wr( t_embs )
    # [ batch_size, n_neibours, r_dim ]
    hr_embs = self.Wr( h_broadcast_embs )
    # [ batch_size, n_neibours, r_dim ]
    hr_embs = torch.tanh( hr_embs + r_embs)
    # [ batch_size, n_neibours, 1 ]
    atten = torch.sum( hr_embs * tr_embs,dim = - 1 ,keepdim = True)
    atten = torch.Softmax( atten, dim = - 1 )
    # [ batch_size, n_neibours, e_dim ]
    t_embs = t_embs * atten
    # [ batch_size, e_dim ]
    return torch.sum( t_embs, dim = 1 )
```

该函数返回的是本节公式中的 e_{Nh}。

下面是用 e_{Nh} 与原始的头实体向量 e_h 进行进一步聚合的函数,有 3 种聚合方法可供选择,具体的代码如下:

```
# recbyhand\chapter5\s63_KGAT.py
#消息聚合
def aggregate( self, h_embs, Nh_embs, agg_method = 'Bi - Interaction' ):
    '''
    :param h_embs: 原始的头实体向量 [ batch_size, e_dim ]
```

```
:param Nh_embs: 消息传递后头实体位置的向量 [ batch_size, e_dim ]
:param agg_method: 聚合方式,总共有 3 种,分别是'Bi - Interaction'、'concat'、'sum'
'''
if agg_method == 'Bi - Interaction':
    return self.leakyReLU( self.W1( h_embs + Nh_embs ) )\
            + self.leakyReLU( self.W2( h_embs * Nh_embs ) )
elif agg_method == 'concat':
    return self.leakyReLU( self.W_concat( torch.cat([ h_embs,Nh_embs ], dim = -1 ) ) )
else: ♯sum
    return self.leakyReLU( self.W1( h_embs + Nh_embs ) )
```

模型的前向传播方法,代码如下:

```
♯recbyhand\chapter5\s63_KGAT.py
def forward( self, u, i ):
    ♯♯[ batch_size, n_neibours, e_dim ] and ♯[ batch_size, n_neibours, r_dim ]
    t_embs, r_embs = self.get_neighbors(i)
    ♯♯[ batch_size, e_dim ]
    h_embs = self.entity_embs(i)
    ♯♯[ batch_size, e_dim ]
    Nh_embs = self.GATMessagePass( h_embs, r_embs, t_embs )
    ♯♯[ batch_size, e_dim ]
    item_embs = self.aggregate( h_embs, Nh_embs, self.agg_method )
    ♯♯[ batch_size, e_dim ]
    user_embs = self.user_embs( u )
    ♯♯[ batch_size ]
    logits = torch.sigmoid( torch.sum( user_embs * item_embs, dim =1 ) )
    return logits
```

其中的 get_neighbors()方法其实和 KGCN 代码中的 get_neighbors()方法相同。图采样的方式也和 KGCN 代码中图采样的方式相同。其余的内容大家可到示例代码中详查。

另外在实际工作中注意力的使用也可采取多头注意力,以及与所有知识图谱推荐算法一样,可以与知识图谱嵌入任务做联合训练。

5.6.4　GFM 与知识图谱的结合 KGFM

8min

又到了用所学的知识自己推演算法的时候了,结合 4.4.3 节中 GFM 的思路,在知识图谱的推荐算法中可以将 FM 的操作插入某个位置来学实体交叉后的信息,FM 这一步的计算公式如下:

$$\boldsymbol{e}_{\mathrm{Nh}} = \Big(\sum_{i=1}^{n} \boldsymbol{x}_i \Big)^2 - \sum_{i=1}^{n} \boldsymbol{x}_i^2 \tag{5-51}$$

其中,n 的数量是实体 h 此次采样总共得到的三元组数量。这意味着与实体 h 相连的尾实体 t 有 n 个,关系 r 也有 n 条,所以 $\boldsymbol{x}_i$ 代表由第 i 组 h、r 和 t 得到的向量。$\boldsymbol{x}_i$ 的计算公式如下：

$$x_i = f_{\text{KGAT}}(\boldsymbol{h}, \boldsymbol{r}_i, \boldsymbol{t}_i) = (\boldsymbol{W}_r \boldsymbol{e}_t^i) \odot \tanh(\boldsymbol{W}_r \boldsymbol{e}_h + \boldsymbol{e}_r^i) \tag{5-52}$$

这个公式是从 KGAT 在计算注意力权重中的公式推演而来，这种计算的意义主要还是参考了 TransR。这样使 x_i 蕴含了第 i 组 h、r 和 t 三者的信息。

然后将 x_i 代入公式(5-51)得到 $\boldsymbol{e}_{\text{Nh}}$，$\boldsymbol{e}_{\text{Nh}}$ 再与头实体原本的向量 $\boldsymbol{e}_h$ 进行进一步的聚合，聚合方式可参考 KGAT 的那 3 种聚合方式，分别是求和聚合(Sum)、拼接聚合(Concat)与双相互作用聚合(Bi-Interaction)。

后面的操作就跟 KGAT 之后的操作一样了，即将更新后的头实体向量与用户向量计算得到预测值，所以 KGFM 的代码仅需要在 KGAT 的基础上改动一处，即将 GATMessagePass() 函数改为如下这个函数：

```python
#recbyhand\chapter5\s64_KGFM.py
#KGAT 由来的 FM 消息传递
def FMMessagePassFromKGAT(self, h_embs, r_embs, t_embs ):
    '''
    :param h_embs: 头实体向量[ batch_size, dim ]
    :param r_embs: 关系向量[ batch_size, n_neibours, dim ]
    :param t_embs: 尾实体向量[ batch_size, n_neibours, dim ]
    '''
    ##将 h 张量广播,维度扩散为 [ batch_size, n_neibours, dim ]
    h_broadcast_embs = torch.cat( [ torch.unsqueeze( h_embs, 1 ) for _ in range( t_embs.shape
    [ 1 ] ) ], dim = 1 )
    #[ batch_size, n_neibours, dim ]
    tr_embs = self.Wr( t_embs )
    #[ batch_size, n_neibours, dim ]
    hr_embs = self.Wr( h_broadcast_embs )
    #[ batch_size, n_neibours, dim ]
    hr_embs = torch.tanh( hr_embs + r_embs)
    #[ batch_size, n_neibours, dim ]
    hrt_embs = hr_embs * tr_embs
    #[ batch_size, dim ]
    square_of_sum = torch.sum(hrt_embs, dim = 1) ** 2
    #[ batch_size, dim ]
    sum_of_square = torch.sum(hrt_embs ** 2, dim = 1)
    #[ batch_size, dim ]
    output = square_of_sum - sum_of_square
    return output
```

还有需要注意的是，这次将头尾实体向量与关系向量的维度设为一样了，所以相应的 $\boldsymbol{W}_r$ 是一个正方形的变换矩阵。这么做的目的是为了将 x_i 的维度与头实体的维度一样，这样经 FM 的公式之后的 $\boldsymbol{e}_{\text{Nh}}$ 可以直接与头实体向量 $\boldsymbol{e}_h$ 进行进一步聚合。当然也不是非要一样，拼接聚合就不要求它们的维度一样。抑或是在求和之前，再进行线性变化调整维度，但代价是增加模型参数了，但是学习用的示例代码还是简单为妙，直接限定 h、r 和 t 的维度一样即可。

再回过头想一想 KGCN，KGCN 的注意力计算方式在大多数情况下比 KGAT 更加优秀，因为它计算的是用户相对于指定关系的偏好权重并以此作为注意力权重，以 KGCN 形式计算的 x_i 的公式如下：

$$x_i = f_{\text{KGCN}}(u, r_i, t_i) = \text{Sotfmax}(ur_i) \times t_i \tag{5-53}$$

这样计算之后的 x_i 实际上是经过注意力权重更新过后的尾实体向量，然后代入式(5-51)进行 FM 聚合似乎更符合 FM 特征交叉计算的本意。通过 KGCN 由来的 FM 消息传递的代码如下：

```python
# recbyhand\chapter5\s64_KGFM.py
# KGCN 由来的 FM 消息聚合
def FMMessagePassFromKGCN( self, u_embs, r_embs, t_embs ):
    '''
    :param u_embs: 用户向量[ batch_size, dim ]
    :param r_embs: 关系向量[ batch_size, n_neibours, dim ]
    :param t_embs: 尾实体向量[ batch_size, n_neibours, dim ]
    '''
    # 将用户张量广播，维度扩散为 [ batch_size, n_neibours, dim ]
    u_broadcast_embs = torch.cat( [ torch.unsqueeze( u_embs, 1 ) for _ in range( t_embs.shape
[ 1 ] ) ], dim = 1 )
    # [ batch_size, n_neighbor ]
    ur_embs = torch.sum( u_broadcast_embs * r_embs, dim = 2 )
    # [ batch_size, n_neighbor ]
    ur_embs = torch.Softmax(ur_embs, dim = -1)
    # [ batch_size, n_neighbor, 1 ]
    ur_embs = torch.unsqueeze( ur_embs, 2 )
    # [ batch_size, n_neighbor, dim ]
    t_embs = ur_embs * t_embs
    # [ batch_size, dim ]
    square_of_sum = torch.sum( t_embs, dim = 1 ) ** 2
    # [ batch_size, dim ]
    sum_of_square = torch.sum( t_embs ** 2, dim = 1 )
    # [ batch_size, dim ]
    output = square_of_sum - sum_of_square
    return output
```

更多的内容可查看完整 KGFM 的示例代码。

5.7　本章总结

10min

本章学习了知识图谱嵌入的基础知识，以及一些具有代表性的知识图谱推荐算法。最后一节介绍了与图神经网络相结合的推荐算法。可以发现作者在创造这些算法时，是一个从原有算法结合一些新的知识从而推演出算法的过程。最后的 KGFM 相信应该能够给大家积累些推演算法的经验。

当然对 KGFM 进行优化的空间还很大,例如加入与知识图谱嵌入的联合训练,甚至还可以与序列推荐联合训练。例如将用户的历史交互物品序列同时输入图消息传递层及序列神经网络层中,而图本身也能优化,例如将用户与物品的交互也作为知识图谱中的一个三元组事实,它们之间的交互是它们的关系。

相比单纯的基于图神经网络的推荐算法,基于知识图谱的推荐算法在工业界会更易落地。因为在实际工作中如果要将数据以图结构的形式存储,则通常以知识图谱的形式。基于图神经网络的推荐算法可以视为知识图谱推荐算法的基础知识,或者简化。

注意是在知识图谱的推荐算法体系中加入图神经网络的应用,而不是在图神经网络的推荐算法体系中加入知识图谱。知识图谱推荐算法的发展历史远长于图神经网络,并且某些基础知识(例如知识图谱嵌入和路径相似度等)至今仍然很实用。在基础知识扎实的前提下融入新颖的图神经网络,以此创造更有效的算法,这是本书想带给大家的思路。

参考文献

第6章

推荐系统的构造

至此，对于推荐算法的学习可以告一段落了，接下来更重要的是利用这些算法构造推荐系统。推荐算法各式各样，推荐系统的做法也不存在固定的模式，不过大方向的脉络还是能够梳理出来的。本章介绍主流的推荐系统所具备的一些要素，包括一些细节上的主流处理方式。

如果说学习推荐算法并不是要去记住某个具体算法的做法，而是通过学习主流的算法从而领悟出属于自己心目中构造算法的范式，则学习推荐系统就应该通过学习主流的系统构造方式，从而领悟出属于自己心目中构造推荐系统的范式。

6.1 推荐系统结构

一个完整的端到端推荐系统大致可分为以下 3 部分。

（1）数据处理部分：负责处理数据，例如进行用户画像、特征工程、整理训练标注、缓存交互信息等。该模块的数据来源应是客户端、服务器端实时产生的数据或者存在于业务数据库、埋点日志等中的数据。

（2）模型训练部分：负责训练各个模型，数据来源是数据处理模块产生的数据。

（3）预测服务部分：负责提供推荐预测的服务，数据来源是前两个模块事先训练好的模型及缓存数据等。通常服务接收的参数是用户 id，返回排好序的推荐列表。

所谓完整的端到端的推荐系统指的是已经成型且理论上不需要人工去干预的推荐系统，区别于整个推荐工程。整个推荐工程的生命周期不止这 3 部分，推荐系统可以理解为整个推荐工程的成品，推荐算法模型属于推荐系统的核心部分，这三者的包含关系如图 6-1所示。

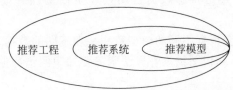

图 6-1　推荐工程、推荐系统、推荐模型的包含关系

6.1.1　预测服务概览

如果说推荐系统是整个推荐工程的成品,则预测服务部分是推荐系统的成品,所以本书先从该模块讲起。

预测阶段的基本流程如图 6-2 所示。

11min

图 6-2　推荐系统的基本预测流程

(1)目标用户:指本次推荐请求所要服务的用户对象。

(2)召回层(Match Layer):召回层的目的是将千百万级的候选物品减少至千百级。例如一个短视频平台有千千万万甚至上亿个视频,将所有的视频输入模型后预测用户对每个视频的喜好程度,很显然无论从时间还是从空间上来讲,都是不可能做到的事情,所以在用模型预测前,需要尽可能地召回比较合适的候选物品。

(3)排序层(Rank Layer):将召回的物品通过模型排序得到推荐列表,召回层和排序层本书会在后面几个小节详细介绍。

(4)后处理:指进一步处理推荐列表,例如去重或者运营手动添加一些需要曝光的物品等。

6.1.2　模型训练概览

模型训练部分包含训练召回模型与排序模型,需要注意的是模型训练不要与推荐服务共用资源。因为推荐服务会直接影响客户的使用,如果此时服务器正在耗费算力进行模型训练显然不好。

在端到端的推荐系统中,模型的训练通常是定时的任务,不同场景的模型会有不同的定时。训练好的模型文件需要存入与推荐预测服务器同时都能访问的位置,例如某个云文件储存工具,或者使用一些专业的模型训练服务工具搭建训练环节的环境及文件传输。预测端定时更新模型也有各种各样的策略,可以在训练端的模型上传完成后立马调用预测端的监听,以便触发预测端的模型更新,也可以预测端定时访问云仓库发现有模型更新时更新所有或者局部模型。

6.1.3　数据处理概览

数据处理的部分主要是指将源数据自动处理至模型训练或者预测服务所需数据的过程。

模型训练所需的数据会根据不同的模型算法整理不同的数据,例如 ALS 算法仅需用户与物品的交互三元组数据,知识图谱推荐算法则需要知识图谱数据。此外,还有用户或者物品对应的特征映射数据。

预测服务所需的数据主要是指一些统计类的数据,例如召回策略中有一路是热门物品,则热门物品的统计也会安排在数据处理部分完成。

所以数据处理部分也不可与推荐服务共用资源,但可以与模型训练部分共用资源。

6.1.4　推荐系统结构概览

对于一个成熟的端到端推荐系统而言,从源数据包括每天新增的源数据到处理后给模型训练,再到预测端更新模型应该是全自动的过程,如图 6-3 所示。

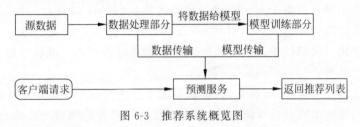

图 6-3　推荐系统概览图

这是一个很大范围的概览图,接下来一点一点地学习其中的细节。

6.2　预测服务部分

前文介绍了预测服务部分大概分为召回层、排序层和后处理 3 个阶段,在这 3 个阶段中重点是召回层与排序层,而这两个阶段不太好理解的应该是召回层。因为排序层其实是用模型预测出候选物品的兴趣评分从而进行排序,绝大多数可产生排序的算法模型能作为排序层模型。一个推荐系统也不一定只有一个排序层,可以先进行粗排序,之后进行最终的精排序,关于排序本书后文会详细介绍。

但是召回层不一样,召回层的模型或者说做法需要很讲究时间复杂度。因为它的重点可理解为“降维”,推荐系统中的召回层通常由多个召回策略组成,这被称为多路召回。不同召回层的组合可以是并行的,也可以是串行的。

较为完整的预测服务的流程如图 6-4 所示。

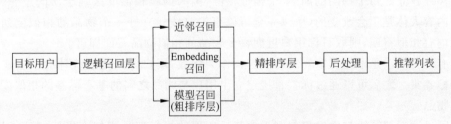

图 6-4　预测服务阶段较完整的概览图

召回层分为逻辑召回、近邻召回、Embedding 召回及模型召回。可以看到它们之间有串行排列也有并行排列,但并不代表这几个召回层一定如图 6-4 所示排列,图 6-4 仅仅是为了显示出它们既可以串行又可以并行排列,所以将图画成那样。

　　基于模型的召回层也可称为粗排序层,可以理解为用可产生排序的模型先粗略排个序,之后取前 N 个作为候选物品,而为了区分粗排序层,最终的排序层通常被称为精排序层。

　　接下来详细介绍这些召回层,以及排序层的细节。

6.2.1　逻辑召回

4min

　　逻辑召回可分为个性化逻辑召回与非个性化逻辑召回。

　　非个性化的逻辑召回指千人一面地寻找候选物品,例如:统计热门物品、实时热点、重要账号最新发布的内容等。

　　个性化的逻辑召回则指千人千面的逻辑推荐,例如:根据用户画像匹配物品、根据用户兴趣选择筛选物品等。

　　逻辑召回比较简单直接,虽然简单,但也不能小看它的效果。甚至有些逻辑是必要的,例如一个招聘网站向求职者推荐岗位,完全应该通过求职者的期望工作地点或者目标给他筛选出相应地点的指定岗位。甚至也可以根据他的目标薪资来匹配岗位,若匹配他的目标岗位不太多,则在求职者浏览后几页时再通过别的逻辑或算法补充即可。

　　且一些精妙的逻辑设计不亚于算法模型,例如一个自适应做题的学习平台,可以设计一个精妙而简单的逻辑。如果当用户做对题目,则在做下一题时向他推荐难度加 1 的题目,如果做错,则推荐难度减 1 的题目,当然较上一题难度加 1 或者减 1 一定不止一个题目,然后通过进一步的召回或排序筛选即可。

　　将好友喜爱的物品召回给自己,或者将与自己相似用户喜爱的物品召回,再或者召回与自身喜爱物品的相似物品可以算是一种逻辑上的精妙召回,但也可以归为近邻召回的范畴。

6.2.2　近邻召回

4min

　　近邻召回可分为基于协同过滤的近邻召回和基于内容相似度的近邻召回。

　　对于协同过滤的近邻召回,第 2 章讲解得应该足够详细了。

　　至于基于内容相似度近邻召回顾名思义是通过近邻算法得到物品间内容的相似度,从而事先离线建立好每个物品的前 N 个相似物品,因为内容相似度区别于协同过滤相似度,物品的内容大体是不会改变的,所以完全可以事先离线建立好一个物品的相似度列表。如果轮到内容相似召回,则取目标用户近期喜爱物品的相似物品召回即可。

　　还有一种做法是事先提取物品的关键词作为标签,用户方面通过统计的手法建立用户的偏好标签集。之后可以通过标签直接建立出用户与物品之间的基于标签的相似度进行召回候选物品。

　　协同过滤近邻算法与内容相似度近邻算法所用的指标都是相似度指标,其区别在于计算相似度的维度不同,前者通过行为数据定义样本,后者则通过内容数据定义样本。要说效果一定是协同过滤的近邻召回效果更好,但是协同过滤的局限性是必须有充分的行为数据,如果一个系统中新用户或者非活跃用户比重较高,则协同过滤就会很难做,所以内容相似度的召回在不少时候对于整个推荐系统而言可以提供很有效的帮助。

11min

6.2.3 Embedding 召回

Embedding 召回是近邻召回的延伸,例如要获取一篇新闻与另一篇新闻的相似度,可以用自然语言处理的方式将整体新闻用 Embedding 表示,这个技术被称为 Doc2Vec。有了 Embedding 之后,可以直接用 Cos 相似度算出 Embedding 之间的相似度,然后将相似度高的召回给用户即可。

除此以外,采用 DeepWalk 这样的 Graph Embedding 技巧也可以得到一张图中各个节点的 Embedding,于是自然就有了物品与物品之间通过 Embedding 算出的相似度。当然如果将用户作为图节点也可获取用户的 Embedding,自然又可以直接得到用户与物品之间的相似度。甚至如果用标注训练一个 ALS 模型,则 ALS 迭代完成后原本随机初始化的用户与物品的 Embedding 已经具备协同过滤意义,所以也可计算彼此之间的相似度进行召回。

总而言之,获取 Embedding 的方式有很多种,而只要有 Embedding 就可以求出 Embedding 之间的相似度,从而进行相似度近邻召回的策略。

但是还有一个问题,如果不加一些特殊处理,纯粹地计算所有物品间或者所有用户物品两两之间的 Embedding 相似度,之后再进行排序,那么时间复杂度一定十分高。尽管这一过程在大多数情况下可以事先离线做好,但是若要追求推荐效果的实时性,离线模型训练的时间复杂度也要尽可能地优化。何为实时性,假设所用的 Embedding 具备的是协同过滤属性,则协同过滤自然会与用户与物品的交互相关,而系统中用户与物品的交互每时每刻都在发生变化,所以如此一来事先建立好的 Embedding 召回层模型的变化频率也应该跟得上才行。综上所述,加速 Embedding 的算法不得不应运而生。

关于加速 Embedding 的算法,有个最简单的思路。假设给定的一串数字如下:

8	2	5	9	3	4	1	7	6

任务是要找出这串数字与查询值 x 距离最近的一个数字,普通的做法是将 x 与以上数字一一做比较,则时间复杂度是 n。

如果将以上的数字有序地排列,则变成:

1	2	3	4	5	6	7	8	9

在做比较时可以先将 x 与中位数 5 比较,如果比 5 大,则可以省略与 5 左边的 1、2、3、4 比较。以此类推,每次只与中位数比较即可。时间复杂度则降为 $\log_2 n$。基于此思路,后来发展出了 KDTree 算法,KDTree 处理的不只是数字间的匹配,而是处理像 Embedding 这样的多维向量。KDTree 的中心思想是将向量建立起树状结构,从而加速 Embedding 的匹配。

但如今有一个更简单的 Embedding 加速匹配算法,即 LSH(局部敏感哈希)。本书会在本章的 6.3 节单独详细介绍 LSH。

6.2.4 基于模型的召回：粗排序层

8min

由 Embedding 匹配的思路继续延伸就到了基于模型的召回,又称为粗排序层。粗排模型和精排模型的区别在于精排模型相比粗排模型较复杂。

例如 ALS 这种简单且顺便能产生用户与物品向量表示的算法很适合作为粗排模型,而序列推荐算法系列则通常会作为精排模型。其实理论上讲本书第 2~第 5 章的所有算法模型都能作为粗排或者精排模型。可以将具备多头注意力层的 Transformer 模型作为精排模型,将单头注意力层的 Transformer 模型作为粗排模型。粗排序层与精排序层模型的界限就在于时间复杂度的优化力度。

对于粗排模型有一种可以提高模型的表达能力,但不会增添预测时间复杂度的设计思路,即双塔模型结构[1],如图 6-5 所示。

双塔模型的重点在于用户与物品的 Embedding 发生计算属于模型的最终一步,此前用户向量的传播与物品向量的传播互不干扰。从而模型训练完毕后并不记录用户与物品最初层的 Embedding,而是记录用户与物品最终层的 Embedding,所以预测时仅需计算最终一步,这样可大大减小预测时间复杂度,而训练时的"用户塔"或者"物品塔"可随意调整,并且不会影响预测的速度。

这种思路也可用在图算法中,无论中间的消息传递再复杂,只要保证用户与物品在中间过程中互不干涉,则只需记录最终用户与物品的 Embedding,如图 6-6 所示。

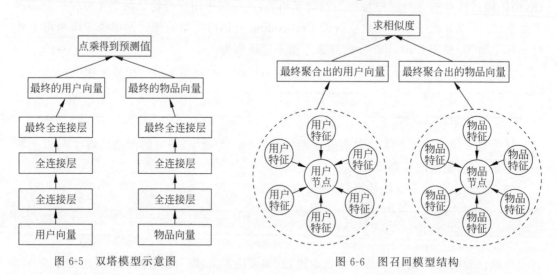

图 6-5 双塔模型示意图　　　　　图 6-6 图召回模型结构

甚至序列模型也可以照此设计成召回模型,总之只要在最终计算前用户与物品不要有接触即可。像 FM 这样的结构就无法避免接触,因为 FM 需要事先将用户与物品的特征两两组合进行传递。

6.2.5 精排序层

经过各个召回阶段层层地筛选,留给精排序层的候选物品已经所剩无几了,所以精排层的模型应尽可能地保证推荐效果而不是效率。只要将粗排了解清楚,相信大家对精排不会有困惑。在此再将粗排层与精排层的重要区分重复说明一下:

凡是模型预测时仅需使用用户向量及物品向量做一个运算的模型均可当作粗排层模型使用。例如像 ALS 系列模型,包括双塔模型,以及用 CNN、RNN 等手段聚合过用户特征及物品特征的那些模型,最终预测试时直接可通过传来的用户索引,以及候选物品索引列表计算得分之后再进行快速排序。这包括部分简单的图神经网络,例如用户图与物品图分开进行消息传递的图模型均有此效果。

而像 FM 系列模型,FM 本身两两交叉特征的性质意味着每次都需提取用户与物品的特征进行两两交叉计算后方可预测分数,所以预测的时间复杂度显然不低,也就只能用作精排序层了。序列推荐模型、复杂的图神经网络与知识图谱模型同样存在这个问题,但是它们都具备相同的优势,即精确度高,理论上轮到精排序层计算的候选物品一定是在一次并行计算就能算完的量级,所以相对应的位于精排序层的模型完全可以选择较复杂的推荐模型。

所谓一次并行计算指的是类似于训练模型时以一个批次进行输入的情况。例如给某个用户推荐物品,轮到精排序层的候选物品有 64 个,此时无须一次一次地将该用户分别与这 64 个物品的评分进行总计 64 次计算后再做比较,而是仅需将该用户广播成 64 个一样的用户,然后与 64 个物品一批次地输入模型,进行一次并行计算,直接得到 64 个评分之后进行排序即可。

6.2.6 小节总结

图 6-7 展示了本节 5 个重要模块的关系。两个圆圈交界的地方代表它们的边界有重叠。

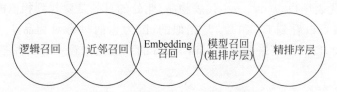

图 6-7 预测服务阶段的五大重要模块

重点还是那些召回手段的应用,召回层的算法(包括粗排序层)都要把召回率放在首位。要尽可能充分地召回针对个性化用户喜爱的物品。将精确率交给精排层即可,所以召回层的任务严格来讲有以下两个。

(1) 将千百万级的数据减少至千百级。

(2) 提高整体推荐的召回率。

如果仅让精排层从海量的候选物品中去排序,则热门的物品很大概率会被排在前排,所以系统整体的召回率不会很高,并且会发生长尾效应,即热门的物品会更热门,冷门的物品会更冷门,所以在精排序前通过各个召回模块的配合使用是构造一个优秀推荐系统预测端的重要手段。

6.3 LSH-Embedding 匹配的加速算法

在 6.2.3 节提到过有一个非常简单的算法可以加速 Embedding 匹配,即局部敏感哈希(Locality Sensitive Hashing,LSH)[2]。该算法非常经典,2004 年由斯坦福大学提出,一直沿用至今。

LSH 的中心思想是利用 And then Or 操作使查准的概率增大,使误判的概率降低,从而使相似的样本可以分到同一个哈希桶。直接这样讲相信大家肯定还是一头雾水,所以下面就以最入门的一种 LSH,即 Min-Hash 来入手,从而了解 And then Or 操作的意思。

14min

6.3.1 Min-Hash

当两个向量能求 Jaccard 相似度时可用 Min-Hash 的 LSH 算法,Jaccard 相似度=交集/并集。

假设用户与物品的共现矩阵如表 6-1 所示。

16min

表 6-1 共现矩阵

用户	I_1	I_2	I_3	I_4	I_5	I_6
U_1	1	0	1	1	0	1
U_2	1	1	1	1	0	1
U_3	0	1	0	0	1	0
U_4	1	0	1	0	0	0

U_1、U_2……代表用户,I_1、I_2……代表物品,此处的目的是要找到相似的用户。目前就 4 个用户而言,肉眼可以看到 U_1 和 U_2 是相似的,因为它们只有对物品 I_2 的交互表现上不同,其余全部相同,所以接下来要通过 Min-Hash 的一通操作看一看是否能将 U_1 和 U_2 分到同一个哈希桶。

1. 操作过程

第一步:首先将共现矩阵转置,因为纵向的演示可观性会好一点,转置过后的共现矩阵如表 6-2 所示。

表 6-2 转置过后的共现矩阵

物品	U_1	U_2	U_3	U_4
I_1	1	1	0	1
I_2	0	1	1	0

续表

物品	U_1	U_2	U_3	U_4
I_3	1	1	0	1
I_4	1	1	0	0
I_5	0	0	1	0
I_6	1	1	0	0

第二步：将矩阵按行随机置换 t 次，然后记录下每列第一次出现 1 的坐标并作为"签名"，组成 $t \times m$ 的签名矩阵（m 为用户数量），如图 6-8 所示。

A

	U_1	U_2	U_3	U_4
I_5	0	0	1	0
I_4	1	1	0	0
I_3	1	1	0	1
I_2	0	1	1	0
I_1	1	1	0	1
I_6	1	1	1	0

B

	U_1	U_2	U_3	U_4
I_6	1	1	0	0
I_3	1	1	0	1
I_4	1	1	0	0
I_2	0	1	1	0
I_1	1	1	0	1
I_5	0	0	1	0

C

	U_1	U_2	U_3	U_4
I_1	1	1	0	1
I_2	0	1	1	0
I_3	1	1	0	1
I_4	1	1	0	0
I_5	0	0	1	0
I_6	1	1	0	0

D

	U_1	U_2	U_3	U_4
I_2	0	1	1	0
I_3	1	1	0	1
I_1	1	1	0	1
I_4	1	1	0	0
I_6	1	1	0	0
I_5	0	0	1	0

A	2	2	1	3
B	1	1	4	2
C	1	1	2	1
D	2	1	1	2

图 6-8 Min-Hash 说明图-随即置换生成签名矩阵

第三步：将签名矩阵分成 b 份，b 是 Band 的简写，如图 6-9 所示分成了两份 Band。

第四步：比对每个 Band 中每一列的值，如果有相同的值，则可认为它们两个相似，如图 6-10 所示，可以认为 U_1 和 U_2 相似。

U_1	U_2	U_3	U_4
2	2	1	3
1	1	4	2
1	1	2	1
2	1	1	2

U_1	U_2	U_3	U_4
2	2	1	3
1	1	4	2
1	1	2	1
2	1	1	2

图 6-9 Min-Hash 说明图-将签名矩阵分成 b 份 　　图 6-10 Min-Hash 说明图-比对每个 Band 中的列

2. 原理

Min-Hash 的操作步骤介绍完毕，最终的确将 U_1 和 U_2 判断为相似用户。先不论这么一通操作是否比两两比对相似度更省时间复杂度，先来理解一下 Min-Hash 的原理，即为什么 U_1 和 U_2 能够被分在同一个哈希桶中。

实际上每次置换后，每个用户得到的签名哈希值相同的概率是它们两者之间的 Jaccard 相似度，之后用 S 表示。

如图 6-11 所示,假设经历了 t 次置换,得到了 $t \times m$(m 为用户数量)的矩阵后,将其平均分为若干个 Band,每个 Band 有若干行 rows,之后 Band 的数量用 b 表示,rows 的数量用 r 表示。图 6-11 中 bands 的数量为 3,rows 的数量为 4,t 是总的置换次数,所以是 $3 \times 4 = 12$。

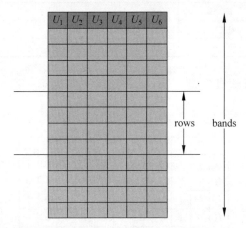

图 6-11　Min-Hash 说明图:rows 与 bands

所以既然样本间每个签名相同的概率为 S,则一个 Band 中所有 rows 的签名哈希都相同的概率为 S^r。也就是说它们在同一个 Band 中不相同的概率是 $1-S^r$,在所有 Band 中均不相同的概率则是 $(1-S^r)^b$,所以在所有 Band 中至少有一个相同的概率 $1-(1-S^r)^b$。此时即被称为映射到同一个哈希桶。

假设 $r=4,b=3$。

样本 1 与样本 2 的 $S=0.2$ 时,则被映射到同一个哈希桶的概率为
$$1-(1-S^r)^b = 1-(1-0.2^4)^3 = 0.0047923$$

$S=0.8$ 时两个用户被映射到同一个哈希桶的概率为
$$1-(1-S^r)^b = 1-(1-0.8^4)^3 = 0.7942029$$

假设 $r=5,b=10$。

$S=0.2$ 时两个用户被映射到同一个哈希桶的概率为
$$1-(1-S^r)^b = 1-(1-0.2^5)^{10} = 0.0031953$$

$S=0.8$ 时两个用户被映射到同一个哈希桶的概率为
$$1-(1-S^r)^b = 1-(1-0.8^5)^{10} = 0.9811305$$

所以可以通过增加 r 来减少将原本相似度低的两个用户映射到同一个哈希桶的概率。通过增加 b 来放大原本相似度高的用户映射到同一个哈希桶的概率。

这种方法是 And then or。

And 部分:r 越大,则两个用户签名哈希相同的概率则越小。

Or 部分:b 越大,则两个用户至少有一个哈希相同的概率会越大。

3. 代码

Min-Hash 算法的示例代码的地址为 recbyhand\chapter6\s31_min_hash.py。

书中挑一些重点代码讲解一下,首先其中每一次置换得到一个签名的操作的实际代码如下:

```python
#recbyhand\chapter6\s31_min_hash.py
#一次签名
def doSig( inputMatrix ):
    '''
    :param inputMatrix: 传入共现矩阵
    :return: 一次置换得到的签名
    '''
    #生成一个行 index 组成的列表
    seqSet = [ i for i in range(inputMatrix.shape[0]) ]
    #生成一个长度为数据长度的值为 -1 的列表
    result = [ -1 for i in range(inputMatrix.shape[1]) ]
    count = 0

    while len( seqSet ) > 0:
        randomSeq = random.choice( seqSet )                #随机选择一个序号
        for i in range(inputMatrix.shape[1]):              #遍历所有数据在那一行的值
            #如果那一行的值为1,并且 result 列表中对应位置的值仍为 -1,则意为还没赋过值
            if inputMatrix[randomSeq][i] != 0 and result[i] == -1:
                #将那一行的序号赋值给 result 列表中对应的位置
                result[i] = randomSeq
                count += 1

        #当 count 数量等于数据长度后说明 result 中的值均不为 -1,
        #意味着均赋过值了,所以跳出循环
        if count == inputMatrix.shape[1]:
            break

        #一轮下来,如果 result 列表没收集出足够的数值,则继续循环,但不会再选择刚才那一行
        seqSet.remove( randomSeq )

    return result
```

取得整个签名矩阵的代码如下:

```python
#recbyhand\chapter6\s31_min_hash.py
import numpy as np

#得到签名矩阵
def getSigMatricx( input_matrix, n ):
    result = []
    for i in range( n ):
        sig = doSig( input_matrix )
result.append( sig )
    return np.array( result )
```

其中的 input_matrix 是共现矩阵,n 是置换次数,$n = \text{rows} \times \text{bands}$,然后将签名矩阵传入以下这种方法去切分哈希桶,代码如下:

```
#recbyhand\chapter6\s31_min_hash.py
#得到 hash 字典
def getHashBuket( sigMatrix, r ):
hashBuckets = { }
    begin = 0
    end = r
    b_index = 1 #为了防止跨 Band 匹配

    while end <= sigMatrix.shape[0]:
        for colNum in range( sigMatrix.shape[1] ):
            #将 rows 个签名与 band index 字符串合并后取 md5 哈希
            band = str( sigMatrix[ begin: end, colNum ] ) + str( b_index )
            hashValue = getMd5Hash( band )
            if hashValue not in hashBuckets:
                hashBuckets[ hashValue ] = [ colNum ]
            elifcolNum not in hashBuckets[ hashValue ]:
                #将哈希值相同的分在同一个哈希桶内
                hashBuckets[ hashValue ].append( colNum )
        begin += r
        end += r
        b_index += 1
    return hashBuckets
```

这段代码值得注意的是其中有个 b_index 变量,那是为了防止跨 Band 匹配。什么意思呢?如图 6-12 所示。

U_1	U_2	U_3	U_4
2	2	1	3
1	1	4	2
1	1	2	1
2	1	1	2

图 6-12　Min-Hash 说明图,不同 Band 的相同 rows

"2,1"这一段签名在图 6-12 中总共存在 3 个,而对应 U_3 的"2,1"与 U_1 和 U_2 的"2,1"不在同一个 Band 中,所以不应该将它们归在同一个哈希桶。如果仅仅用"2,1"生成哈希,则无法限制这个逻辑,所以代码中加入了 b_index,即 Band 的序号一同与列签名生成哈希值,这样就能防止跨 Band 的签名匹配了。

在生成哈希的操作示例代码中用了 md5()函数,代码如下:

```
#recbyhand\chapter6\s31_min_hash.py
import hashlib
```

```
# 取 md5 hash
def getMd5Hash( band ):
    hashobj = hashlib.md5( )
    hashobj.update( band.encode( ) )
    hashValue = hashobj.hexdigest( )
    return hashValue
```

只要字符串相同,生成的哈希也相同,所以此处其实可以采取任何的哈希算法。

得到的哈希字典 key 为哈希值,value 为分到该哈希桶的样本列表。哈希字典会有重复或子集包含关系,所以最后通过下列代码整理一下,具体的代码如下:

```
# recbyhand\chapter6\s31_min_hash.py
# 去重及去除子集
def __deleteCopy(group, copy, g1):
    for g2 in group:
        if g1 != g2:
            if set(g1) - set(g2) == set():
                copy.remove(g1)
                return


# 将相似 item 聚类起来
def sepGroup( hashBuket ):
    group = set ()
    for v in hashBuket.values():
        group.add(tuple(v))
    copy = group.copy()
    for g1 in group:
        __deleteCopy(group, copy, g1)
    return copy
```

整个 Min-Hash 流程的代码如下:

```
# recbyhand\chapter6\s31_min_hash.py
def minhash( dataset, b, r ):
    inputMatrix = np.array( dataset ).T          # 将 dataset 转置一下
    sigMatrix = getSigMatricx( inputMatrix, b * r )  # 得到签名矩阵
    hashBuket = getHashBuket( sigMatrix, r )     # 得到 hash 字典
    groups = sepGroup( hashBuket )               # 将相似 item 聚类起来
    return groups
```

6.3.2 LSH

通过 Min-Hash 了解完 And then Or 的思想后,按下来学习更普遍的 LSH。Min-Hash 仅仅利用的是 Jaccard 相似度,但对于向量样本而言该怎么利用 And then Or 思想呢?

16min

首先参看散点图表,每个点就好比一个二维向量样本,如图 6-13 所示。

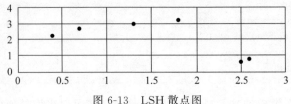

图 6-13　LSH 散点图

大家思考一下以下这个问题,如果将向量由高维空间投影到低维空间是否能保持原有距离? 为了验证这个问题,不妨在散点图中画直线来模拟将二维投影到一维的动作,如图 6-14 所示。

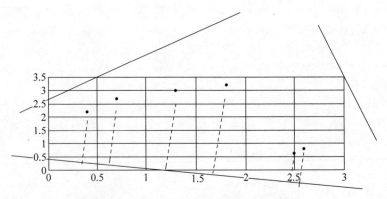

图 6-14　LSH 说明图-将散点投影到直线

通过多次比划可以得出以下两个结论:

(1) 在将高维空间中原本距离相近的点投影到低维空间时,仍然会保持相近。可用 Or 手段放大概率。

(2) 在将高维空间中原本距离较远的点投影到低维空间时,大概率距离仍然会远,但有小概率距离会变近。可用 And 手段减少误判概率。

如此一来又可以使用 And then Or 的操作方式来使查准的概率增大,使误判的概率降低。具体怎么做呢? 如图 6-15 所示。

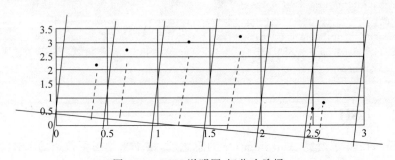

图 6-15　LSH 说明图-切分哈希桶

步骤如下：

（1）将直线分为 w 个等份（或称哈希桶），设两个点被投影到同一等份的概率为 $\dfrac{S}{w}$。w 表示等份的数量越大，投影到同一等份的概率一定越低，S 是两个点之间的相似度。该相似度可由两个点之间的欧氏距离或者夹角余弦值计算而得，过程较为复杂，并且并不是重点，此处仅需用一个 S 代表两个样本间的相似度去理解后面具体的操作即可。

（2）And 部分：重复 r 次投影，两个点之间每一次投影都投影到同一个等份的概率为 $\left(\dfrac{s}{w}\right)^r$。也就是说只要有一次不同的概率为 $1-\left(\dfrac{s}{w}\right)^r$。

（3）Or 部分：重复 b 次 And 部分的操作，两个点进行每次 And 操作均不会投影到同一等份的概率为 $\left(1-\left(\dfrac{s}{w}\right)^r\right)^b$，所以至少有一次能投影到同一等份的概率为 $1-\left(1-\left(\dfrac{s}{w}\right)^r\right)^b$。

所以这就又到了熟悉的公式。所谓投影的操作在实际写代码时该怎么写呢？其实投影操作是线性变化，假设被投影的向量为 x，长度为 k，则可计算 x 与另一个随机生成长度为 k 的向量 v 的内积。该内积可被认为向量 x 在一维空间的投影，记作 $x \cdot v$。

将 w 设为等份数量，通常还会生成一个在 $0\sim w$ 间的随机变量 b。用来避免边界固化，所以投影操作的公式如下[2]：

$$h=\left\lfloor \frac{x \cdot v+b}{w} \right\rfloor \tag{6-1}$$

其中，$\lfloor\ \rfloor$ 代表向下取整。公式（6-1）中的 h 代表这一次的签名值。重复投影操作 rows× bands 次。将每一次得到的 h 组合起来生成签名矩阵，将矩阵等分成 bands 份，每份有 rows 行。后面的动作就和 Min-Hash 相同了，比对每个 Band 中每一列的值，如果有相同的值，则可认为它们表示的两个样本相似。

LSH 的示例代码的地址为 recbyhand\chapter6\s32_lsh.py。核心的代码如下：

```python
# recbyhand\chapter6\s32_lsh.py
# 得到签名矩阵
def getSigMatrics( self, x ):
    '''
    :param x: 输入的向量 [ batch_size, dim ]
    :return: 签名矩阵 [ 签名次数( rows * bands ), batch_size ]
    '''
    n = self.r * self.b
    # 直接生成一个签名次数 * 向量维度的矩阵
    v = torch.rand( ( n, x.shape[1] ) )
    # 生成偏置项
    bias = torch.rand( n, 1 ) * self.w
    # 一步生成签名矩阵
    sm = ( torch.matmul( v, x.T ) + bias ) //self.w
    return sm
```

没错,实际上生成签名的操作可以并行计算,这是为什么 LSH 能让 Embedding 匹配变得飞速的真正原因。得到签名矩阵后,后面的切分哈希桶之类的代码与 Min-Hash 是一样的,具体大家可查看更详细的示例代码。

8min

6.3.3 双塔模型＋LSH 召回实战

本节来编写双塔模型＋LSH 配合使用的召回实战代码,示例代码的地址为 recbyhand\chapter6\s33_dssm&lsh.py。

双塔模型的主要代码如下:

```python
# recbyhand\chapter6\s33_dssm&lsh.py
class DSSM( nn.Module ):
    def __init__( self, n_users, n_items, dim ):
        super( DSSM, self ).__init__( )
        '''
        :param n_users: 用户数量
        :param n_items: 物品数量
        :param dim: 向量维度
        '''
        self.dim = dim
        self.n_users = n_users
        self.n_items = n_items
        # 随机初始化用户的向量,将向量约束在 L2 范数为 1 以内
        self.users = nn.Embedding( n_users, dim, max_norm = 1 )
        # 随机初始化物品的向量,将向量约束在 L2 范数为 1 以内
        self.items = nn.Embedding( n_items, dim, max_norm = 1 )
        self.user_tower = self.tower( )
        self.item_tower = self.tower( )

    def tower(self):
        return nn.Sequential(
            nn.Linear( self.dim, self.dim //2 ),
            nn.ReLU( ),
            nn.Linear( self.dim //2, self.dim //3 ),
            nn.ReLU( ),
            nn.Linear( self.dim //3, self.dim //4 ),
        )

    # 前向传播
    def forward( self, u, v ):
        '''
        :param u: 用户索引 id shape:[batch_size]
        :param i: 用户索引 id shape:[batch_size]
        :return: 用户向量与物品向量的内积 shape:[batch_size]
        '''
```

```
        u,v = self.towerForward(u,v)
        uv = torch.sum( u * v, axis = 1 )
        logit = torch.sigmoid( uv )
        return logit


    #"塔"的传播
    def towerForward( self, u, v ):
        u = self.users( u )
        u = self.user_tower( u )
        v = self.items( v )
        v = self.item_tower( v )
        return u, v


    #该方法返回的是"塔"最后一层的用户物品 Embedding
    def getEmbeddings( self ):
        u = torch.LongTensor( range( self.n_users ) )
        v = torch.LongTensor( range( self.n_items ) )
        u, v = self.towerForward( u, v )
        return u, v
```

首先可以看到该类取名为 DSSM,DSSM 的全称为 Deep Structured Semantic Models, 叫作深度结构化语义模型[1]。其实双塔模型是由 DSSM 而来,有的文献会把双塔模型直接称为 DSSM,其实这不严谨。因为 DSSM 原本是自然语言处理方面的模型,推荐工程师只是借鉴了 DSSM 的双塔结构而在 ALS 的基础上加入了 MLP 的结构而已。实际上双塔模型本身也有许许多多种,示例代码的这种用户塔与物品塔的结构算是最基础简单的双塔模型了。

另外大家可以看到代码中最后一种方法 getEmbeddings(),这种方法是为了在训练完毕后得到最后一层的用户与物品向量,而这些向量是之后要进行 LSH 哈希分桶的向量。整个双塔模型+LSH 的流程如图 6-16 所示。

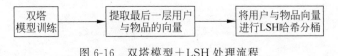

图 6-16 双塔模型+LSH 处理流程

该流程的代码如下:

```
# recbyhand\chapter6\s33_dssm&lsh.py
from chapter6 import s32_lsh as lsh

def doRecall( ):
    #训练模型
    net = train( )
    #得到最后一层的用户,物品向量
```

```
user_embs, item_embs = net.getEmbeddings( )
#初始化 LSH 模型
lsh_net = lsh.LSH( w = 4, rows = 32, bands = 6 )
#传入用户物品向量进行哈希分桶
recall_dict = lsh_net.getRecalls( user_embs, item_embs )
return recall_dict
```

双塔模型训练的过程代码就不在书中展示了,而其中的 LSH 模型是 6.3.2 节的代码文件,将用户和物品向量都传入 LSH 模型的 getRecalls()方法中,该方法具体的代码如下:

```
#recbyhand\chapter6\s33_dssm&lsh.py
def getRecalls( self, u, x ):
    #将用户与物品向量拼起来
    ux = torch.cat( [ u, x ], dim = 0 )
    #将拼起来的向量一同得到签名矩阵
    sm = self.getSigMatrics( ux )
    #根据签名矩阵进行哈希分桶
    hb = self.getHashBuket( sm, self.r )
    #将相似向量聚类起来
    group = self.sepGroup( hb )
    #得到用户数量
    u_number = u.shape[0]
    #传入用户数量与聚类的分组得到最终给每个用户召回的物品集
    recall_dict = self.doRecall( group, u_number )
    return recall_dict
```

该方法中大家不了解的应该是最后一个 doRecall()方法,doRecall()方法传入的是分好组的向量索引及用户数量。因为在用户与物品向量拼接时,用户的向量在前,物品向量在后,所以可以通过索引是否在用户数量范围内来区分用户还是物品向量。doRecall()方法的具体的代码如下:

```
#recbyhand\chapter6\s33_dssm&lsh.py
#传入用户数量与聚类的分组得到最终给每个用户召回的物品集
def doRecall( self, group, u_number ):
    recall_dict = collections.defaultdict(set)
    #得到用户索引集
    us = set( range( u_number ) )
    for i in group:
        i = set(i)
        ius = i&us
        if len( ius ) > 0 : #如分组中有用户索引,则进行处理
            for u in ius:
                #给每个用户记录召回的物品索引
                recall_dict[u] |= ( i - ius )
    return recall_dict
```

这样一来最终可以得到 key 为用户索引，value 为物品索引集合的召回字典集。其余的代码大家可去配套代码中详细查看。大家也可尝试着调整 LSH 模型的 w、rows 和 bands 参数来控制召回得到的物品数量。

通过 LSH 召回有一个缺点，即召回数量不稳定，有些用户可能召回很多物品，而有些用户则召回的物品数量为 0。通常这种情况的优化逻辑是放宽分桶的限制，例如调大 bands 参数，然后在已经召回过一轮的物品集中再进行与用户 Embedding 的 Embedding 相似度排序。也可以选择不放宽分桶限制，而对召回物品数量为 0 的再进行别的策略的召回补充。总之具体场景都可具体去操作。LSH 虽不稳定，但其速度实在很快，对于设计召回层而言应该是要掌握的技能。

6.4　模型训练部分

25min

模型训练的部分占据了推荐系统中最核心的地位，但比预测服务部分要好理解许多，因为是常规训练模型的过程。在实际工程中要考虑的无非是资源利用及数据传输等问题。

根据训练是否在原有模型中做更新，可划分为全量训练与增量训练。

根据训练是否占用预测端资源，可划分为离线训练与在线训练。

根据训练频次的实时性，可划分为定时训练与实时训练。

6.4.1　全量训练与增量训练

先来理解全量训练与增量训练的区别。全量训练可被理解为用所有的数据进行模型训练，而增量训练是利用新增的数据在原有模型的基础上做迁移学习训练。

但是这样理解并不严谨，全量训练并非一定要用全部数据，并且采取全部数据做训练是一个很不妥的策略。推荐系统的模型训练并非一劳永逸，而是日复一日地定期更新，所以如果单纯设计一个采取全部数据的训练脚本去日复一日地运行，它所获取的数据的量会呈现永增状态，这不是一个可持续的模型训练方案。且用户的习惯日益改变，古老的数据对于推荐的影响会越来越低，以至于没有必要费算力去计算其影响因子，所以即使是全量训练，数据也并非全量，而是某一段时间内的数据。

实际上全量训练与增量训练本质的区别在于增量训练是用上一次训练完成的模型参数初始化这一次的训练。增量二字体现在并不抛弃老数据的信息，而是在老数据已经训练好的模型的基础上用新数据继续迭代更新模型需要学习的参数，而全量训练则使用数据重新训练一次模型。

例如可以设计如下一种定期更新模型的方式，每天用当天新增的数据进行一次增量训练，而每 10 天用 20 天内的数据进行一次全量训练。因为增量训练的优势在于不会剔除老数据的影响，所以可以将训练频率设计得很高，但如果永远采取增量训练而不用全量训练刷新一下模型参数，则久而久之增量训练在迭代时很有可能落在局部最优解而出不来，所以增量与全量应该配合着使用。

全量训练与增量训练的区别总结详见表 6-3。

表 6-3 全量训练与增量训练的区别总结

训练类型	数据的量级	数据的获取方式	如何初始化模型参数	优　势	劣　势
全量训练	实际无明显限定,但根据训练性质的不同,大多数情况下全量训练要求的数据量更多	获取一段时间内的数据	随机初始化或特定逻辑初始化,模型参数与上一次训练无关	可得到全局最优解及消除累计误差	每次训练的数据量要求较大,单次训练时长较长
增量训练		获取新增的数据	采取上一次模型的参数作为本次的初始	每次训练的数据量要求较小,故可提高训练频次,减少单次训练时长	有概率落入局部最优解且会累积误差

6.4.2 定时训练与实时训练

定时训练很好理解,根据时间定期地进行全量或增量的训练,而实时训练指的是根据实时数据触发的训练,与定时任务不同的是,定时任务是由时间驱动的,而实时训练是由数据驱动的。什么是数据驱动,例如可以设计一个逻辑,当增量数据积累到某个量级时开始训练模型。既然实时训练是由数据驱动的,那就尽量不要安排用实时训练的方式进行全量训练。

虽然定时任务可以通过将间隔时间设置得更短,触发频率更高等来提高实时性,但这样并不稳定,因为高峰时期与低峰时期产生的数据的量级差别很大。对于一个模型能稳定更新的关键是数据而不是时间,如果定时任务设置得过于高频,则在低峰时期产生的数据量可能对于本次更新毫无意义,而下一次又不会来加载已经训练过的数据,这样就会使推荐模型的预测效果下降,所以定时训练一般不要设置得很高频,如有高频更新模型的需求,则采用实时训练的方式更为合适。

定时训练与实时训练的区别总结详见表 6-4。

表 6-4 定时训练与实时训练的区别总结

训练类型	训练触发方式	是否适合全量训练	是否适合增量训练	优　势	劣　势
定时训练	定时脚本触发	是	是	简单,便于管理	每次增量的数据量不稳定,做不到高频更新
实时训练	实时数据流触发	否	是	每次增量的数据量稳定,可做到高频更新,提高实时性	需维护数据流,容错率低

6.4.3 离线训练与在线训练

从原则上讲,训练模型的过程都应该离线训练,因为模型训练会大量占据内存与CPU的或者GPU的使用率。在传统推荐系统中涉及模型的部分清一色全部采用离线的方式完成,预测端仅仅负责利用模型进行预测或者一些逻辑的处理。为了保持内容的实时性,预测端宁愿设计精妙的召回逻辑也不太可能进行在线的模型训练。离线训练的整个流程很简单,需要考虑的是原始数据的读取及将训练好的模型传输给预测端,另外也可以观察内存与CPU使用率的情况来平衡两者的关系,以便增加训练效率。

随着推荐系统技术及硬件的发展,目前各大公司也开始对在线训练进行研究。其实在线训练进行的往往是很局部的更新,例如绝大多数模型参数是固定不变的,仅仅利用增量数据对某几个参数进行少量几次迭代,甚至还可用客户端进行训练。在线训练的策略很多,但是所谓精妙的召回逻辑其中门道也很多,对于新手来讲,笔者并不建议大家将精力耗费在在线训练这一块。本身需要在线训练的场景几乎没有,即使有也是推荐系统在后期优化时的可选方案之一而已。

另外 6.4.2 节所讲的实时训练不等同于在线训练,离线训练一样能实时更新模型。仅需要将预测端产生的实时数据与训练端的数据流打通。

离线训练与在线训练的区别总结详见表 6-5。

表 6-5 离线训练与在线训练的区别总结

训练类型	占用预测服务器端资源	适合全量训练	适合增量训练	适合定时训练	适合实时训练	优 势	劣 势
离线训练	否	是	是	是	是	不占用资源,简单,训练方式不需要太讲究	与预测端会有 io 传输消耗
在线训练	是	否	是	否	是	快	占用资源,训练方式不可太复杂

6.4.4 小节总结

其实模型训练部分归根到底是要解决资源与实时性的冲突,推荐任务比起自然语言处理或者图像识别任务难就难在实时性上。

本身通过模型去预测数据就不是一个有实时性的事情。数学建模用于统计历史数据并以此寻找规律从而做出预测的行为,所以一定是数据越多模型的效果越好,而实时性与模型更新的频次成正比,只有模型经常更新,新的数据才会被考虑进模型中,所以无论是增量训练、在线训练还是离线实时训练等其实都是在用不同的逻辑增加实时性。

但是推荐系统也并非一定要通过模型训练去增加实时性。可以在预测端设计精妙的召回逻辑,或者离线的模型辅助召回逻辑。例如在一个短视频推荐平台,先离线训练好物品内容相似度的模型,而线上的召回层通过用户最近观看并且完成率较高的 5 个视频去取与它们内容上最相似的若干个视频再进行排序即可。就算此时排序模型还只是体现用户昨天的习惯,但只要召回的候选物品有实时性也没有太大关系。

所以推荐系统的训练部分还是需要优先保证模型能够稳定地训练,稳定地更新,以及稳定地传输。

6.5 数据处理部分

▶ 5min

推荐系统中的数据处理部分区别于整个推荐工程中的数据处理,推荐工程的数据处理会被分为数据筛选、清洗、过滤、标注等一系列的动作,此部分内容将在第 8 章详细介绍。推荐系统的数据处理是指端到端的数据流,需要自动地将源数据进行整理、索引、标注等,然后传至训练端或者预测端,也包含了预测端实时产生的数据重新流回数据端,如图 6-17 所示。

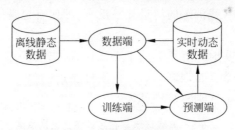

图 6-17 数据处理总览图

数据端处理数据的整条链路大体上如图 6-18 所示。

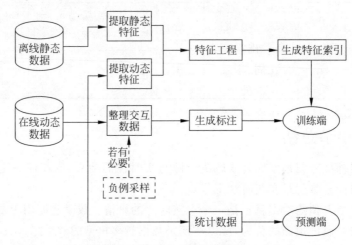

图 6-18 数据处理链路概图

接下来逐个了解各个细节。

6.5.1 特征工程数据流

▶ 19min

特征工程数据流指的是运行中推荐系统自动进行特征工程的过程,而特征工程简单地说是指处理用户及物品特征的过程。

特征工程本身也是一门大学科,在以前机器学习年代,输入模型之前的数据会经过大量的特征工程。其中还包括一些算法类的操作,例如 PCA 降维,One-Hot 编码,以及红极一时的在 GBDT+LR 算法中利用 GBDT 进行的特征工程。

虽然说现在深度学习年代不太需要太复杂的特征工程,但一些逻辑类的操作还是很有必要。

首先是对离散值的处理,深度学习的背景下离散值仅需硬编码,即直接用正整数依序表示特征,例如所有的特征为[A,B,C,D],硬编码后是[A:0,B:1,C:2,D:3]。机器学习年代One-Hot占据着主导地位,但One-Hot编码总会伴随着稀疏矩阵的问题,所以后续还需各种降维算法辅助,而对于端到端的深度学习,是由特征向量,即Embedding来表示一个特征,所以前期给离散值的特征做编码仅需使用硬编码的策略,相当于将硬编码当作映射特征向量的索引。

而对于连续值,因为本身是数字类特征,所以可以直接将数字输入模型,但最好对数字进行归一化等操作,如果数字呈幂次分布,则对值化(取log)是个很好的操作。因为尽可能地将数值本身呈正态分布会更有利于模型学习。当然,有时为了区分数值间微妙的差异,也可将数值取平方来扩大差异,或者将目标数值当作自然对数e的指数计算其值,通常概率类的数值会进行上述操作。

将连续值变为离散值的方式叫作分箱,简单地说是将数值范围区间作为一个离散值特征。例如将年龄10~20岁的数值都归为"10~20岁"这样一个离散特征中,然后将"10~20岁"再进行硬编码。可先进行连续值加工后再进行分箱,并且若特征不足,一个连续值也可通过取对数或取平方等操作去扩充特征。

对于时间类特征可将其扩散出很多特征,例如一个时间戳,可以单取年、月、日、时、分、秒、周几、当月第几周、当年第几周、季节、月上中下旬、上中下午、白天晚间等。

另外,特定的特征还有特定的处理方式,例如一个Email地址,可以只取@之后的内容,电话号码只取前三位,姓名仅取姓,甚至姓名取名字中有含义的字作为关键字等。关于姓名的事情还专门有人研究姓名与性格的关系,例如名字中有"风"的人会偏随性一点,名字中有"强"的人会好强一点等。这当然会对推荐有帮助,举这个例子主要是为了说明在实际工作中特征工程的调整空间很大,也非常灵活。

以上还仅仅是对静态特征的处理,工作中还能根据用户实时的交互数据统计出动态特征,这个就放到6.5.2节用户画像再讲了。总之特征工程会一直伴随着系统的生命周期,以至于大后期优化系统时还会进行特征工程。

推荐系统搭建起来后,前文中所讲的硬编码、分箱、扩散时间戳等操作都需要自动进行。最终输送给训练端的特征数据应是数字形式的索引,而索引对应的则是模型中的向量表示。

6.5.2 用户画像与产品画像

8min

用户画像与产品画像也是在特征工程中要做的。所谓用户画像指的是用户的特征,产品画像自然是指产品的特征。这个特征包含静态特征与动态特征,静态特征指的是用户年龄、性别、职业等基本信息特征,而动态特征则是在用户与物品的实时交互过程中动态生成的,例如用户偏好的产品类型,以及用户偏好的题材等。

所以构建用户与产品画像更多是指通过统计的手段统计出用户与产品的动态特征。以短视频推荐系统为例,首先视频本身会根据内容分类,打标签,甚至聚类。最简单的做法是统计出用户观看的前3个最高频率的视频标签,以此作为用户的偏好标签特征。对于产品画像而言,可以统计观看视频的用户群特征并以此作为视频的动态特征。这些特征跟普通的静态特征一样会经过进一步的编码处理,同样作为用户或产品的特征输入模型。

对于线上推荐系统而言,用户画像与产品画像需要自动构建出,之后再进行特征工程数据流。最后输入模型的一定是索引化之后的数字。

如果是一个基于图的推荐系统,则需要构建用户图与物品图,基于静态特征的图谱的更新频率不会太高,相对容易维护,而动态图,例如用户物品交互图,则需要动态构建,这也是数据端需要设计的数据流之一。

6.5.3 生成标注

用户与物品的特征索引准备好后,需要知道它们之间发生交互的历史真实记录后方能进行模型训练,所以从历史记录生成标注的过程也是数据端需要负责的数据流程序。

以视频平台为例,可以将给某用户曝光并单击过的视频标注为1,将曝光但未单击的视频标注为0。以此标注构建的模型是 CTR 预估模型,即点击率预估。当然也可以再统计出完播率、播赞率(点赞与播放的比例)、广告转化率等作为进阶标注进行模型的联合训练。线上的推荐系统需从埋点日志中获取数据并生成标注的数据流。

但是如果仅仅将单击过的视频标注为1,将曝光但未单击的视频标注为0,则似乎无法体现用户单击过视频的次数,有时某个用户特别喜欢某个视频,他也许会反复观看。针对这种情况,有一个很好的公式,如下:

$$y = \frac{\ln(1 + n_{ui})}{\sqrt{\ln(1 + n_u) \times \ln(1 + n_i)}} \tag{6-2}$$

其中,n_{ui} 指用户 u 与物品 i 的正向交互次数,n_u 指用户自身出现的正向频次,n_i 指物品自身出现的正向频次。之所以不直接将单击次数作为标注,是因为单击次数容易产生幂次分布,实际上任何用户与物品交互的频次数都呈幂次分布。针对幂次分布,取对数是很好的解决方案,加上1是为了防止出现 ln(0) 无法计算的情况。分母的意义是为了衰减活跃用户本身带来高交易次数的分数增益,以及热门物品本身的分数增益。

这是老生常谈的问题了,如果用户 A 对每个视频的平均单击次数为100,他对物品 I 的单击次数为80,而用户 B 平均单击次数为1,但他对物品 I 的单击次数为10,很显然相对于用户 A,模型可以更有把握认为用户 B 对物品 I 的喜爱程度更高,虽然用户 A 对物品的 I 的单击次数高于用户 B 对物品 I 的单击次数,但是用户 B 的平均单击次数很少,所以这就意味着用户 B 单击物品 I 的次数在他所有单击次数中比重很高。物品也是同理,与某用户高频交互的热门物品显然不及与该用户高频交互的冷门物品更让他喜爱。

6.5.4 负例采样

推荐系统上线后一定需要设计负例的采集方式,如果一个机器学习的训练只有正例而没有负例,则此模型会将一切预测为正。在线的推荐系统可以通过埋点收集负例,例如可以将曝光但未单击当作 CTR 预估的负例。单击未转化,可以当作 CVR(单击转化率)预估的负例。

但是模型未上线或者在系统冷启动时期只有正例而没有负例时该怎么办呢?这种情况并不少见,尤其是在新项目启动时期,例如一个卖化妆品的商家委托做一个推荐化妆品的推荐系统,而它提供的数据只有现有用户买过化妆品的记录,并没有什么埋点记录可以表示用户不喜欢某个化妆品。

对于仅有正例而无负例的情况,最直接的办法自然是随机负例采样。即从所有除用户正例以外的其余物品中随机等概率地选取指定个数的样本作为负例,一般该指定个数可以等于正例的数量,让负例与正例数量保持平衡能够帮助模型训练。数学上可表达为

$$\text{neg}_u = \text{choice}\left(i \in (\text{all} - \text{pos}_u) \mid p = \frac{1}{|\text{all} - \text{pos}_u|}, |\text{pos}_u|\right) \tag{6-3}$$

其中,all 代表全部的候选物品,pos_u 代表用户 u 的正例物品集,$i \mid p = \frac{1}{|\text{all} - \text{pos}_u|}$ 是指物品 i 有 $\frac{1}{|\text{all} - \text{pos}_u|}$ 的概率被取出,分母是除用户正例以外的其余物品数量,$\text{choice}(i \in C \mid p_i, k)$ 函数代表从候选集 C 中取出 k 个样本 i,每个样本取出的概率是 p_i。

随机负例采样自然有概率采集到用户本应喜欢但没交互过的正例样本,有一种办法可以减小该概率,即流行度负例采样。使越热门的物品以越高的概率被取出作为负例,因为热门物品如果没出现在某用户的正向交互物品记录中,则该用户不喜欢该物品的概率更大。数学上可表达为

$$\text{neg}_u = \text{choice}\left(i \in (\text{all} - \text{pos}_u) \mid p = \frac{\ln(1 + N_{(i)})}{\sum_{j \in (\text{all} - \text{pos}_u)} \ln(1 + N_{(j)})}, |\text{pos}_u|\right) \tag{6-4}$$

其中,$N_{(i)}$ 代表物品 i 的交互频率,可以认为是与物品 i 交互过的用户总人数。又是老生常谈的问题,所有自然交互类的数据一定呈幂次分布,所以取对数可让数据更平滑,加 1 是为了让防止 $\ln(0)$ 无法计算。

一般负例采样仅仅会出现在推荐系统冷启动时期,因为推荐系统上线后自然可以由埋点数据来产生负例,而在系统运行初期,也许会有一段过渡时间,所以线上的推荐系统可能也需要让负例采样作为数据端的一个数据流程序自动运行着。

6.5.5　统计类数据流

统计类的数据就很好理解了,最典型的是统计热门的物品或者统计最新上传的物品用作一路召回。总之这一类数据流仅需将实时性与时间复杂度的关系设计清楚就行,当然也不太容易,因为用户与物品的交互数据是实时产生的,所谓热门物品一定实时在变化,所以更新热门物品的数据流逻辑最好设计成流式处理。

1min

6.5.6　批处理与流处理

既然提到流处理,就在此阐明一下数据处理的两个基本形态,即批处理与流处理。

(1) 批处理指的是有界的数据流,有界意味着有明确的开始与结束,可以理解为一批次有起点与终点的数据集。类似于训练模型时批次载入数据的意思,一批次的数据可以整体进行运算。

(2) 流处理指的是无界的数据流,无界意味着没有明显边界,有开始但并无结束。它是由事件驱动进行计算或者统计,通俗地讲是来一个数据进行一次统计。

除了在训练模型时采用批处理以外,其余数据统计且有实时性要求的统计类工作都不如用流处理更好。可能大家会认为流处理来一个数据就统计一次的形式会很低效,但事实并非如此,只要统计的程序写得清楚合理,流处理在绝大多数情况下比批处理高效。

例如统计热门物品,首先假设热门物品的定义是"交互人数多的物品"。批处理的统计逻辑是获取所有物品与用户的交互数据,之后以物品为索引统计与每个物品交互的人数,再根据人数进行排序。下一批采集新增的物品与用户的交互数据,同样统计一下与每个物品交互的人数,之后与对应的原物品计量值相加得到更新的计量值,然后进行排序。

以事件驱动的流处理则是在每次发生用户与物品交互事件时,在对应物品(以下称为物品 A)的"交互人数"一栏上增加 1,至于排序方面仅需将物品 A 与排名在它之前一位的物品 B 做一次比较,若物品 A 的当前计量值大于物品 B 的当前计量值,则使它们交换位置,之后 A 继续与排名在它前一位的物品比较直到不大于为止。

按照上述逻辑,流处理每次更新热门物品列表所做的计算是 1 次加法与大概率是 1 次的数值比较。且能够保证实时性一定是最新的,而批处理的逻辑就算 1s 更新一次热门物品列表,则计算的量是 1s 内交互数据的量及一次避免不了的全数据排序。

所以综上所述,有实时性要求的统计类数据流通常采用流处理更有优势。

另外不管是批处理还是流处理,其实有些计算过程可以设计成多进程并行。例如在计算那一次加法时,不同物品的计量增加互不干涉,则能多进程并发计算。当然这样代码写起来似乎很麻烦,但不用担心,关于数据流的处理其实有现成工具可用。

6.5.7　大数据处理工具简介:Spark

相信了解大数据推荐的读者应该听说过 Spark[3]。Spark 算是眼下最热门的大数据处理工具了,可以很方便地编写分布式并行的计算程序,有大量方便数据统计的 API。大大简化了能够高效处理大数据的代码编写难度,且可以很方便地部署在各类集群上进行较大规模数据的处理。

Spark 是 Hadoop 的一个改进,而 Hadoop 是 MapReduce 的升级,从 MapReduce 到 Hadoop 再到 Spark 也伴随了很多相应工具的产生,形成了一个生态圈。关于这些知识本书的篇幅不够,但是关于 Spark 的书籍有很多,大家若有兴趣,则可自行了解。

但有一点可能需要提一下,大数据处理的生态多以 Java 和 Scala 等编程语言为主,而目前做算法则以 Python 为主,其实国内大公司内大数据统计与推荐算法岗位属于不同的两个工种,但是中小型公司并不区分,并且一个完整的推荐系统离不开大数据统计或者数据流处理这样的环节,并且数据流属于模型训练的前道程序,所以即使想专注成为推荐算法工程师的读者,也该对大数据处理有个基本的了解。

但对于仅会 Python 语言的读者来讲也不用担心,Spark 具备 PySpark 这个基于 Python 语言的 Spark API 框架,其目的是连接 Spark 生态与 Python 生态,所以如果觉得没必要深度地使用 Spark,则 PySpark 完全已经足够。

6.5.8 大数据处理工具简介:Flink

4min

比 Spark 更前沿的大数据处理工具是 Flink[4],Flink 同样具备大数据工具该具备的能力,如高效、快速、分布式、并行计算等,而 Flink 与 Spark 的最大的不同在于 Flink 是基于流处理的工具,而 Spark 是基于批处理的工具。

批处理与流处理在前文中已经介绍过,实际上 Spark 也可进行流处理,为此 Spark 生态中还专门产生了一个框架,即 SparkStreaming,然而 SparkStreaming 的流处理与 Flink 的流处理有本质上的区别。前者的流处理实际上是由无限小的小批次数据组成,而 Flink 才是真正意义上由事件触发的数据流,因此 Flink 在流处理上的效率远胜于 Spark,所以如果是实时性的数据处理任务,则选择 Flink 会更合适。

Flink 的基础开发语言同样是 Java 与 Scala,当然 Flink 也具备 PyFlink 这个连接 Python 生态的框架。只是相比已经较为成熟的 PySpark 而言,PyFlink 略显粗糙,当然 PyFlink 每一天都在完善,可能到成书之日 PyFlink 也已经是很成熟的框架了。

6.5.9 小节总结

3min

在本节中先介绍了数据处理的部分任务需求,之后简略地介绍了大数据处理工具 Spark 与 Flink。之所以将大数据处理工具放在后面讲解,是因为要提醒大家大数据处理不等于使用工具,学习大数据处理时要学习 Spark 诸如此类的说法并不正确。工具仅仅是工具,从 MapReduce 到 Hadoop,再到 Spark,最后到最前沿的 Flink,工具经常在变化,但是大数据处理的本质内容却没怎么变,说白了是写代码统计数据。

所以大家需要了解该统计些什么,其次是去思考如何高效地统计,如何保证实时性,如何优化代码的时空复杂度,如何利用计算机甚至集群的性能进行分布式并行计算。有了这些思考之后,再接触到大数据处理的工具时才会发现原来这些工具的确大大地简化了代码的编写难度。这样的学习顺序可能是更简单且更合理的。

6.6 冷启动

1min

冷启动指的是在没有交互数据时给用户推荐物品的情况。在协同过滤及机器学习盛行的今天,利用模型给用户推荐物品的确能起到很好的效果,但是如果某个用户或者某个产品毫无交互记录该怎么办呢?

没有交互数据,意味着无法用模型算法,甚至无法用统计的方法针对其做数学分析,也就无法有针对性地预测。例如一名新注册的用户毫无历史交互记录,但系统给他推荐的第一批物品又很关键,因为这直接会影响该名用户的留存,所以此时就需要给该名用户设计冷启动的策略。

冷启动按照冷启动对象的不同可分为用户冷启动、物品冷启动和系统冷启动。

8min

6.6.1 用户冷启动

用户冷启动针对的是从未与系统内的物品发生过交互的新用户。首先最简单的办法是通过千人一面的推荐进行第一推,例如推荐热门的物品、推荐新物品、推荐最优质物品等。

只要用户对第一推的物品产生交互,就可以通过他所交互的物品召回相应的物品。例如基于物品内容间相似度的召回,或者基于 ItemCF 的召回。

排序方面还可以采取统计类的指标排序,例如物品热门度。也可以通过与目标用户当前交互物品的内容相似度或者 ItemCF 相似度排序,或者与目标用户交互的多个物品的平均 Embedding 的相似度排序等。再或者预先训练并不需要用户标识的排序模型,例如序列模型可以使用用户交互的物品序列作为当前时刻的用户。

如果考虑到用户特征,其实可以通过特征泛化的方式进行冷启动。训练模型时可避免使用用户的标识,仅使用用户的特征。因为新老用户的特征应该是有交叉的,尤其是静态特征,例如性别、年龄、职业等注册信息,所以可以用老用户的数据训练出每个用户特征的向量表示。"男,20~30 岁,老师""女,30~40 岁,警察"这两种特征组合出的用户对于推荐系统而言并不会区分他们是新用户还是老用户,所以也就谈不上区别对待了。

特征泛化冷启动看似很好,但是有局限性,仅能用静态特征泛化,因为新用户没有动态特征,这就意味着静态特征的质量是有要求的,而现实情况是绝大多数系统并没有用户注册信息,就算有也非常少。必须考虑到用这些少量且质量不是很高的静态特征训练出的模型效果不会太好,所以还需要结合逻辑型的冷启动方法来给新用户冷启动。

用户冷启动还可以借助外部信息,例如可以购买外部产品的数据,现在很多 App 用手机号进行注册,而手机号可作为物理世界的唯一标识,所以不同的手机号在不同 App 内产生的行为数据可以认为是同一个人的行为数据。即使没有手机号,还有设备 id 可以作为物理世界的唯一标识,至少可以大概率认为同一个设备(设备指手机、Pad、计算机等)总是被同一个人在使用。其实如果考虑到外部数据,也谈不上冷启动了,除非是从来没有上过网的人。

总结一下,用户冷启动大体分为 3 种方式:

(1) 千人一面地进行第一推,如推荐热门物品。之后召回与用户适才交互的物品相关性高的物品推荐给用户,此时的排序可用统计数据排序,例如物品热门度。

(2) 特征泛化,利用老用户的数据取消用户标识与动态特征,仅训练与新用户能够共享的静态特征,从而构建模型向新用户推荐。

（3）借助外部数据帮助冷启动。

6.6.2　物品冷启动

7min

物品冷启动指的是处理没有交互数据的新物品被推荐出来的过程。从数据角度看，物品与用户是对称的，但是从业务角度去思考，用户冷启动与物品冷启动截然不同。用户冷启动面临的问题是无法给没有交互数据的新用户好的推荐，而物品冷启动面临的问题是无法很好地推荐没有交互数据的物品。

假设仅考虑协同过滤，一个没有交互数据的物品不会被训练进任何模型中，所以永远不会被推荐出来。也就是说如不加处理，新物品就永远成了新物品。

至于物品如何冷启动，最简单的方式是安排一路召回层，其逻辑是取出今天新生成的物品作为候选推荐。另外物品一定会有静态内容特征，所以总可以通过内容相似推荐来召回，并且通过特征泛化的模型来排序。

以较简单的场景为例，例如一个电影推荐网站。对于电影推荐网站而言，新电影有两种，一种是现实中刚在网络上映的最新电影，另一种是在现有资源中补充的老电影。如不考虑外部数据的情况，则这两种系统认为的新电影都是没有交互记录的，所以都需要冷启动。前者因为是现实中的新电影，用户往往会对目前的新电影感兴趣，所以可以直接进行千人一面的推荐，即"最新电影推荐"，可以在页面上呈现一个单独的板块。即便没有单独的板块，例如仅考虑翻页推荐那种形式的系统，则"最新电影推荐"也可作为一路召回增加召回的候选电影。

至于对现有资源补充的老电影，也可以通过召回策略"系统新增电影"来召回，但是大概率用户对这路召回的电影不会有什么偏好，所以取消这个召回策略也是可行的。因为电影总会有静态内容特征，所以可以通过相似电影推荐的召回层来召回，当然现实生活中的新电影也可进行"相似电影召回"。"相似电影召回"是指通过用户已有的交互记录取若干个用户喜爱的电影，并通过这些电影召回相似电影的策略。

最后的排序层也可利用静态特征训练的排序模型进行排序。正如前文中所讲，取消物品标识，仅考虑静态特征系统是不会区分新物品还是老物品的，而且物品的静态特征比起系统内用户的静态特征会容易提取很多，就拿电影来讲，电影本身就在系统内，可以将电影的每一帧画面的每个像素当作信息输入系统，所以无论如何都会有内容信息代表电影。

用户不一样，因为不可能提取到用户的每个细胞或者每个 DNA 去代表用户，仅能通过用户注册的信息来定义一个无行为的新用户，而用注册信息定义用户甚至都不会比单用电影标题定义电影来得有效果，更不用说无用户注册信息才是常态。

再回到电影冷启动，以上所讲的过程大概如图 6-19 所示。

只要通过冷启动产生了一定的交互数据，就可以正常训练它的特征表示了，之后就与老电影的推荐形式没有区别了。

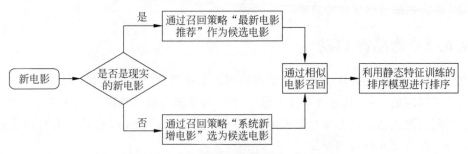

图 6-19　电影推荐系统中电影冷启动过程

9min

6.6.3　物品冷启动到沉寂的生命周期

电影推荐系统相对简单,因为作为物品的电影不会沉寂。什么是沉寂物品,是系统认为不应该推荐给用户的物品。例如新闻推荐平台,每条新闻都会经历从冷启动到普遍推荐再到沉寂的生命周期。因为新闻是有时效性的,太老的新闻不会受到用户的注意。即使不做任何处理,老新闻也会因为经常不被用户单击而沦为模型训练中的负例,因此会变得越来越难推荐出来,但是尽管推荐出来的概率不大,系统也会去计算这个概率,所以可以通过先验知识确认大概率老新闻不会被用户关注,则仅需直接抛弃掉它们被推荐出来的可能性就能省略很多算力,这种被抛弃的状态称为"沉寂"。讨论此类推荐系统的物品冷启动过程,实际上是讨论物品的生命周期。

与新闻推荐平台有着很相似属性的是短视频平台,下面以短视频平台为例来讨论一下短视频从冷启动到沉寂的生命周期。这个过程中的关键概念是"流量池"。

流量池是指通过限定一个物品的可被曝光的总量来控制物品是否沉寂。例如某个短视频博主上传了一个短视频,系统首先分配给该短视频 1000 个曝光量,即该短视频会出现在 1000 个用户的推荐列表中。之后统计这 1000 个用户对该短视频的点击率,如果点击率没有满足一定阈值,例如 10%,则该视频直接被沉寂。否则可继续分配 10000 个曝光量,以此类推。

该过程中的阈值通常需要设计成动态递增,即越来越严苛,到最后剩余千万曝光量的都是高单击视频。当然也不一定用点击率来筛选视频,可以综合考虑完播率、播赞率等业务性评估指标来筛选视频。

每一次的流量分配都是一轮推荐,而每一轮的推荐效果从理论上讲会越来越好,因为交互数据越来越多,而视频对于系统推荐效果的需求度却越来越低,因为如果过不了前几轮的流量筛选,也谈不上后面的大曝光,尤其是第一推,假设笔者发布了一个算法教学的视频,第一推仅有 1000 人能看到笔者发布的视频,而这 1000 人是由系统胡乱选择的,例如每次选择的这 1000 个人全是美术系、音乐系的学生,则笔者的高质量算法教学视频一定会出师未捷身先死,所以系统需要将流量分配给最高概率单击笔者视频的用户,若无交互数据,则可采用冷启动的方式或内容相似匹配等。在目前这个场景,还可增加冷启动的一个策略是让关注笔者的用户增加被推荐出的权重。

6.6.4　系统冷启动

5min

推荐系统初期几乎没有任何数据可以利用,针对此时做的推荐并慢慢调整至后续协同过滤推荐的过程是系统冷启动。

对于一个全新的系统,没有一个真实用户,也没有一个物品,更不用说有用户与物品交互的数据,甚至连热门物品都无法统计。一开始只能通过非协同过滤的形式向用户推荐物品。

对于物品而言,物品一定具备内容信息,所以仍然可以训练出物品内容相似度的模型及根据内容进行物品分类、聚类等一系列的操作,也可设定一些简单的打分规则给物品内容进行打分,从而进行"优质物品召回"这个策略。

有了针对物品的准备工作,则当新用户进入系统后,要做的是通过用户冷启动的思路对用户进行推荐。例如首推"优质物品",然后通过交互的情况推荐用户单击物品的相似物品,当越来越多的用户进来后,会与物品发生越来越多的交互,产生越来越多的交互数据,之后便可训练协同过滤的模型,从而进行模型的推荐。如此推荐系统便可以运行起来。

所以系统冷启动更注重的是设计记录交互数据的逻辑,以便后续得到数据进行模型训练。

参考文献

第 7 章

推荐系统的评估

2min

本章将彻底并系统地讲解推荐系统的评估指标及在线对比测试的方法。

评估指标大体分为以下三类。

(1) 最基础的机器学习模型评测指标,该类评估指标是所有机器学习模型的通用指标,自然也包含用来评估推荐的模型。

(2) TopK 推荐评测指标,该类评估指标是专门针对 TopK 推荐列表而设计的评估指标,TopK 推荐列表指的是排名前 K 个推荐物品的列表,所以在该类评估指标的设计上,有很多专门针对评测排序的指标。

(3) 业务性评测指标,该类评估指标是从业务理解的角度去评估推荐系统,最简单的例子是点击率,而这类评估指标也是非专业人士比较好理解的指标,所以是他们特别看重的指标。

7.1 基础机器学习模型评测指标

早在 2.4 节中,笔者已经介绍了准确率、精确率、召回率等基础的机器学习评测指标,所以本节对于以上 3 个指标就简单复习一下,然后详细介绍 $F1$、AUC 等。

首先仍然需先定义以下概念。

(1) P(Positive):正例数。

(2) N(Negative):负例数。

(3) TP(True Positive 真正例):将正例预测为正例数。

(4) FN(False Negative 假负例):将正例预测为负例数。

(5) FP(False Positive 假正例):将负例预测为正例数。

(6) TN(True Negative 真负例):将负例预测为负例数。

7.1.1 准确率

4min

准确率是所有预测准确的样本在所有样本中的比例,是最直观也是最直接评估模型的指标。公式如下:

$$Accuracy = \frac{TP + TN}{P + N} \tag{7-1}$$

7.1.2　精确率

精确率是预测准确的正例样本在所有预测为正例样本中的比例,公式如下:

$$Precision = \frac{TP}{TP + FP} \tag{7-2}$$

计算精确率时,原本将负例预测为正例的样本将会减小精确率的值,所以精确率的意义是评估模型对于预测正例的精确程度。在推荐系统中,精确率体现的是推荐物品是否精确地符合用户的兴趣。

7.1.3　召回率

召回率是预测准确的正例样本在所有真正例样本中的比例,公式如下:

$$Recall = \frac{TP}{P} = \frac{TP}{TP + FN} \tag{7-3}$$

计算召回率时,原本将正例预测为负例的样本将会减小召回率的值,所以召回率的意义是评估模型是否充分挖掘出真正例。在推荐系统中,召回率体现的是推荐系统是否充分地挖掘出用户感兴趣的物品。

7.1.4　*F*1-Score

7min

*F*1-Score[1]是精确度与召回率的调和平均数,如果对调和平均数不甚了解,大家可直接认为 *F*1 分数是综合考虑精确度与召回率的一个评价指标,公式如下[1]:

$$F1 = \frac{2 \times Precision \times Recall}{Precision + Recall} \tag{7-4}$$

基础知识——调和数列与调和平均数

调和数列(Harmonic Series):

如果一个数列各项取倒数后成等差数列,则原数列就称为调和数列,即和谐的一列数。例如:$\frac{1}{2}, \frac{1}{3}, \frac{1}{4}$ 各项取倒数后得 $2, 3, 4$ 显然是等差数列,所以原数列 $\frac{1}{2}, \frac{1}{3}, \frac{1}{4}$ 是调和数列。

调和数列有着古老的历史,有文献指出是毕达哥拉斯学派从琴弦长度的研究上发现的一种数量关系,他们发现和谐的声音与拉长琴弦长度的比例有关,而该比例是调和数列。

调和平均数(Harmonic Mean):

调和平均数是数列取倒数之后算术平均数的倒数,其计算公式如下:

$$H = \frac{1}{\frac{1}{n}\sum_{i=1}^{n}\frac{1}{x_i}} = \frac{n}{\sum_{i=1}^{n}\frac{1}{x_i}} \tag{7-5}$$

例如：$\frac{1}{2}$，$\frac{1}{3}$，$\frac{1}{4}$ 这个数列套入公式后可得它们的调和平均数是 $\frac{1}{3}$。可以发现该调和平均数是该调和数列的中位数。

推理 1：若一个数列满足调和数列，并且数列的项数为奇数，则它的调和平均数一定是中位数。

推理 2：P 和 Q 两个数字的调和平均数 H 与自身构成的数列如 P, H, Q 或者 Q, H, P 一定是调和数列。

以上两个推理如果换成等差数列与算术平均数相信一定会很好理解。推理 1 相当于若一个数列满足奇项数等差数列，则它的算术平均数一定是中位数。推理 2 相当于 P 和 Q 两个数字的算术平均数 M 若与自身组成 P, M, Q 或者 Q, M, P 的数列，则一定是等差数列。

算术平均数体现的是该数列的综合期望信息，但如果该数列的每个数字的取值为在 0～1 的概率性数字，则调和平均数更能体现其综合期望信息。

精确率与召回率都是取值范围在 0～1 的概率性数字，所以调和平均数比起它们的算术平均数更能体现其综合期望信息。

将精确率 Precision 与召回率 Recall 代入调和平均数的公式可以推导出 F1-Score 的计算公式，推导过程如下：

$$H = \frac{2}{\frac{1}{\text{Precision}} + \frac{1}{\text{Recall}}} = \frac{2}{\frac{\text{Recall} + \text{Precision}}{\text{Precision} \times \text{Recall}}} = \frac{2 \times \text{Precision} \times \text{Recall}}{\text{Precision} + \text{Recall}} \tag{7-6}$$

7.1.5 ROC 曲线

ROC 曲线（Receiver Operating Characteristic Curve）[2] 为接收者操作特征曲线，以曲线的形式评估二分类模型的好坏。组成该曲线的点的横纵坐标分别是不同阈值下的 FPR 和 TPR。

FPR(False Positive Rate)是负例样本中分类错误的样本比例，计算公式如下：

$$\text{FPR} = \frac{\text{FP}}{N} = \frac{\text{FP}}{\text{FP} + \text{TN}} \tag{7-7}$$

TPR(True Positive Rate)是正例样本中分类正确的样本比例（TPR 与召回率完全等效），计算公式如下：

$$\text{TPR} = \frac{\text{TP}}{P} = \frac{\text{TP}}{\text{TP} + \text{FN}} \tag{7-8}$$

16min

所谓不同的阈值指的是切分预测分数中的正负例,例如预测值 >0.5 的算作正例,反之算作负例,则阈值此时为 0.5;如果预测值 >0.9 的算作正例,反之为负例,则阈值此时为 0.9。之前一直简单地将 0.5 作为阈值去切分预测分数,而 ROC 的评估方式则综合考虑了所有阈值的情况,可以避免因阈值切分不均衡而造成的评估不准确问题。

ROC 曲线应该如何判断是好是坏呢?首先 TPR 这个指标是召回率,一定是越高越好,而 FPR 指的是原本是负例却被预测为正例的比例,自然应该是越小越好,所以一个好 ROC 曲线上坐标点的横坐标(FPR)应尽可能地偏向 0,纵坐标(TPR)应尽可能地偏向 1。

图 7-1 展示了一个 ROC 曲线坐标图。图中的 Diagonal 指的是参考对角线,图中 ROC 曲线的点位大多数分布在对角线的左上部分,即大多数的坐标点在偏向[0,1]而非[1,0],这就属于好的评估表现。

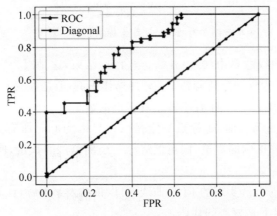

图 7-1 ROC 曲线坐标示意图(1)

图 7-2 中的 ROC 曲线均匀分布在对角线周围,说明这个模型几乎在纯粹地随机预测,因为是二分类,所以随机预测总有 50% 的准确率。

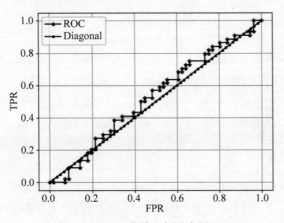

图 7-2 ROC 曲线坐标示意图(2)

图 7-3 的 ROC 曲线分布在对角线的右下角,说明这个模型还不如随机预测。

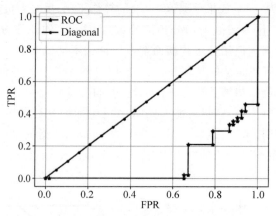

图 7-3　ROC 曲线坐标示意图(3)

可以发现,ROC 曲线总是由(0,0)开始,至(1,1)结束,这是因为当切分权重为 100%时,坐标点一定是(0,0),因为预测分数需高于 1 才能算作正例,但是预测分数的取值是 0～1,所以此时一个预测的正例都没有,意味着不管是真正例的数量还是假正例的数量都为 0,即 FPR 与 TPR 都为 0。当权重为 0 时,坐标点一定是(1,1),因为此时所有的预测都是正例,这就代表真正例将等于全部正例的数量,假正例将等于全部负例的数量,所以 FPR 与 TPR 自然都为 1。

配套代码中有用 Python 实现的 ROC 曲线,可以帮助大家理解,代码的地址为 recbyhand\chapter7\s15_roc.py,以下是核心的代码:

```
# recbyhand\chapter7\s15_roc.py
import numpy as np
def getRocCurve( t, p ):
    '''
    :param t: 真实标注
    :param p: 预测分数
    :return: TPR 列表与 FPR 列表
    '''
    # 将所有预测分数从大到小排序后作为阈值集
    thresholds = sorted( p, reverse = True )
    # 在首位加入一个高阈值是为了产生一个( 0, 0 )坐标的点
    thresholds.insert( 0, 1 + thresholds[ 0 ] )
    tprs, fprs = [ ],[ ]
    for th in thresholds:
        # 根据阈值将预测分数切分成 0 或 1 的列表
        preds = __sepPreds( p, th )
        FPR = __getFPR( t, preds )
        TPR = __getTPR( t, preds )
```

```
        fprs.append( FPR )
        tprs.append( TPR )
    return fprs, tprs
```

这段代码权重的选取是由预测的分数由大到小排列,当然也可以简单地将权重设定为 $[100\%,90\%,80\%\cdots20\%,10\%,0]$ 诸如此类的等差数列。前者的好处是可以避免重复计算及可以最大限度地获取最多样的坐标点。

Sklearn 中也有现成的 API,可以返回由不同阈值下的 TPR 与 FPR 形成的列表,下面代码中的 thresholds 则是阈值集,是由预测分数从大到小排序后作为的阈值集。

```
# recbyhand\chapter7\s15_roc.py
from sklearn.metrics import roc_curve
fprs, tprs, thresholds = roc_curve( True s, preds )
```

将 fprs 与 tprs 传入下面这段代码中即可画出 ROC 曲线的图。

```
# recbyhand\chapter7\s15_roc.py
import matplotlib.pyplot as plt
def drawRoc( fprs, tprs ):
    plt.figure( )
    plt.plot( fprs, tprs, 'r' )
    # 中间蓝线的坐标
    middle_x = np.linspace( 0, 1, len( fprs ) )
    middle_y = np.linspace( 0, 1, len( fprs ) )
    plt.plot( middle_x, middle_y, 'b' )
    plt.xlabel( "FPR" )
    plt.ylabel( "TPR" )
    plt.grid( )
    plt.show( )
```

7.1.6 AUC

AUC (Area Under Curve)[3] 是 ROC 曲线与坐标轴围成的面积,根据 ROC 的定义可以得出曲线上的点分布越偏向左上角则代表 ROC 曲线越好的结论。这就说明 ROC 曲线与坐标轴围成的面积越大,则效果越好,所以可以将该面积的值作为一个评价指标来数字化地展示根据 ROC 曲线的评估意义所评价出模型的好坏程度。且因为 ROC 曲线上的点的横纵坐标的取值范围均在 0～1,AUC 的取值范围也自然在 0～1(越高越好),所以这样的取值很适合作为评价指标。

AUC 的计算公式可表达为求 ROC 曲线的积分形式,公式如下:

$$\mathrm{AUC} = \int_0^1 f(\mathrm{ROC})\mathrm{d}x \tag{7-9}$$

8min

其中的 $f(\text{ROC})$ 可以认为是代表 ROC 曲线的函数，不过在实际工作中总是先得到各个阈值下的坐标点，然后由这些坐标点画出 ROC 曲线。既然如此，所以实际上可以直接采取这些坐标点来计算 AUC，计算公式可表达为

$$\text{AUC} = \sum_{i=1}^{n} (x_i - x_{i-1}) \times y_i \tag{7-10}$$

其中，x_i 与 y_i 是第 i 个坐标点的坐标，结合图 7-4 理解就很简单了，折线是 ROC 曲线，AUC 是 ROC 曲线下的面积，即通过坐标点分成的一块一块矩形面积的和，则 $x_i - x_{i-1}$ 是第 i 块矩形的长，y_i 是第 i 块矩形的高。将这些矩形的面积一一算出来后再全部加起来就是 AUC 的值。

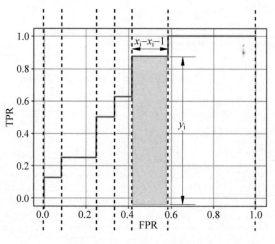

图 7-4　AUC 计算示意图

本节代码的地址为 recbyhand\chapter7\s16_auc.py。

通过 FPR 与 TPR 的列表获取 AUC 的代码很简单，只有两步，具体的代码如下：

```python
# recbyhand\chapter7\s16_auc.py
import numpy as np
# 根据 fprs 和 tprs 获得 auc
def getAuc( fprs, tprs ):
    dx = np.diff( fprs )
    auc = sum( dx * tprs[1:] )
    return auc
```

np.diff(L) 函数返回的是列表中元素相邻位的差值，所以是一次性得到了所有矩形的长，矩形的数量实际上等于坐标点数量 -1 个，下面在与 y 坐标的值计算时去掉最前面的 y 值，不仅为了保持长度且第 1 个 y 值一定是 0，计不计算都不影响求和。

Sklearn 当中也有 auc 的 API，同样需传入 FPR 与 TPR 的列表，代码如下：

```
# recbyhand\chapter7\s16_auc.py
from sklearn.metrics import auc
print( auc( fprs, tprs ) )
```

也可以直接采用 roc_auc_score() 函数,传入真实标注与预测分数后可直接得到 AUC 的值。实际上它先通过 ROC 的函数计算出了 FPR 与 TPR 的列表,然后传入 auc() 函数,具体的代码如下:

```
# recbyhand\chapter7\s16_auc.py
from sklearn.metrics import roc_auc_score
print( roc_auc_score( Trues, preds ) )
```

7.1.7　Log Loss

本节介绍一下分类模型中的损失函数评测指标 Log Loss[4]。

LogLoss 是交叉熵损失函数,公式如下:

$$\text{LogLoss}_{\text{multi}} = -\frac{1}{N}\sum_{i=i}^{N}\sum_{j=1}^{M} y_{ij}\log(p_{ij}) \tag{7-11}$$

其中,N 是样本数,M 为类别数。y_{ij} 是第 i 个样本为第 j 个类别的真实标注,如果第 i 个样本是类别 j,则 y_{ij} 为 1,否则为 0。p_{ij} 用于预测第 i 个样本是否为第 j 个类别的概率。

以上是多分类模型的 Logloss,二分类的 Logloss 自然为二分类的交叉熵损失函数,可将公式展开表示:

$$\text{LogLoss}_{\text{binary}} = -\frac{1}{N}\sum_{i=i}^{N}\sum_{j=1}^{2} y_{ij}\log(p_{ij}) = -\frac{1}{N}\sum_{i=i}^{N} y_i\log(p_i) + (1-y_i)\log(1-p_i) \tag{7-12}$$

损失函数的评测指标自然是值越小越好。损失函数的好处就在于可以很清晰地看到预测值与真实值之间的差距。

本节代码的地址为 recbyhand\chapter7\s17_logloss.py。

sklearn.metrics 的库中也有 logloss 的 API。如果是二分类模型的评估,则传入真实样本标注集与每个样本预测为正例的概率便可得到 logloss,代码如下:

```
# recbyhand\chapter7\s17_logloss.py
from sklearn.metrics import log_loss
Trues = [ 1, 0, 1 ]
preds = [ 0.7, 0.1, 0.5 ]
logloss = log_loss( Trues, preds )
```

对于多分类模型的评估传入的参数是每个样本真实的类别标注集,与样本属于每个类别的概率组成的二维列表,代码如下:

```
# recbyhand\chapter7\s17_logloss.py
from sklearn.metrics import log_loss
True s = [ 1, 2, 0 ]
preds = [ [ 0.1, 0.9, 0.2 ], [ 0.1, 0.3, 0.9 ], [ 0.7, 0.1, 0.2 ] ]
logloss = log_loss( True s, preds )
```

7.1.8　MSE、RMSE、MAE

这些指标在 2.6.5 节中有详细的介绍,所以这里只列出公式,简单地说明一下。

(1) MSE 均方误差 Mean Squared Error:

$$\text{MSE} = \frac{1}{|A|} \sum_{(u,i) \in A} (r_{ui} - \hat{r}_{ui})^2 \qquad (7\text{-}13)$$

其中,A 代表所有样本组,r_{ui} 代表用户 u 与物品 i 的真实交互评分。$\hat{r}_{ui}$ 代表用户 u 与物品 i 的预测交互评分。

(2) RMSE 均方根误差 Root Mean Squared Error:

$$\text{RMSE} = \sqrt{\text{MSE}} \qquad (7\text{-}14)$$

(3) MAE 平均绝对误差 Mean Absolute Error:

$$\text{MAE} = \frac{1}{|A|} \sum_{(u,i) \in A} |r_{ui} - \hat{r}_{ui}| \qquad (7\text{-}15)$$

综合来讲 MSE、RMSE、MAE 都是平方差损失函数的变形,与 Log Loss 一样也属于将损失函数用作评测指标。不同的是 Log Loss 用作分类预测评估,而 MSE、RMSE、MAE 用作回归预测评估。

7.2　TopK 推荐评测指标

TopK 指的是排序在前 K 个的预测样本,TopK 评测是在得到推荐列表后,对整个推荐列表进行评估,所以 TopK 评测的不仅是模型,而且是直接评估推荐列表,这个推荐列表也许是综合了召回层与排序模型所得到的,所以 TopK 评测专门用来评测整个推荐系统。

至于 TopK 的精确率与召回率早在 2.4.3 节中就介绍了,所以本节只简单概述一下。首先仍然需先定义如下概念。

pos_u:用户 u 交互记录中喜欢的物品集。

neg_u:用户 u 交互记录中不喜欢的物品集。

$\text{preds}_u@K$:排序在前 K 个给用户 u 推荐的物品列表。

7.2.1　TopK 精确率与召回率

$$\text{精确率}(\text{Precision}_u@K) = \frac{|\text{preds}_u@K \bigcap \text{pos}_u|}{|\text{preds}_u@K \bigcap \text{pos}_u| + |\text{preds}_u@K \bigcap \text{neg}_u|} \qquad (7\text{-}16)$$

$$全负精确率(\text{Precision}_u^{\text{full}}@K) = \frac{|\text{preds}_u@K \bigcap \text{pos}_u|}{|\text{preds}_u@K|} \qquad (7\text{-}17)$$

$$召回率(\text{Recall}_u@K) = \frac{|\text{preds}_u@K \bigcap \text{pos}_u|}{|\text{pos}_u|} \qquad (7\text{-}18)$$

公式很简单,部分可参考 2.4.3 节,但在 2.4.3 节中从无排序的推荐列表的角度切入,并没有涉及 TopK 的概念。因为之前为了测试近邻协同过滤的表现,在近邻协同过滤产生的推荐列表中物品是有限且无排序的,并不需要且无法计算前 K 个物品的排序表现。涉及 TopK 后,就有在前 K 个排序的概念,接下来就详细讲解 TopK 与普通模型测试的区别。

7.2.2　TopK 测试与普通模型测试的区别

13min

TopK 测试与普通模型测试最大的区别在于前者候选样本的范围更大。针对普通的模型测试,仅需从数据样本对中切分出测试集,也就是说每个样本对都有标注,但是真正的推荐系统在对某个用户进行推荐时,并不仅从所谓的测试集样本中候选物品,而是候选所有系统中存在的物品。普通的评估方式无法评估无标注的样本,所以才有了 TopK 系列的评测方式。

假设测试样本集如表 7-1 所示。

表 7-1　测试样本集

数 据 名 称	数 据 内 容								
用户 id	1	1	1	1	1	2	2	2	2	2
物品 id	1	2	3	4	5	3	4	5	6	7
标注	1	1	0	0	1	1	0	1	1	0

若采用普通的模型评估方式,则可以通过模型预测用户 1 与物品 1、2、3、4、5 的分数,但并不会去预测用户 1 与物品 6 和物品 7 的分数。因为即使预测了用户 1 与物品 6 和物品 7 的分数,也没有真实标注用以评估。

但是推荐系统在准备推荐物品时,假设没有召回层,排序层的模型自然需要计算用户 1 与所有物品的分数,从而进行评分,然后取排名前 K 个的物品推荐给用户 1,所以在当前测试环境中,自然就包含了物品 6 和物品 7,并且真实的候选集只会更多,所以全负精确率与召回率一定会远低于普通评分时的精确率与召回率。这很好理解,因为在评估全负精确率与召回率时,未标注的样本全部被当作负例去计算,而实际上未标注的物品未必都是负例。

而一般普通的 TopK 精确率其实并不会太低,并且通常会高于普通的模型精确率,这是因为实际上它仅考虑了有标注的样本对,而之所以会高于普通模型精确率是因为普通精确率等于 TopK 精确率的 K 为很大的情况,而 K 越大代表排序后的物品越会被推荐,若模型是正确的,则 K 越大自然负例会大概率地出现在推荐列表中。现如今业内不太会去测试普通的 TopK 精确率,而是直接将全负精确率称为精确率并以此评估模型,所以大家若在别的文献中看到如 Precision@K 这样的指标,并且测出的值很低,则它指的其实是本书中介绍的全负精确率,即标注正例以外的所有样本均算作负例去计算的精确度。

　　大家一定对"很低"这种词语没什么概念,所以下面将使用 ml100k 的数据分别简单训练 AFM、FNN、DeepFM 这 3 个排序模型来评估一下精确率和召回率等。它们普通的模型精确率、召回率、AUC 如表 7-2 所示。

表 7-2　AFM、FNN、DeepFM 的模型精确率、召回率、AUC

模型	精确率	召回率	AUC
AFM	0.6413	0.7325	0.6208
FNN	0.6402	0.7711	0.6340
DeepFM	0.6254	0.7106	0.5868

　　这 3 个模型的 TopK 精确率、全负精确率、召回率如图 7-5 所示。

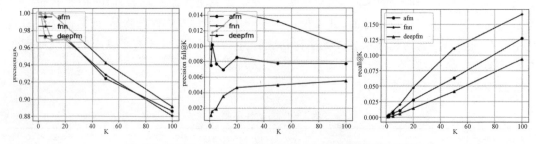

图 7-5　AFM、FNN、DeepFM 的 TopK 精确率及召回率等

　　这些表的横坐标指的是 K 的值,纵坐标是各项指标的表现分,所以通过对比模型评估指标可以发现,采用 TopK 的测量方式得到的评估指标除了普通的 TopK 精确率数值较高外,全负精确率与召回率是相当低的,并且其程度根据这些图表可以很直观地看到。

　　评估 Topk 精确率与召回率的代码可在配套代码中找到,地址为 recbyhand\chapter7\s22_topkEva.py。TopK 评估函数汇总脚本的地址为 recbyhand\utils\topKevaluate.py。

10min

7.2.3　Mean Average Precision(MAP)

　　MAP 可以理解为对顺序敏感的召回率,首先看 AP 的计算公式[5]:

$$\text{AP}_u@K = \frac{1}{|\text{pos}_u|} \sum_{i \in \text{pred}_u@K} \frac{p_i^{(\text{pred}_u@k \cap \text{pos})}}{p_i^{\text{pred}_u}} \tag{7-19}$$

其中,$p_i^{\text{pred}_u}$ 表示物品 i 在预测列表中的位置。$p_i^{(\text{pred}_u@k \cap \text{pos})}$ 表示物品 i 在真正例集中的位置,但倘若物品 i 不是真正例,则返回 0。

　　MAP 指所有的用户 AP 得分后取平均值。公式如下[5]:

$$\text{MAP}@K = \frac{\sum_{u \in U} \text{AP}_u@K}{|U|} \tag{7-20}$$

其中,U 代表所有用户集,公式的意义是将每个用户的 AP 求平均值。

用以下数值来辅助理解 AP 的公式。

设真实正例集为$\{a,b,c,d,e\}$，预测集为$[a,f,e,b]$。将这些数字代入 AP 公式，首先$|\mathrm{pos}_u|$是真实正例的个数，这很简单，此处是 5，然后 $i \in \mathrm{pred}_u@K$ 指的是遍历预测集，$p_i^{\mathrm{pred}_u}$的值对应 $[a,f,e,b]$ 分别是 $[1,2,3,4]$。按照目前的数据，真正例是$[a,e,b]$，分子上$p_i^{(\mathrm{pred}_u@k \cap \mathrm{pos})}$ 的值对应$[a,e,b]$分别为 $[1,2,3]$。至于 f 并不是真正例，所以在计算 f 时，分子可取 0。推荐列表 $[a,f,e,b]$ 的 AP 为 $\frac{1}{5} \times \left(\frac{1}{1} + \frac{0}{2} + \frac{2}{3} + \frac{3}{4} \right) \approx 0.483$。

其实从 AP 的计算公式中可以发现，AP 的取值范围的最大值为召回率的值。

AP 与 MAP 的代码如下：

```
# recbyhand\utils\topKevaluate.py
# Average Precision
def AP( pred, pos ):
    hits = 0
    sum_precs = 0
    for n in range( len( pred ) ):
        if pred[n] in pos:
            hits += 1
            sum_precs += hits / ( n + 1.0 )
    return sum_precs / len( pos )

# Mean Average Precision
def MAP( preds, poss ):
    ap = 0
    for pred, pos in zip( preds, poss ):
        ap += AP( pred, pos )
    return ap / len( preds )
```

7.2.4　Hit Ratio（HR）

Hit Ratio 指击中的概率，所谓击中即预测到的真正例，所以 HR 是真正例的数量对所有样本数量的比例，实际上还是召回率，但是目前一般 HR 也不完全等同于召回率，因为 HR 分两种，一种是 Item HR，另一种是 User HR。

首先看 Item HR，计算公式如下：

$$\mathrm{HR}_{\mathrm{item}}@K = \frac{\left| \bigcup_{u \in U} \mathrm{preds}_u@K \bigcap \mathrm{pos}_{\mathrm{all}} \right|}{\left| \mathrm{pos}_{\mathrm{all}} \right|} \tag{7-21}$$

其中，$\bigcup_{u \in U} \mathrm{preds}_u@K$ 代表所有用户 TopK 预测集的并集，其实是所有预测集，$\mathrm{pos}_{\mathrm{all}}$ 代表所有的正例，所有的预测集与所有的正例取交集自然是所有的真正例，所以 Item HR 计算的是所有物品的召回率。区别于普通的召回率，因为普通召回率计算的是每个用户的召回率，之后将所有用户的召回率取平均值。

7min

Item HR 的代码很简单,代码如下:

```
# recbyhand\utils\topKevaluate.py
def hit_ratio_for_item( all_preds, all_pos ):
    '''
    :param all_preds: 全部的预测集
    :param all_pos: 全部的正例集
    '''
    return len( all_preds&all_pos )/len( all_pos )
```

User HR 指的是被击中用户的比例,什么是被击中的用户呢? 定义是这样的,如果用户 u 的 TopK 推荐列表中有被击中的物品,则用户 u 为被击中的用户。User HR 的公式如下:

$$\text{HR}_{\text{user}}@K = \frac{1}{|U|} \sum_{u \in U} |\text{ preds}_u@K \bigcap \text{pos}_u | > 0 \qquad (7\text{-}22)$$

如果某个用户的预测集中至少有一个真正例,则该用户是被击中的用户,所以 User HR 很容易获得高分。当然也可以设置用户预测集中至少两个或 n 个真正例才算是 Hit User(被击中的用户),则公式可以写成:

$$\text{HR}_{\text{user}}@K@n = \frac{1}{|U|} \sum_{u \in U} |\text{ preds}_u@K \bigcap \text{pos}_u | \geqslant n \qquad (7\text{-}23)$$

普通的 User HR 的代码如下:

```
# recbyhand\utils\topKevaluate.py
def hit_ratio_for_user( pred, pos ):
    '''
    :param pred: 单个用户的预测集
    :param pos: 单个用户的正例集
    '''
    return 1 if len(set( pred )&set( pos )) > 0 else  0
```

2min

7.2.5 Mean Reciprocal Rank(MRR)

MRR 可以理解为对顺序敏感的 User HR,计算公式如下[6]:

$$\text{MRR} = \frac{1}{|U|} \sum_{u \in U} \frac{1}{\text{rank}_u} \qquad (7\text{-}24)$$

其中,U 代表所有用户,$u \in U$ 代表遍历所有用户,rank_u 代表在用户 u 的推荐列表中第 1 个真正例所在的位置。MRR 相对 MAP 就简单多了,如无法从公式上理解,则可以通过以下代码来理解。

MRR 的代码如下:

```
# recbyhand\utils\topKevaluate.py
# Reciprocal Rank
```

```
def RR( pred, pos ):
    for n in range( len( pred ) ):
        if pred[n] in pos:
            return 1/( n + 1 )
        else:
            return 0

# Mean Reciprocal Rank
def MRR( preds, poss ):
    rr = 0
    for pred, pos in zip( preds, poss ):
        rr += RR( pred, pos )
    return rr / len( preds )
```

可以发现 MRR 的取值范围的最大值为 User HR 的值。

7.2.6　Normalized Discounted Cumulative Gain（NDCG）

7min

归一化折损累计增益（Normalized Discounted Cumulative Gain，NDCG）[7] 可以理解为对顺序敏感的精确率，首先看 DCG，即折损累计增益的公式如下[7]：

$$\text{DCG@}K = \sum_{i}^{K} \frac{r(i)}{\log_2(i+1)} \tag{7-25}$$

G：$r(i)$ 表示第 i 个物品的相关性分数，即 NDCG 名字中的 G（Gain，增益），其实在二分类预测中是 1 和 0 的区别，预测准确即为 1，否则为 0。

C：K 表示预测集的数量，将这 K 个分数累加起来，表示 NDCG 名字中的 C（Cumulative 累加）。

D：累加过程中，除以分母中的 $\log_2(i+1)$ 是 NDCG 名字中的 D（Discounted，折损），即排名越靠后的物品所折损的分数更多，以此来体现排序的好坏。

N：NDCG 名字中的 N 是 Normalized 的首字母，即归一化的意思，目前看来 DCG 的取值并不是在 0～1。要做到归一化，首先需定义一个单位 DCG，用 IDCG 来表示，公式如下[7]：

$$\text{IDCG@}K = \sum_{i}^{K} \frac{1}{\log_2(i+1)} \tag{7-26}$$

实际上 IDCG 计算的意义是将推荐列表中所有的物品都当作真正例去计算 DCG。最后，归一化后的 NDCG 计算如下[7]：

$$\text{NDCG@}K = \frac{\text{DCG@}K}{\text{IDCG@}K} \tag{7-27}$$

DCG 与 NDCG 的代码如下：

```
# recbyhand\utils\topKevaluate.py
# Discounted Cumulative Gain
```

```python
def DCG( scores ):
    return np.sum(
        np.divide( np.array( scores ),
                   np.log2( np.arange ( len( scores ) ) + 2 ) ) )

# Normalized Discounted Cumulative Gain
def NDCG( pred, pos ):
    dcg = DCG( [ 1 if i in pos else 0 for i in pred ] )
    idcg = DCG( [ 1 for _ in pred ] )
    return dcg / idcg
```

7min

7.2.7 小节总结

以上是比较常用的 TopK 评估指标,示例代码中有一个范例,代码的地址为 recbyhand\chapter7\s27_topkEvaAll.py。其中核心的方法是 doTopKEva(),该方法需要传的参数如下:

```python
# recbyhand\chapter7\s27_topkEvaAll.py
from utils import topKevaluate as tke
# 进行 TopK 评估
def doTopKEva( model_paths = model_paths,
    ks = [ 1, 2, 5, 10, 20, 50, 100 ],
    evaMethods = [ tke.EvaTarget.precision,
    tke.EvaTarget.precision_full,
    tke.EvaTarget.recall,
    tke.EvaTarget.map,
    tke.EvaTarget.mrr,
    tke.EvaTarget.ndcg,
    tke.EvaTarget.user_hr,
    tke.EvaTarget.item_hr],
    needPrint = True,
    needDraw = True ):
    '''
    :param model_paths: 要评估的模型地址字典,储存形式是 {模型名:模型文件地址}
    :param ks: 要评估的 K 值列表
    :param evaMethods: 要评估的指标,缺省是全部
    :param needPrint: 是否要打印出指标
    :param needDraw: 是否要画图
    :return all_dict: 包含所有评估指标的字典,储存形式是 {模型名:{指标名:[对应 k 值的评估分数...]...}...}
    '''
```

这种方法不仅能传出包含所有评估指标的字典,还能顺便画出各个指标的模型间对比的折线图,示例折线图如图 7-6 所示。

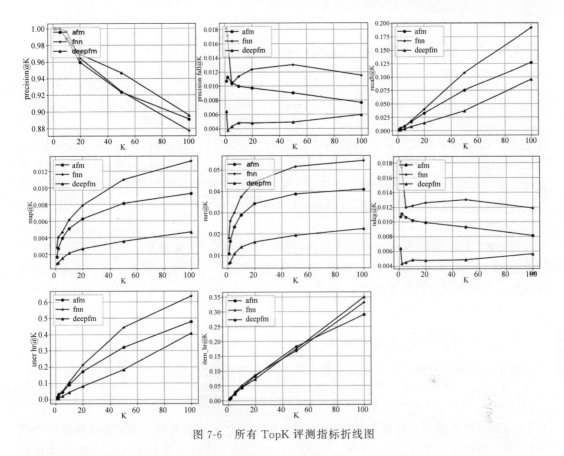

图 7-6 所有 TopK 评测指标折线图

大家届时可结合代码动手学习并理解各个指标。

7.3 业务性评测指标

业务性的评测指标理解起来很容易,顾名思义,这部分指标是从业务出发所设计的对推荐系统的评估。对不同的产品和不同的场景能设计出很多指标,本书就介绍几个推荐系统较通用的指标。

7.3.1 点击率 CTR(Click Through Rate)

4min

$$CTR = \frac{\sum_{u \in U} |\, \text{Clicks}_u \,|}{\sum_{u \in U} |\, \text{Exposures}_u \,|} \tag{7-28}$$

其中,clicks$_u$ 是指定时间内用户 u 单击过的物品集,exposures$_u$ 是指定时间内给用户 u 曝光过的物品集,点击率是单击量除以曝光量,算是最直观也是最简单的能够体现推荐系统好坏的评估指标。

7.3.2　转化率 CVR（Conversion Rate）

$$CVR = \frac{\sum_{u \in U} |\text{Conversions}_u|}{\sum_{u \in U} |\text{Clicks}_u|} \tag{7-29}$$

其中，Conversions_u 指用户 u 的转化次数，Clicks_u 是指定时间内用户 u 单击过的物品集。转化出自于广告推荐的某种定义，是指最终的购买行为次数或购买量，通常对转化率的理解是每一次行动转化为收益的概率。如果一个系统的点击率很高，但转化率很低，这意味着这个推荐系统并不能增长实际收益，所以优化转化率也是非常重要的环节，转化率与点击率也可以进行联合训练。

另外，除了转化率，其实还有很多指标，例如，单击完播率（完播量/点击量）、点赞率（点赞量/点击量）、转发率（转发量/点击量）等这些指标都可以进行联合训练。这些指标从运营的角度去理解有着各种各样的定义，但其实对算法工程师而言属于同一大类，都是将某个用户与产品的交互量除以另一个交互量，所以处理起来都差不多。

3min

7.3.3　覆盖率（Coverage）

覆盖率评测的是推荐出的物品在所有物品中的覆盖情况，公式如下：

$$\text{Coverage} = \frac{|\bigcup_{u \in U} \text{Exposures}_u|}{|\text{Items}|} \tag{7-30}$$

其中，分母是所有物品的数量，分子是所有用户曝光物品的并集数量。覆盖率实际上与召回率和 Item HR 有同样的意义，公式与 Item HR 其实是一样的。只不过 Item HR 是测试集的所有物品，而业务上理解的覆盖率自然是计算推荐出的物品占系统中所有物品的比例。

该指标与点击率的优化思路方向不同，如果一味地追求点击率或者单击率系列的那些转化率等，则推荐系统就一定会落入经常推荐热门物品的处境。如果系统采用的是用户生成内容（User Generated Content，UGC），则用户生成的新内容自然会比热门物品曝光的概率小，这样会打击用户生成内容的积极性，这对推荐系统来讲并不是一个可持续发展的现象。

一个好的推荐系统，除了追求点击率以外，自然也要追求覆盖率，以及后面几节要介绍的多样性和新颖度等也许是与点击率冲突的指标。

8min

7.3.4　多样性（Diversity）

多样性，顾名思义是检测推荐出的物品是否多样，评估方式并不固定，最基础最简单的方式如下：

$$\text{Diversity}_{\text{base}} = \frac{|\bigcup_{u \in U} \text{Exposures}_u|}{\sum_{u \in U} |\text{Exposure}_u|} \tag{7-31}$$

其中,分子是所有用户曝光物品的并集,分母是所有用户曝光数量的和。只有千人千面的系统,多样性才会越好。

如果针对某一个用户,希望向用户推荐的列表中包含的物品是多种多样的,该怎么评估呢?首先此时需要算出每两两物品的相似度,然后通过计算这个推荐列表中两两物品的相似度来确定是否多样,公式如下:

$$\text{Diversity}_{\text{sim}}(E_u) = 1 - \left(\frac{2}{n(n-1)} \sum_{i=1}^{|E_u|} \sum_{j=i+1}^{|E_u|} \text{sim}(i,j) \right) \tag{7-32}$$

其中,E_u 代表给用户 u 的推荐列表,$\text{sim}(i,j)$ 代表第 i 个物品与第 j 个物品的相似度,公式表达的意思是求得两两间的相似度之后全部累加,然后除以计算相似度的次数进行归一化,所得的结果是该推荐列表中所有物品两两间相似度的期望值,相似度对于多样性而言自然是越低越好,所以最后用 1 减去相似度期望得到的值,最终得到的值越大表示用户 u 推荐列表的多样性越好。通过这种方式得到一个用户推荐列表的多样性后可以将所有用户的多样性取平均值,作为整个推荐系统基于某种相似度测量方式的多样性分值,公式可表达为

$$\text{Diversity}_{\text{allsim}} = \frac{1}{|U|} \sum_{u \in U} \text{Diversity}_u^{\text{sim}} \tag{7-33}$$

如果每个用户的多样性的确很高,$\text{Diversity}_{\text{allsim}}$ 自然会很高,但是如果系统给每个用户推荐的物品都是那几样物品,$\text{Diversity}_{\text{allsim}}$ 就不能代表推荐系统的多样性好了,所以基于相似度评测多样性的公式与第 1 个公式结合可得:

$$\text{Diversity}_{\text{hybrid}} = \frac{\text{Diversity}_{\text{sim}}\left(\bigcup_{u \in U} \text{Exposure}_u \right)}{\sum_{u \in U} |\text{Exposure}_u|} \tag{7-34}$$

用相结合的方法可以综合考虑推荐列表本身的多样性,以及系统按千人千面的方式进行推荐的多样性。

7.3.5 信息熵(Entropy)

信息熵是很古老的概念,早在 1948 年,信息论之父 C. E. Shannon 借鉴了热力学中熵的概念提出了信息熵(Entropy)[8],并给出了信息熵的数学表达式[8]。

▶ 5min

$$\text{Entropy} = -\sum_{i=1}^{n} p_i \log p_i \tag{7-35}$$

其中,n 代表全部的样本枚举数,p_i 表示第 i 个样本被选中的概率,实际上是样本 i 值的数量占全部样本数的比例。例如某个电影推荐系统,给某个用户推荐的电影列表的类别如下:

喜剧	动作	喜剧	爱情	爱情	动作	喜剧	喜剧	动作	喜剧

样本枚举是:喜剧、动作、爱情。全部样本数是 10。喜剧、动作、爱情分别对应的样本数

量是 5、3、2,所以喜剧、动作、爱情被选中的概率分别是 $\frac{5}{10}$、$\frac{3}{10}$、$\frac{2}{10}$。代入信息熵的公式可得 Entropy=0.5+0.521+0.464=1.485。

信息熵代表信息的混乱程度,信息量越大则信息会越混乱,即信息熵会越大,所以评估推荐列表信息熵的评估方式实际上也属于评估多样性的一种方式。只是避免了时间复杂度很高的两两相似度计算,但是测量信息熵并不是将推荐出的物品本身当作样本去计算,如果单计算物品,则每个用户推荐列表的信息熵都是一样的,因为推荐列表中物品并不会出现重复的现象,所以它们被选中的概率彼此都完全相同。

应该用物品的类别标签,或者通过某种聚类方式得到的聚类类别,或者通过 LSH 哈希分桶后的哈希桶当作样本去计算信息熵。

1min

7.3.6 新颖度(Novelty)

新颖度检测的是推荐系统推荐出新物品的能力,公式表达得比较简单,公式如下:

$$\text{Novelty} = \frac{|\text{items}_{\text{new}}|}{|\text{Items}|} \tag{7-36}$$

式(7-36)表示新物品的数量与所有物品数量的比例。通常新物品的定义是设定某一个时间(例如今天)新产生的物品是新物品。

3min

7.3.7 惊喜度(Surprise)

惊喜度需要一套公式组来计算,具体如下:

$$
\begin{cases}
\text{ppl}_i = \ln(1 + N_{(i)}) \\[2mm]
\text{normalize}(\text{ppl}_i) = \dfrac{\text{ppl}_i}{\max(\text{ppl})} \\[2mm]
\text{sup}_i = 1 - \text{normalize}(\text{ppl}_i) \\[2mm]
\text{Surprise} = \dfrac{1}{|U|} \sum_{u \in U} \dfrac{\sum\limits_{i \in \text{pred}_u} \text{sup}_i}{|\text{pred}_u|}
\end{cases}
\tag{7-37}
$$

第 1 个公式中的 $N_{(i)}$ 代表的是物品 i 被交互的次数,取 ln 是为了让数据更平滑一些,+1 是为了防止出现 ln(0)无法运算的情况,所以第 1 个公式的 ppl_i 代表的是物品 i 的流行度;第 2 个公式则是归一化;第 3 个公式的 sup_i 是用 1 减去归一化后的流行度得到的,这个 sup_i 可以认为是物品 i 的惊喜度;第 4 个公式是将所有推荐列表中物品的惊喜度求平均值,并将此值作为整个推荐系统的惊喜度。

所以惊喜度是流行度的反义,优化惊喜度的意义是防止推荐物品时总是推热门物品。

其实惊喜度和新颖度的计算方式并不固定,有的文献描述的新颖度是本书描述的惊喜度的算法。怎么去称呼某个计算并不重要,重要的是那个计算本身。在评价推荐系统时,新颖度与惊喜度都是很值得评估的指标,因为它们都与点击率的优化思路不同。

7.3.8 小节总结

以上是本书介绍的业务性评测指标,当然业务性的评测指标一定远远不止这些,7.3.2节的 CVR 系列能展开很多,还包括一些诸如留存、使用时长等很偏运营的指标,而且根据不同的业务场景,也能定义出专门针对某项业务的评估指标。

推荐项目初期往往特别关注点击率,确实点击率是能够反映出推荐系统好坏的最直观的指标,但是一味地追求点击率而忽略多样性、新颖度等并不是一个可持续且健康的推荐系统,所以作为专业的推荐算法工程师,大家要有意识地多用一些评估指标评估系统。

7.4 在线对比测试

在线对比测试会有两个不同的使用时期。第 1 个时期是初期,通过对比实验证明推荐系统是有效的。第 2 个时期是在更新优化推荐系统后此时可对比一下新旧模型或者逻辑的优劣。

时期一,初期对比检测推荐模型是否有效。光看评估指标并不能有效判断推荐系统是好还是坏,尤其是业务性的指标。例如评估后得到目前推荐系统的点击率为 10%,如果没有任何参考对比是无法知道这 10% 的点击率代表好还是坏,而所谓默认值通常是随机推荐或热门物品推荐产生的评估指标。如果做了一通算法模型后得到的推荐系统的点击率还不如随机推荐,则一定不合格。甚至该比热门物品推荐的点击率高,并且热门物品推荐策略除了点击率会比较可观外,其余的指标(例如多样性、覆盖率等)一定相当差,所以通过模型的推荐系统在各项指标上要超过热门物品推荐策略的表现应该易如反掌,如果模型推荐不如热门推荐那就代表不合格。

时期二:优化期对比检测新旧模型的优劣。到了优化期就不需要与随机推荐与热门推荐做对比了,而是将更新后的模型与更新前的旧模型做对比实验。或者更新了某个推荐的逻辑后,将新旧逻辑做对比实验。

在线对比测试重点检测的是那些业务性的指标,基础的机器学习指标及 TopK 推荐评测指标是可以进行离线模拟测试的,而业务性的指标不但只检验模型,还检验整个推荐系统,所以在线对比测试就显得更有意义了。

在线对比测试根据对比样本的切分方式的不同,主要有两种方法,一种是 A/B 测试,另一种叫作交叉测试。

7.4.1 A/B 测试

A/B 测试指的是将系统内的用户分为两部分,一部分调用 A 推荐接口,另一部分调用 B 推荐接口,从而分别对测量评估数据进行比对。当然也可以分成三部分、四部分或者说 N 部分用户,反正这种通过切分用户调用不同的接口进行测试的方式都被称为 A/B 测试。

7.4.2　交叉测试

交叉测试指的是同一部分用户调用不同的接口进行推荐,从而分别记录由不同接口产生的交互数据进行对比评估测试。同一部分用户调用不同接口的实现方式很简单,可在调用前进行一次随机分配,分配到哪个接口就调用哪个接口,或者按照顺序交替调用不同的接口。需要注意的是交互数据要能够回溯到特定的接口。

7.4.3　A/B 测试与交叉测试的优劣势

以 A/B 测试切分用户时会有一定的风险,即 A 部分用户与 B 部分用户的质量可能会有差异,例如恰巧 A 部分用户绝大多数是活跃用户,而 B 部分用户都是些新注册的用户。如此很大概率 A 推荐接口产生的评估指标会更好,但是很显然这不一定是因为 A 的推荐策略更好,而是因为 A 的用户质量高。

交叉测试的重点在于它的数据是由同一部分用户产生的,所以这就很有效地避免了不同的用户质量对评估指标造成的干扰因素,但交叉测试的劣势是不同推荐接口若差异较大,则可能会造成不同用户摸不清推荐规则而对系统反感。

交叉测试的优劣势注定了它在对比评估存在微妙差异的模型时会更合适。若要对比评估存在较大差异的推荐逻辑,则采取 A/B 测试较好。

参考文献

第8章

推荐工程的生命周期

自此已经完整地学习了推荐系统的所有要素,如推荐算法、系统结构、评估方式等。本章会介绍一下整个推荐工程的生命周期。推荐工程是很大范围的事情,具体的推荐工程一定要结合具体的场景,甚至结合具体的工作环境去进行。本书只是用简单的方式笼统地介绍大概的流程,让大家对此有个大概的了解。

3min

8.1 了解数据与推荐目的

首先要明确目的是什么,做所有的事情都是这个原则。分析现有的资源是什么,达到该目的需要哪些条件,手上的资源可以带来什么。这样一头一尾往中间靠拢,如果接上了,则事情就可以开始进行了。图 8-1 可以很好地表达上述这段话的含义。

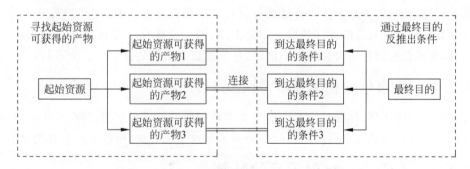

图 8-1　起始资源与最终目的连接

对于推荐系统而言,起始的资源是可支配的数据,最终的目的为达到某个推荐业务的需求,如图 8-2 所示。

举个简单的例子,例如眼下有一个电商平台,推荐的目的是给用户推荐商品,根据这个目的可以反推出为了很好地满足这一推荐需要召回层、排序层等。可在该电商平台获得的数据是用户已购买过的商品清单,所以可以用这些数据训练出来各种协同过滤模型后用作召回层或排序层等,而如果初期没有任何数据,则需要设计系统冷启动的方略。

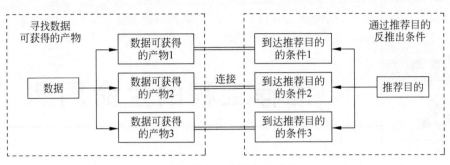

图 8-2　数据与推荐目的连接

8.2　初期的特征筛选

如果数据特别多,则需要进行数据筛选工作。照理对于机器学习而言,数据应该是多多益善。的确如此,但是对于推荐系统最重要的是用户与物品的交互数据,如果交互数据不多,而别的数据(诸如用户特征、物品特征等)极多,则并不一定学得出来。因为用户物品交互数据在推荐模型的训练中被用作标注,在标注不多的情况下,模型要学习的参数若太多则很容易过拟合,所以推荐工程初期需要对特征数据进行筛选。

此处介绍几个简单的特征筛选方法。

8.2.1　去除空值太多的特征类目

这个很好理解,假如某个用户特征类目仅有几个用户具备,而总用户数有几万个,这意味着与该类用户特征对应的标注数据一定会很少,所以会很难学出有效的向量表示。即使真学得出,在推荐初期花精力在此也不值得,这应该放于后期的优化工程中进行。

8.2.2　去除单一值太多的特征类目

与空值的问题一样,例如某个系统内绝大多数用户的国籍为中国,仅有几个国籍为外国的用户。如此分布的那几个外国国籍的向量表示很难学出效果,所以干脆舍弃为妙。

8.2.3　去除一一映射关系的特征

什么是一一映射关系特征?例如数据库内有一个用户特征为用户国籍,还有一个特征为用户国籍的简称,很显然用户国籍的简称与用户国籍在物理上表示的是一回事,所以这两个特征仅保留一个特征即可。当然在实际工作中不需要这样一个一个地通过业务进行判断,仅需去寻找特征与特征间是否存在一对一映射的关系。

实际写代码时有一个简单快速的算法可以使用,设 A 与 B 是两个不同的特征类目,若 A 与 B 满足以下公式,则可舍弃 A 或者 B,公式如下:

$$|\{A\}|=|\{B\}|=|\{(A,B)\}|　\tag{8-1}$$

其中$\{A\}$代表 A 特征值的集合,同理$\{B\}$代表 B 特征值的集合,$\{(A,B)\}$则代表将 AB 看作一个组合特征时的集合。这3个集合的长度若相等,则代表 A 和 B 集合是一一映射关系。

8.2.4　计算信息增益比筛选特征

在 7.3.5 节中介绍过信息熵的概念,在了解信息增益比前,先来了解一下什么是条件信息熵。本节内容在配套代码中有示例代码,代码的地址为 recbyhand\chapter8\s24_entropy.py。大家可自行查看代码以配合理解。

先来回顾一下信息熵公式:

$$H(X) = -\sum_{i=1}^{n} p(x_i)\log p(x_i) \tag{8-2}$$

13min

条件信息熵的公式如下:

$$H(X\mid Y) = \sum_{y\in Y} p(y)H(X^{(Y=y)}) \tag{8-3}$$

$p(y)$代表条件 Y 取 y 值的概率,其实也是 y 值的数量比 Y 的总数量。其中 $X^{(Y=y)}$ 代表 X 数列中当条件 Y 的值为 y 时的值组成的数列,公式的意义代表遍历所有条件 Y 的所有可能的值,算出每个 y 时的信息熵,然后加权累加。

信息增益的含义是附加了某个条件过后信息熵的变化量,仅需做个减法,公式如下:

$$G(X\mid Y) = H(X) - H(X\mid Y) \tag{8-4}$$

其中 $G(X\mid Y)$ 表示 X 数列的信息熵在附加了 Y 条件后的变化量。信息熵越小代表数据越有规律,附加条件后的信息熵总会小于原信息熵,所以是原信息熵减去条件信息熵,但是这个差值的取值范围并不是 0~1,所以并无法通过数值直观地判断该条件的信息增益究竟有多大,在此种情况下,需将信息增益的量除以原信息熵得到信息增益比。信息增益比的公式为[1]

$$GR(X\mid Y) = \frac{H(X) - H(X\mid Y)}{H(X)} \tag{8-5}$$

如此,信息增益比的取值范围就为 0~1 了,越靠近 1 代表该条件的信息增益越多,否则信息增益很少。

接下来结合表 8-1 中的数据举例说明。

表 8-1　信息增益说明数据

数据类目	数据内容								
性别	男	女	男	女	女	男	男	女	男	女
职业	学生	码农	教师	学生	码农	学生	码农	学生	码农	教师
类型	喜剧	科幻	爱情	科幻	科幻	喜剧	科幻	喜剧	科幻	爱情

假设这是个电影推荐系统,第四行的类型指被推荐电影的类型。首先计算一下电影类型的信息熵,得

$$H(\text{电影类型})=1.49$$

如果以性别切分电影的类型,则数据切分后如表8-2所示。

表8-2　以性别切分后电影类型的分布数据

性别	男					女				
类型	喜剧	爱情	喜剧	科幻	科幻	科幻	科幻	科幻	喜剧	爱情

从肉眼看似乎也能发现被性别切分后并没什么规律。接下来分别测得性别为男时,电影类型数列的信息熵为1.52。性别为女时,电影类型数列的信息熵为1.37,而性别为男的数量所占总性别数量的50%,性别为女的数量同样占比50%。加权累加后可得

$$H(\text{电影类型}\mid\text{性别})=1.52\times0.5+1.37\times0.5=1.445$$

最后用该值与$H(\text{电影类型})$的值计算信息增益比可得

$$GR(\text{电影类型}\mid\text{性别})=(1.49-1.445)\div1.49=0.03$$

另一方面再来看被职业切分后的情况,见表8-3。

表8-3　以职业切分后电影类型的分布数据

职业	学生				码农				教师	
类型	喜剧	科幻	喜剧	喜剧	科幻	科幻	科幻	科幻	爱情	爱情

此时肉眼可见电影类型的分布相当有规律,如全部码农都只对应科幻片,全部教师只对应爱情片。省略中间的计算过程,计算在条件为职业的情况下,原本电影类型数列的信息增益比约为

$$GR(\text{电影类型}\mid\text{性别})=0.78$$

所以结果显而易见,性别这种对信息增益毫无影响的特征完全可以舍弃,但是需要注意的是,有时一个对结果没有信息增益的特征与别的特征组合后可能对结果能够产生信息增益,所以严谨一点可以计算按组合特征切分后的信息增益比后再做判断,但是这可能就有点麻烦了,前期做这个可能会有点费力,还不如直接训练FM模型,然后观察特征组合产生的权重来判断需不需要舍弃某个特征,所以计算单一特征的信息增益比仅是作为特征筛选的参考手段之一。

8.2.5　计算皮尔逊相关系数筛选特征

1min

在2.2.4节中详细介绍过皮尔逊相关系数,在此计算公式就不重复讲解了。皮尔逊相关系数是检验两个数列间线性相关性的指标,所以当特征体现为连续值时,使用皮尔逊相关系数筛选特征会比使用信息增益比更合适。

8.2.6　通过L1正则过滤特征

3min

给损失函数加上正则项来防止过拟合是机器学习的基础,而正则项最基础的两种是L1

正则与 L2 正则。L1 正则计算的是训练参数的绝对值，L2 正则计算的是训练参数的平方。简单来说是在原损失函数的基础上增加训练参数自身的大小值，取绝对值或者取平方皆是为了去除负号。只有当各个参数都足够小时，才意味着它们之间的绝对差距也足够小，所以能够减轻过拟合。

当然过拟合的问题不是本节的重点，本节的重点是通过运用 L1 正则顺便起到过滤特征的作用[2]。可以先用所有特征与标注训练一个简单的逻辑回归模型，并在计算损失函数时加上 L1 正则项，这样 L1 正则项会将特征权重尽可能地变小，原本就不重要的特征权重会随着迭代次数的增加越来越小，直至 0，最后要做的是去除这些变为 0 的特征类目即可。

虽然 L2 正则同样具备将特征权重变小的功能，但并不容易直接变为 0。图 8-3 和图 8-4 有助于理解这一原理。

L2 正则公式如下：

$$w_1^2 + w_2^2 = r \tag{8-6}$$

L2 正则函数如图 8-3 所示。

L1 正则公式如下：

$$|w_1| + |w_2| = r \tag{8-7}$$

L1 正则函数如图 8-4 所示。

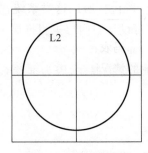 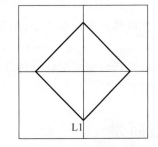

图 8-3　L2 正则函数　　　　　　　图 8-4　L1 正则函数

根据这两张图不难发现，L2 正则更圆润，而 L1 正则更有棱角，所以实际上 L2 正则对于权重的处理是尽可能地趋近于 0，但较难变为 0，而 L1 正则会使权重更往两端靠拢，是要么取最大，要么取最小，即 0。

所以 L1 正则项的这一特点就使它可以起到降维的作用，以及在推荐工程前期可以起到过滤特征的作用。

8.2.7　通过业务知识筛选特征

业务知识对于机器学习而言可是先验知识，对于筛选特征而言肯定有帮助，思考一下业务知识也可提高算法工作的可解释性。

但是有利也有弊，因为太信业务知识会陷入经验的误区，使用数学方式得到的结果也许反常识，但如果计算过程中的方式完全正确，则结果即使再反常识也一定是对的，但如果算

3min

法工程师自认为很了解业务知识,则或多或少会被经验主义误导。

所以通过业务知识筛选特征这一方法的使用人员最好与使用数学方式筛选特征的人员是不同的两个人,这样可互相横向对比检验。

8.3　推荐系统结构设计

把数据与推荐任务的目的弄清楚后,接下来就可大体地设计推荐系统的结构了。为何推荐系统的结构设计放在特征筛选之后进行会更有利呢?因为假设团队只有一人的情况下,在做特征筛选时最好不要太了解业务,尤其不要针对每个特征去了解其物理含义,否则很容易陷入经验主义的误区。仅仅通过数学方式,例如信息增益比或皮尔逊相关系数等手段筛选出的特征往往会更客观,而之后可从业务知识的角度去理解每个特征的物理含义,从而进行验证,并思考其为何被过滤或者为何被选出的意义,方为一个好的工作方式。

3min

而在设计推荐系统结构时,要在运营的角度去思考,所以此时对于业务知识的了解是越详细越好。例如目前系统的产品属性,像新闻类系统则一定是快消品,对实时性的要求非常高,这代表召回层可能需要进行高效地召回物品。再例如书籍推荐系统,因为书籍不会变化得很快,用户的需求通常也不会变化得很快,所以这类系统往往更注重推荐物品的精确性,实时性并不是很重要,也就是说此时可设计召回层+粗排层+精排层的推荐系统结构。

初步设计好后,后续也可优化调整,但大体方向最好把握住,因为推荐系统进行结构性更改往往会影响很多。

8.4　模型研发

5min

接下来是模型的研发过程,这里的模型研发并不是指学术上的研发模型,而是结合具体的业务场景研发出适合目前任务的模型,所以一开始应明确推荐需求及推荐系统结构,在现成的模型中选择要参考的模型算法,这一过程通常被称为模型的选型。

模型的选型首选需考虑推荐系统的结构,具体可参考 6.2 节,尤其是其中的粗排序层与精排序层部分。之后则可结合数据与业务场景综合考虑,大概来讲模型选型前需对用户与物品的交互数据做几个统计。例如统计一下活跃用户的分布情况,以及热门物品的分布情况等。大致的方向是模型的参数数量与每个用户交互物品数成正比,这很好理解,交互数据越稠密就越能学出东西,而如果交互数据不是很稠密,模型参数多则极易过拟合。

模型选型好之后则可结合目前的实际情况做调整,然后输入数据开始训练,然后评估模型,再不断地调参,再评估。

模型研发阶段不需要太讲究代码规范或代码可读性的问题,因为在此过程中代码的修改量会很大。当模型第一阶段研发完成后再去整理代码也不迟。

8.5　搭建推荐系统

搭建系统首先要做的是建立数据流,数据流具体可参考 6.5 节。如果是团队协作,则搭建数据流可与模型研发异步并行进行。搭建数据流主要用到的是大数据处理工具的使用知识,而研发模型用到的则是算法知识,这个性质本身也比较适合由不同的两组人分开进行。

等到模型研发完成后,再搭建端到端的训练服务系统,以及如何将模型部署到预测端。

还要设计一些埋点表,以便得到可对系统进行评估的数据,待到推荐系统上线后便可立即开始评估模型。

5min

总之推荐工程到这一步是集结之前做的事情,从而构建出完整的推荐系统,通过基础的测试后即可上线收集埋点数据。

8.6　优化推荐系统

27min

对于推荐工程而言优化系统才是重点,通常推荐系统的搭建工作短到几周,多则只需几个月即可完成,而优化推荐系统则永无止境,且机器学习算法也只有到优化阶段才会真正起到作用。这是因为在推荐系统没有真正运行起来前,并没有最适合的真实数据用以训练模型。只有上线后,方能收集因为推荐系统产生的用户物品交互数据。

在这个过程中首先可通过 A/B 测试将推荐系统与随机推荐及仅热门物品推荐策略做比较,统计出在第 7 章中介绍的评估指标,然后制定优化策略,接下来不断进行 A/B 测试或交叉测试,从而优化系统。

可以优化的点包括以下几点。

1. 推荐模型的优化

模型优化自然是优化阶段的重中之重,而如何优化模型的重点则靠算法工程师的数学技巧,本书绝大多数的篇幅均在介绍一些热门的模型算法,以及模型推演的方式。只要能掌握模型的推演方式则在优化模型这一部分便能得心应手。

2. 特征工程的优化

初期的特征工程没有必要做得很细,因为初期应该讲究一个最小可执行策略,以便快速上线去收集真实数据。到了优化期,特征工程是能够持续优化的一个点。特征工程这一部分的内容相当多,本书 6.5 节中简单介绍了一些内容。具体可参阅专门针对特征工程做介绍的书籍或者文献。顺便一提,现阶段的特征工程正在结合图神经网络发展,可能成体系的书籍还未面世,但是大家不妨结合图神经网络的知识及本书第 4 章与第 5 章的内容思考一下图特征工程该怎么做。

3. 推荐策略的优化

策略性的优化当然也属于一个优化的点,并且策略的改变往往会比模型影响更大,所以更要进行对比测试观察评估指标的变化。需要注意的是,做对比测试时一定要控制变量,每次仅测试一种修改,否则无法确认评估指标的变化是基于何种修改。

顺便一提,一般性的评估指标(例如点击率),不太会延迟变化,意思是说推荐策略或者推荐模型发生改变后,通常评估指标的变化应该是立竿见影的,短则部署后几分钟即可看出变化,长则1天内总会有变化,所以没必要去等待,指标没有变化就说明该策略没有影响。具体的时长主要是与时间内的交互数据量有关。

有人可能会对此有异议,认为太短时间内的评价指标变化置信度不够,认为环境因素有很多的影响,其实这种环境因素具体还是指时间上的,例如周日与周一的表现也许不同,但是如果按照这个思路,那么春天与夏天的表现自然也会不同,甚至今年与明年的表现一定也会有不同,所以难不成我们更换了策略,就要等待经年累月去观察评价指标的变化才有置信度吗?当然不需要,合格的算法工程师应该可以就变化的趋势推断出新模型或者新策略带来的影响,且例如周日与周一,春天与夏天这些影响因子应该是在模型研发阶段就计算进去的因素。如果春天的点击率很高,夏天的点击率很低,很可能是系统在夏天时也推荐了春天的东西,则这个系统本身就有问题,而不应该得出夏天的点击率比春天的点击率低的结论。即使短期内点击率优化不了到稳定状态,但是可以将例如每周日、每周一,春天或者夏天等环境因素产生的点击率期望值记录下来,所以仅需与该期望值作比较。总而言之,有很多办法可以增加短时间内评价指标变化的置信度,以此来提高工作效率。

4. 数据流的优化

数据流主要会影响推荐的实时性,但不限于此,还要保证系统的稳定安全。另外,时间、空间复杂度也可不断优化。不仅可优化推荐预测的效率,模型训练的效率也是优化点之一。

不要小看0.1%的转化率增长,例如淘宝在双十一时能够有着几千亿元的日成交额。就拿一千亿元为例,转化率提高0.1%就是一亿元了,一年就是365亿元。这是推荐系统的价值,所以优化推荐系统的确是永无止境的,并且需要精益求精地进行优化。AI算法也在不断地发展,数学本身也在发展,还有很多推荐的数学技巧有待开发。

参考文献

结　　语

　　本书的内容已经全部讲解完毕，但正式的学习才刚刚开始。正如本书的第 1 章所讲，推荐算法的范围极广且极其灵活。本书中所涉及的算法类别虽广，但也只是每个类别中比较入门的算法。接下来的修行要靠大家自己。

　　做推荐算法是通过数学去寻找各个对象之间的隐藏关系。目的非常单一，但做法相当多。这就像是围棋，相比象棋、军棋等棋种，围棋的规则非常简单，即将对方围住，而象棋与军棋等还得去理解每个棋子的功能，但是围棋的下法可能性却远高于象棋与军棋等，甚至比整个宇宙中的原子数量还多。推荐算法的数量同样非常多。

　　对于围棋的学习而言，通常会学一些定式，所谓定式是一些固定的下法。到了围棋高手的境界后则会抛弃定式而建立出自己的一套下法体系，所以学习推荐算法也是一样的道理，先通过学习一些热门的算法，通过学习这些算法的形成思路与演化过程，建立起自己灵活运用数学知识的思想体系，因为这样一来便能举一反三。

 14min

图 书 推 荐

书　名	作　者
深度探索 Vue.js——原理剖析与实战应用	张云鹏
剑指大前端全栈工程师	贾志杰、史广、赵东彦
Flink 原理深入与编程实战——Scala＋Java(微课视频版)	辛立伟
Spark 原理深入与编程实战(微课视频版)	辛立伟、张帆、张会娟
HarmonyOS 应用开发实战(JavaScript 版)	徐礼文
HarmonyOS 原子化服务卡片原理与实战	李洋
鸿蒙操作系统开发入门经典	徐礼文
鸿蒙应用程序开发	董昱
鸿蒙操作系统应用开发实践	陈美汝、郑森文、武延军、吴敬征
HarmonyOS 移动应用开发	刘安战、余雨萍、李勇军 等
HarmonyOS App 开发从 0 到 1	张诏添、李凯杰
HarmonyOS 从入门到精通 40 例	戈帅
JavaScript 基础语法详解	张旭乾
华为方舟编译器之美——基于开源代码的架构分析与实现	史宁宁
Android Runtime 源码解析	史宁宁
鲲鹏架构入门与实战	张磊
鲲鹏开发套件应用快速入门	张磊
华为 HCIA 路由与交换技术实战	江礼教
openEuler 操作系统管理入门	陈争艳、刘安战、贾玉祥 等
恶意代码逆向分析基础详解	刘晓阳
深度探索 Go 语言——对象模型与 runtime 的原理、特性及应用	封幼林
深入理解 Go 语言	刘丹冰
深度探索 Flutter——企业应用开发实战	赵龙
Flutter 组件精讲与实战	赵龙
Flutter 组件详解与实战	［加］王浩然(Bradley Wang)
Flutter 跨平台移动开发实战	董运成
Dart 语言实战——基于 Flutter 框架的程序开发(第 2 版)	亢少军
Dart 语言实战——基于 Angular 框架的 Web 开发	刘仕文
IntelliJ IDEA 软件开发与应用	乔国辉
Vue＋Spring Boot 前后端分离开发实战	贾志杰
Vue.js 快速入门与深入实战	杨世文
Vue.js 企业开发实战	千锋教育高教产品研发部
Python 从入门到全栈开发	钱超
Python 全栈开发——基础入门	夏正东
Python 全栈开发——高阶编程	夏正东
Python 全栈开发——数据分析	夏正东
Python 游戏编程项目开发实战	李志远
Python 人工智能——原理、实践及应用	杨博雄 主编,于营、肖衡、潘玉霞、高华玲、梁志勇 副主编
Python 深度学习	王志立
Python 预测分析与机器学习	王沁晨
Python 异步编程实战——基于 AIO 的全栈开发技术	陈少佳
Python 数据分析实战——从 Excel 轻松入门 Pandas	曾贤志
Python 概率统计	李爽

书　名	作　者
Python 数据分析从 0 到 1	邓立文、俞心宇、牛瑶
FFmpeg 入门详解——音视频原理及应用	梅会东
FFmpeg 入门详解——SDK 二次开发与直播美颜原理及应用	梅会东
FFmpeg 入门详解——流媒体直播原理及应用	梅会东
FFmpeg 入门详解——命令行与音视频特效原理及应用	梅会东
Python Web 数据分析可视化——基于 Django 框架的开发实战	韩伟、赵盼
Python 玩转数学问题——轻松学习 NumPy、SciPy 和 Matplotlib	张骞
Pandas 通关实战	黄福星
深入浅出 Power Query M 语言	黄福星
深入浅出 DAX——Excel Power Pivot 和 Power BI 高效数据分析	黄福星
云原生开发实践	高尚衡
云计算管理配置与实战	杨昌家
虚拟化 KVM 极速入门	陈涛
虚拟化 KVM 进阶实践	陈涛
边缘计算	方娟、陆帅冰
物联网——嵌入式开发实战	连志安
人工智能算法——原理、技巧及应用	韩龙、张娜、汝洪芳
跟我一起学机器学习	王成、黄晓辉
深度强化学习理论与实践	龙强、章胜
自然语言处理——原理、方法与应用	王志立、雷鹏斌、吴宇凡
TensorFlow 计算机视觉原理与实战	欧阳鹏程、任浩然
计算机视觉——基于 OpenCV 与 TensorFlow 的深度学习方法	余海林、翟中华
深度学习——理论、方法与 PyTorch 实践	翟中华、孟翔宇
HuggingFace 自然语言处理详解——基于 BERT 中文模型的任务实战	李福林
AR Foundation 增强现实开发实战（ARKit 版）	汪祥春
AR Foundation 增强现实开发实战（ARCore 版）	汪祥春
ARKit 原生开发入门精粹——RealityKit ＋ Swift ＋ SwiftUI	汪祥春
HoloLens 2 开发入门精要——基于 Unity 和 MRTK	汪祥春
巧学易用单片机——从零基础入门到项目实战	王良升
Altium Designer 20 PCB 设计实战（视频微课版）	白军杰
Cadence 高速 PCB 设计——基于手机高阶板的案例分析与实现	李卫国、张彬、林超文
Octave 程序设计	于红博
ANSYS 19.0 实例详解	李大勇、周宝
ANSYS Workbench 结构有限元分析详解	汤晖
AutoCAD 2022 快速入门、进阶与精通	邵为龙
SolidWorks 2021 快速入门与深入实战	邵为龙
UG NX 1926 快速入门与深入实战	邵为龙
Autodesk Inventor 2022 快速入门与深入实战（微课视频版）	邵为龙
全栈 UI 自动化测试实战	胡胜强、单镜石、李睿
pytest 框架与自动化测试应用	房荔枝、梁丽丽